高校学生宿舍建筑
典型案例图集

《高校学生宿舍建筑典型案例图集》编委会　主编

天津大学出版社
TIANJIN UNIVERSITY PRESS

图书在版编目（CIP）数据

高校学生宿舍建筑典型案例图集 /《高校学生宿舍建筑典型案例图集》编委会主编 . -- 天津：天津大学出版社，2024. 7. -- ISBN 978-7-5618-7781-4

Ⅰ . TU241.3-64

中国国家版本馆 CIP 数据核字第 2024CV4317 号

GAOXIAO XUESHENG SUSHE JIANZHU DIANXING ANLI TUJI

出版发行	天津大学出版社
地　　址	天津市卫津路 92 号天津大学内（邮编：300072）
电　　话	发行部 022-27403647
网　　址	www.tjupress.com.cn
印　　刷	北京盛通印刷股份有限公司
经　　销	全国各地新华书店
开　　本	889mm × 1194mm 1/16
印　　张	17.5
字　　数	341 千
版　　次	2024 年 7 月第 1 版
印　　次	2024 年 7 月第 1 次
定　　价	180.00 元

本 书 编 委 会

主　编　刘玉龙　黄献明
副主编　莫修权　谌　谦　袁　玮　汤朔宁　王　健
　　　　　倪　阳　陈剑飞　段晓丹　周　凌
编　委　（按姓氏笔画排序）
　　　　　马晓东　王　彦　王文胜　王新宇　邓孟仁
　　　　　史　巍　付俊伟　冯余萍　刘珂鑫　刘鹏跃
　　　　　吴启星　沈　彬　赵　卓　祝　捷　夏　伟
　　　　　黄艳芳　廖　杰

主编单位：清华大学建筑设计研究院有限公司
参编单位（排名不分先后）：
天津大学建筑设计规划研究总院有限公司
东南大学建筑设计研究院有限公司
同济大学建筑设计研究院（集团）有限公司
浙江大学建筑设计研究院有限公司
华南理工大学建筑设计研究院有限公司
哈尔滨工业大学建筑设计研究院有限公司
重庆大学建筑规划设计研究总院有限公司
南京大学建筑规划设计研究院有限公司

前言
Preface

高校学生宿舍是在校大学生学习生活的重要场所，是落实立德树人根本任务、开展全员全过程全方位育人的重要阵地。近年来，我国高校学生宿舍建设持续推进，宿舍总量有所增加，学生住宿条件得到改善，但建筑面积增速仍低于在校生规模增长速度，年久失修、设施老化、管理缺失等问题仍存，同时学生日益增长的使用需求对宿舍建筑的空间布局和功能设计提出了新的要求。

2024年1月，国家发展改革委、教育部等7部门联合印发《关于加强高校学生宿舍建设的指导意见》（发改社会［2024］25号），围绕“为什么建、怎么建、建成什么样、钱从哪儿来、后期如何管”等5方面提出一揽子工作举措，进一步完善学生宿舍建设的顶层设计。为指导高校加强学生宿舍建设，教育部发展规划司面向各地高校征集、遴选学生宿舍建筑典型案例，在全面梳理近年来我国高校学生宿舍设计探索的基础上，集中展示部分高校学生宿舍建筑在环境交融、功能复合、单元设计、技术应用、改造提升等方面的创新实践。这些宿舍建筑呈现以下几方面特点。

一、环境更友好

在与自然环境的关系方面，景德镇艺术职业大学工学院学生公寓综合体、山谷学生公寓，宜宾职业技术学院生活组团，深圳国际交流学院新校区学生宿舍等典型案例通过集约型设计和因应自然的形态塑造，减少对自然环境的冲击，采用首层架空、立面绿化遮阳等设计手法，有效改善了校园和建筑的自然通风、遮阴效果，实现与自然环境的“轻触”。收录案例大多按要求设置一定数量的无障碍宿舍，并在无障碍出入口、无障碍厕所、无障碍流线等方面精心设计，凸显人文关怀。宿舍建筑设计更加注重对校园文化的传承与展现，如三门峡职业技术学院（灵凤湖新校区）学生宿舍、中原科技学院经管学部宿舍等采用红砖、石材、深窗洞、八角窗等设计手法，彰显学府气质；山东大学青岛校区学生公寓等通过红砖、坡顶、拱廊等设计语言，延续历史文脉。

二、功能更复合

功能复合化是本书收录案例的创新点之一。复旦大学江湾校区学生宿舍（一期）、上海工程技术大学产教融合发展项目宿舍、东南大学无锡国际校区学生宿舍、电子科大长三角研究院（衢州）生活中心、中国科学技术大学高新园区生活区、四川轻化工大学留学生宿舍、海南陵水黎安国际教育创新试验区学生生活一区等代表性项目，通过植入餐饮、商超、健身等生活服务功能，形成学生街等空间新语言，提升宿舍区域整体的生活氛围，并整合部分教学、科研、办公和展示大厅等功能，探讨了“生活—研学”综合体模式的可行性。上海第二工业大学三期师生生活社区、浙江大学国际联合学院（海宁国际校区）东区书院等项目，将教师公寓和学生公寓组合形成复合化生活组团，以师生生活社区为纽带促进互动交流，成为重要的发展趋势。

三、单元更多样

有关最小居室单元的创新性探索是本书收录案例的另一个共同特征。案例聚焦最小居室单元的创新设计和功能优化，对如何在《普通高等学校建筑面积指标》(建标191—2018)所明确的生均指标下，更好地兼顾个人隐私与公共社交需求进行了积极探索。其中，有些采用X人间+公共客厅的方式，如天津师范大学新建留学生公寓、哈尔滨工业大学深圳校区学生公寓、南京大学仙林校区第二组团宿舍、南京理工大学学生生活区（南区）、南京农业大学卫岗校区牌楼学生公寓、西湖大学本科生公寓、华中科技大学主校区研究生宿舍、温州肯恩大学学生宿舍二区、澳门大学第三区书院、香港科技大学（广州）一期学生宿舍等。有些采用双人间+卫浴+自习空间的大起居组团单元模式，如昆山杜克大学本科生宿舍、浙江大学国际联合学院（海宁国际校区）东区书院等。有些采用基于现代普通住宅户型的单元式学生宿舍模式，如西安交通大学创新港学生宿舍A区等。

四、绿色新科技

近年来，在绿色发展、双碳目标、新基建等国家战略引导下，安全、宜居、健康、低碳、韧性、智慧等绿色新科技被陆续应用到宿舍建筑中。新技术、新工艺、新材料对宿舍环境性能的赋能提升在本书案例中也有所体现，如黑龙江建筑职业技术学院三号学生宿舍的太阳能新风预热系统、呼吸式通气排湿夹心保温墙系统、智慧综合管理系统；天津大学北洋园校区硕士公寓二期的复合齿槽连接装配式剪力墙结构；华南理工大学国际校区学生宿舍的参数化设计与智慧建造体系；西安交通大学创新港学生宿舍A区的中深层地热应用于冬季采暖和生活热水制备技术等。

五、微更新改造

当前，部分高校学生宿舍存在年久失修、功能失调等问题，急需按照新的教育理念和发展要求进行改造，并为今后长远发展预留空间。本书所收录的北京大学新燕园学生宿舍、清华大学南区学生宿舍、北京师范大学学10和学11宿舍、同济大学四平路校区西南一楼、南京大学鼓楼校区南园八舍等案例，都对以上要求作出回应，不仅体现了对建筑文脉的尊重和保留，也将公共功能植入、家具一体化设计、绿色技术提升等新理念融入建筑改造，实现了对建筑的赋能、增能和延寿，为大量现有学生宿舍更新改造提供了借鉴和启示。

随着教育理念的不断更新和建筑技术的日新月异，校园建设也应突破传统的教学科研、生活起居、运动休憩等功能分区模式，转而以学生街、小教室、分布式学习座、开放式阅览区等非正式学习空间语言推动校园空间的泛学习化——丰富宿舍、餐饮、图书、体育、观演等空间的学习和交流功能，以多向度沟通空间模型取代二元化授课、单一化寝室、独立式场馆等传统校园环境范式。在此背景下，如何更好地优化学生宿舍功能设置、服务学生成长成才、改善高校办学条件，是每个学生宿舍建筑设计人员需要共同思考的问题。

期待本书的推出，能够为新时代高校学生宿舍建设提供新的经验和有益参考，吸引更多高校管理者、校园建设者、设计研究者参与其中，共同建设面向未来的校园生活中心，在实践探索中绘就高校学生宿舍建设新画卷，在改革创新中为建设教育强国提供坚实保障。

《高校学生宿舍建筑典型案例图集》编委会

2024年6月

目 录
Contents

北京大学新燕园学生宿舍	001
清华大学南区6号楼综合维修改造项目	005
清华大学南区学生宿舍	008
北京理工大学长三角研究院一期南区块生活区	011
北京师范大学学10、学11宿舍楼综合改造	014
中央戏剧学院昌平校区学生宿舍	017
天津大学北洋园校区硕士公寓二期	020
中国民航大学新校区学生宿舍	023
天津师范大学新建留学生公寓	026
沈阳建筑大学新建学生宿舍	029
哈尔滨工业大学深圳校区学生公寓	032
哈尔滨工业大学一校区学生一公寓	035
哈尔滨工业大学黄河路校区博士公寓	038
哈尔滨工程大学新建学生公寓	041
黑龙江建筑职业技术学院三号学生宿舍	044
复旦大学枫林校区二号学生书院	047
复旦大学江湾校区学生宿舍（一期）	050
同济大学四平路校区西南一楼优秀历史建筑修缮工程	054
华东理工大学徐汇校区1号学生公寓	058
东华大学松江校区研究生公寓	061
上海工程技术大学产教融合发展项目宿舍	065
上海第二工业大学三期师生生活社区	068
上海科技大学新校区一期工程学生宿舍	072
上海出版印刷高等专科学校奉贤校区师生生活带	075
南京大学鼓楼校区南园八舍改造	078
南京大学仙林校区第四组团宿舍	081
南京大学仙林校区第二组团宿舍	084
南京大学仙林校区学生宿舍26、27幢	087
南京大学苏州校区东区宿舍组团	090

目录 Contents

东南大学无锡校区学生宿舍 093
南京理工大学学生生活区（南区） 096
南京理工大学江阴校区宿舍 099
南京邮电大学仙林校区宿舍（樱园） 102
南京农业大学卫岗校区牌楼学生公寓1号楼、2号楼 105
中国药科大学研究生公寓（二期） 108
淮阴师范学院学生宿舍 111
西交利物浦大学太仓校区生活区 114
昆山杜克大学本科生宿舍 117
南京城市职业学院溧水新校区宿舍 121
浙江大学国际联合学院（海宁国际校区）东区书院 124
浙江大学紫金港校区西区学生生活区组团 128
浙江大学紫金港校区银泉学园 131
浙江大学国际医学院生活区 135
电子科大长三角研究院（衢州）生活中心 137
浙江农林大学学生宿舍（B11、B12） 140
中国美术学院良渚校区学生宿舍 142
西湖大学本科生公寓 145
温州肯恩大学学生宿舍二区 151
杭州职业技术学院学生宿舍 156
中国科学技术大学高新园区生活区 159
合肥职业技术学院合肥校区学生宿舍 163
安徽医科大学新医科中心学生生活组团 165
闽江学院学生公寓 168
景德镇艺术职业大学工学院学生公寓综合体 170
景德镇艺术职业大学山谷学生公寓 173
山东大学青岛校区学生公寓 176
青岛科技大学淄博教科产融合基地学生宿舍 179
山东农业大学南校区拓展教学生活区（西北区域）学生公寓 182
山东农业工程学院淄博校区学生宿舍 185

中原科技学院经管学部宿舍 188
三门峡职业技术学院灵凤湖新校区学生宿舍 191
武汉大学信息学部17号、18号学生宿舍 194
华中科技大学主校区研究生宿舍 197
华南理工大学国际校区A4地块学生宿舍 199
华南理工大学国际校区铭诚书院（一期工程学生宿舍区） 202
海南大学观澜湖校区项目一期10-A/B/C/D学生宿舍 205
成都理工大学产业技术学院B1、B2、B3学生宿舍 207
成都理工大学产业技术学院二期B6培训生宿舍 210
四川轻化工大学本科生宿舍 213
四川轻化工大学留学生宿舍 216
西华大学宜宾产教融合实训基地建设项目（二期）学生宿舍 219
成都中医药大学温江校区第18栋学生公寓 222
成都工业学院宜宾产教融合实训基地学生宿舍 225
宜宾职业技术学院南溪校区生活组团 228
西安交通大学科技创新港科创基地学生宿舍 231
西安交通大学创新港学生宿舍A区 234
西北工业大学太仓校区学生宿舍 236
长安大学渭水校区21号学生公寓 239
北方民族大学校园扩建工程8号学生公寓 242
澳门大学（横琴校区）第三区书院 245
香港科技大学（广州）一期学生宿舍 248
海南陵水黎安国际教育创新试验区学生生活一区 250
扎兰屯职业技术学院学生宿舍 254
黄麓师范学校学生宿舍 256
皖江学院新校区一期学生宿舍 259
兴安职业技术学院学生宿舍 263
重庆幼儿师范高等专科学校小湾校区一期学生宿舍 265
深圳国际交流学院新校区学生宿舍 268

北京大学新燕园学生宿舍

项目简介

北京大学新燕园4#、5#、6#、7#、8#、9#学生宿舍项目（以下简称“本项目”）位于北京市昌平区马池口镇，为改造项目，工程总规模64 364 m^2，原建筑风格均为欧式古典风格，柱廊、线脚等装饰构件繁复，且经时间洗礼大部分已破损脱落，与北京大学的沉稳、严谨、中式传统理念格格不入。

项目概况

建设地点： 北京市昌平区
建设时间： 2020—2023年
建筑面积： 64 364 ㎡（地上59 988 ㎡，地下4 376 ㎡）
建筑层数： 6层
设计单位： 中国建筑技术集团有限公司
合作设计： 北京土人城市规划设计股份有限公司（景观）
结构形式： 砖混结构

本次改造充分尊重北大燕园校区的历史发展进程，山形地貌、河湖水系采用中国古园林传统布局手法，建筑与园林相依成景。设计团队通过对北大燕园校区的调研分析，借由现代设计手法，在北大燕园校区扩建的历史长河中，探寻历史记忆点，发掘独有建筑元素，提取传统“灰白”色系和传统柱廊形制，以灰拟砖，以白拟石，以重复竖向构件拟传统“柱廊”，形成体量完整且富有连续韵律的建筑形态，将传统建筑元素用现代的设计手法进行重新演绎。

本项目在改造过程中保留原有学生宿舍功能，与北京大学新燕园组团的建筑整体风格相契合，为学生打造更具活力的校园场所。立面设计着重强化宿舍区整合形体的框式造型，运用传统灰白色系作为主要色彩系统，将现有的结构墙体作为根基，优化立面体系，实现既有建筑的新陈代谢与活力重焕，结合现状建筑立面的开窗形式、窗洞大小、线脚形式，采取不同的处理方式，将立面构件进行整合，重塑空间节点。

室内空间采用轻盈明快的色调，穿插简洁大方的线性元素，充分展现宿舍空间的趣味性、公共性、互动性。室内增加多个公共空间，如公共洗衣房、厨房、休息区、研讨室、会议室等，充分满足学生的使用需求。

北京大学新燕园校区学生宿舍现已投入使用。2021年9月，学生入住4#、5#、6#学生宿舍。2023年9月，学生入住7#、8#、9#学生宿舍。宿舍温馨的居住环境、丰富的配套功能为学生们提供了满意的休憩空间，获得一致好评。

景观改造掌握生态化、慢行化和乡土化原则，突显海绵校园、无车校园、人文校园特色。设计通过梳理校园整体地形，利用渗、滞、蓄、净、用、排的海绵策略，通过低影响改造构建海绵基底。同时，为构建无车校园，原车行道被分解成自行车道和人行道，以构建以人为本的舒适宜人的慢行空间。在植物选择上，设计团队尽可能保留现有大树，通过对燕园本部的植物进行梳理，从中选择国槐、银杏、榆树、珍珠梅、金银木为主景树种，突显北大绿色人文底蕴。

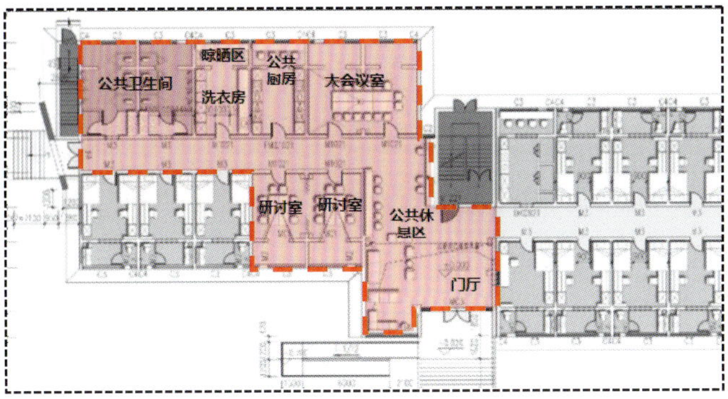

改造后公共空间布局

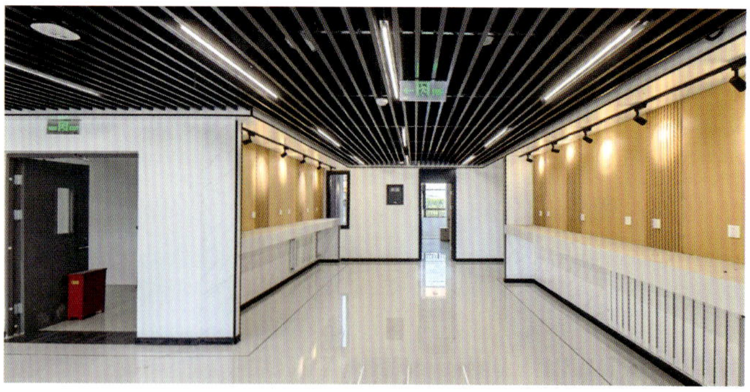

清华大学南区 6 号楼综合维修改造项目

项目简介

清华大学南区 6 号楼位于校园几何中心，原宿舍楼建设于 2012 年，使用功能为亚洲留学生公寓。其周边环境已经稳定，在不改变原有校园规划的前提下，本次改造保持总图布局不变、建筑面积不变、主体结构不变、建筑外轮廓及外立面形式不变，通过对室内空间的梳理与重组，挖掘房型改造潜力，提升空间使用效率，尽可能增加床位数量，以缓解校园住宿资源紧张的局面。设计从当代大学生的生活方式出发，关注校园居住环境对清华大学传统文化底蕴的传承与契合，强调新时代青年创新思维的表达，同时兼顾与校园快速发展的信息化建设相互匹配。本次改造顺应不断变化的生活需求、精神需求及设施需求，使其在未来长远的校园发展中保持持续的生命活力。

项目概况

建设地点： 北京市海淀区

建设时间： 2022年10月—2023年6月

用地规模： 1 073 ㎡

建筑面积： 8 468 ㎡（地上6 220 ㎡，地下 2 248 ㎡）

建筑层数： 6 层

设计单位： 北京市建筑设计研究院股份有限公司

结构形式： 钢筋混凝土框架结构

在不改变现有主体结构的限定空间条件之下，本次改造按动静分区的原则，对居住空间与公共空间的布局方式重新界定，在同层通过对房间的拆分与重组拓展了既有空间的水平尺度，提升了使用效率；在跨层利用局部挑空建立了竖向空间的联通，强化了楼层间的互动。项目通过这种双维度上的重塑，在密集的宿舍空间中创造了尺度上的开合变化与功能上的节奏韵律，引入了自然光源与室外风景，在改变了狭长、闭塞的现状环境的同时，激发了学生的社交活力，实现了集约高效的个人生活空间与疏朗开放的校园社交空间的交融。

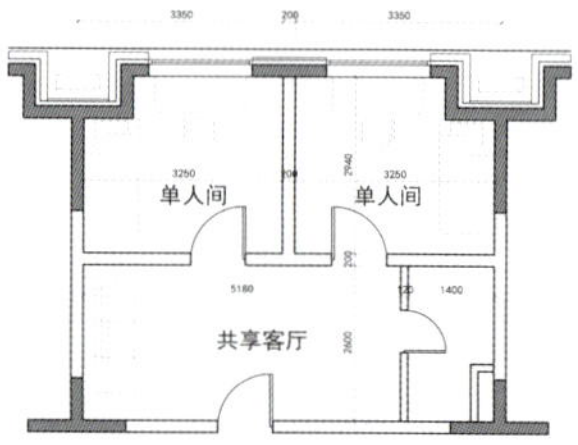

双人间平面图

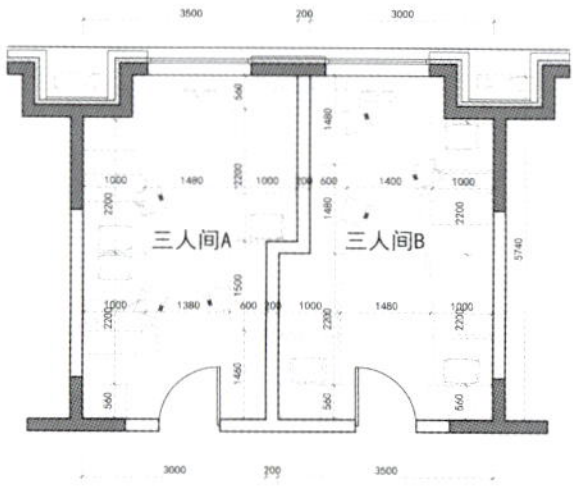

三人间平面图

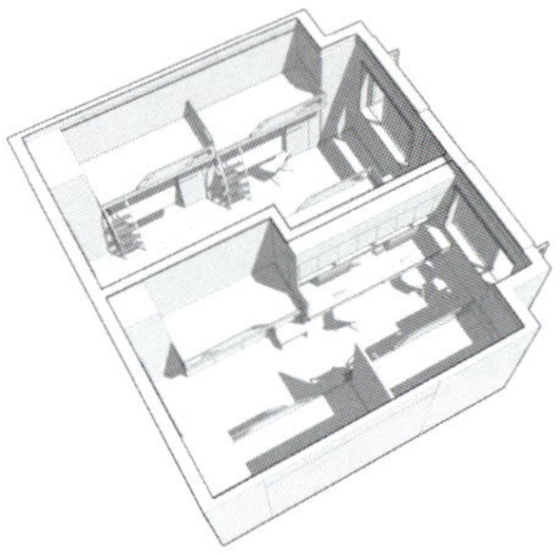
三人间轴测图

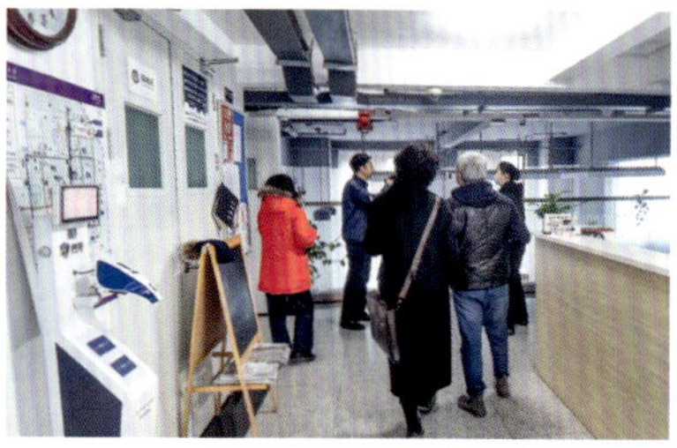

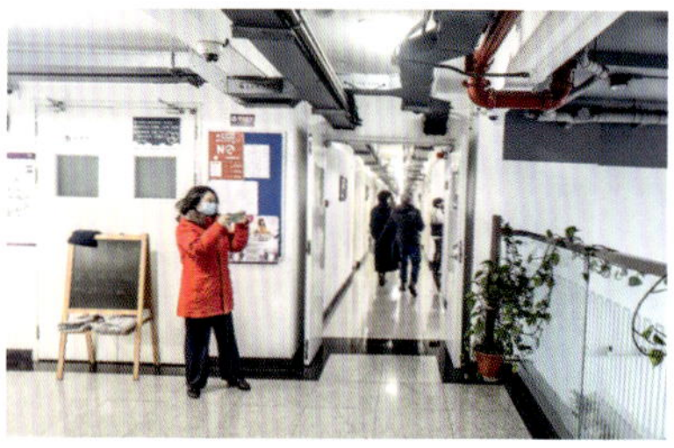

在空间氛围的设计上，本次改造针对不同功能属性的空间搭配与情绪相契合的色彩与材质。宿舍空间以安静的淡蓝色与温馨的木色为主，营造宁静舒适的居住环境。公共区域以清华大学独具代表性的紫色为底，搭配鲜明的橙色与绿色，充分调动学生群聚活动的热情。项目通过与使用功能相对应的系统化设计，对室内环境实现符合现代美学的品质提升。

宿舍的小尺度空间改造以大学生在微小空间内的行为方式与舒适体验为起点，借助BIM（建筑信息模型）正向设计与VR（虚拟现实）可视化漫游设计等信息化设计方式，提出折线式隔墙的分隔方案，充分挖掘可利用空间，提升空间使用效率。项目通过集成化的家具设计、隔墙与设备管线集成敷设的方式，实现限定尺度下集约高效的个人独立生活空间布局方案。在设计过程中，专业人员通过协同工作、设计沟通、调查问卷的方式，与建设单位、使用单位以及学生代表建立了良好的沟通机制，对宿舍内的家具尺寸、点位布置进行了定制化的设计，以最大化地满足学生的实际使用需求。

清华大学南区学生宿舍

项目简介

清华大学南区学生宿舍位于校园几何中心，占地2.5 hm^2。场地上原有8栋宿舍楼和1栋食堂。本项目保留2栋宿舍楼进行加固，新建7栋宿舍楼和1个地下学生活动中心。地块紧临清华大学历史保护区，建筑限高18 m。原宿舍楼建于1957—1959年。校方要求总图布局基本不变，板楼、坡顶、红砖的建筑特点保持不变，尽可能增加床位数量，尽可能多地设置公共活动空间。

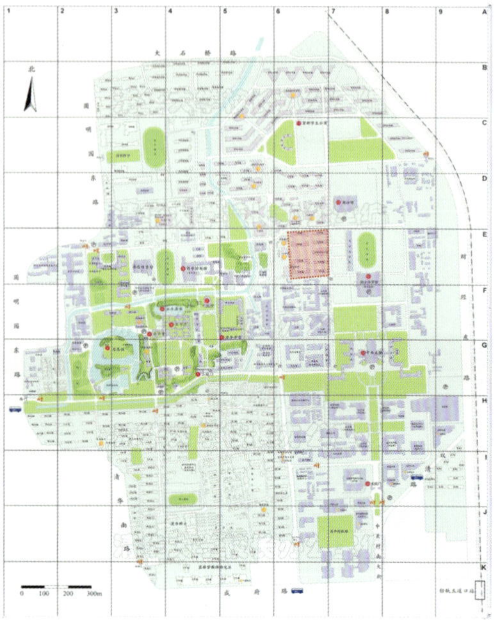

项目区位图

项目轴测图

项目概况

建设地点： 北京市海淀区

建设时间： 2012年12月—2017年12月

建筑面积： 62 572 m^2（地上41 404 m^2，地下21 168 m^2）

建筑层数： 6层

设计单位： 清华大学建筑学院王丽方工作室

地下部分室内装修： 清华大学建筑设计研究院有限公司

合作设计： 北京中元工程设计顾问有限公司（结构）

结构形式： 钢筋混凝土框架结构

历史地块的项目属性彻底限制了建筑造型和材料选择的自由，由此引发设计团队将关注点投向环境的整体品质。一个宜人的校园环境来自整体环境的综合体验，而非单纯依靠建筑造型。每当一座板楼落成，在其前后、左右、内外同时形成宜人的环境成为本项目在满足宿舍基本功能之上的设计追求。

半个世纪以来，场地上长成了200多棵树，枝叶满盖旧楼之间的院落。设计团队抽去旧楼，保留老树，小心地插入新楼，保留下198棵原生树，奠定了整体环境的宜人基调。仔细领悟，现在的校园中心曾经是京西北的美丽郊野。起伏的地形延伸在每一座板楼下方，接地处的微环境由此获得丰富变化。

在寸土寸金的校园中心，校方要求的大量公共活动空间设置在地下。每座板楼前后的天窗为地下引入自然光。层层递进的明暗空间与通透的洞口相配合，形成明暗交织的光影节奏。场地的自然高差进一步提供了层高变化的契机——错层、夹层、中庭分别配合以斜天窗、高侧窗、弧形主天窗。灵动的光与空间将环境的宜人品质延伸至地下。

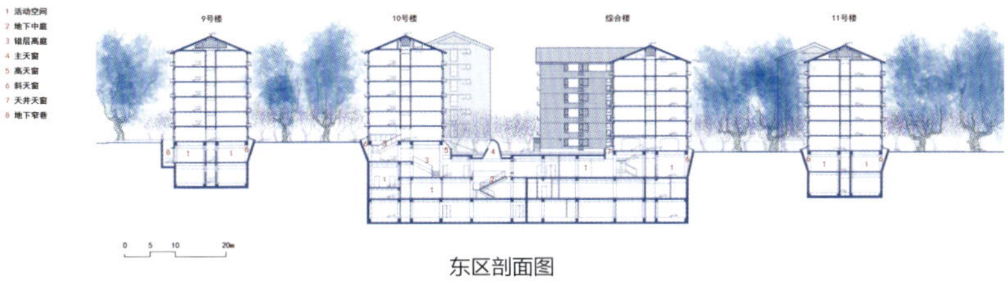

东区剖面图

首层平面图

室内采用柔软的、透明的，而不是冰冷的、坚硬的界面，将自然引入建筑之中。光穿透这些镂空的、格栅的、百叶的界面，留下斑驳柔和的影子，而且随着季节的变幻和一天中时间的推移产生不同的效果，短暂且瞬息万变，使人身处地下也可以感知时光的流逝和天气的冷暖。

校方希望本项目能传承红砖建筑的场所记忆。设计者赋予清水红砖以当代的新表现力。借助板楼立面上刻意挖出的深洞口与横向勾缝，在每一处转角塑造出红砖的浑厚体量。在此基础上，配合高低宽窄变化的白色混凝土窗台板与蓝紫色铝合金过梁装饰，通过材质、色彩、线条、凹凸的组合变化，为清水红砖增添新颖细部。上百个墙身节点详图使得细部控制达到了极尽精细的程度。 南区学生公寓建成之后，丰富多彩的行为在一个个宜人的微环境中自然生长：商业小街熙熙攘攘，树下不时有人围坐交谈，人流从场地中穿行。建成环境自发地培育场所行为，正是一个宜人环境所应具备的品质。

宿舍地下空间为一个充满阳光的、能够加强人与自然关联的场所，一个轻松自在的、让人感受当下的学生活动中心，为学生提供包括读书、会友、健身、讲座、画展、独处等功能，与首层的书店、便利店、复印店等一起，形成清华校园的学生生活大社区。

活动中心通过插入小元素的建筑语言，消解建筑空间的体量感，调节人与空间的关系。大自然是由山川河流、动物、植物等小元素组成的。我们从自然的形成逻辑获得灵感，运用小元素，让空间变得更加低调、丰富、多层次，使人产生舒适宜人的空间感受。

北京理工大学长三角研究院一期南区块生活区

项目简介

项目选址于浙江省嘉兴市秀洲区北部、秀水新城西北，毗邻京杭大运河。基地一面临路，两面临水，自然环境优越。项目由学院楼、宿舍和食堂组成。建筑群整体布局以一条折叠的超长线形体量作为骨架，并用一条公共廊串联南北，围合出多层次的合院。

生活区布局在基地最南侧，以两栋L形板楼围合形成院落，通过食堂及屋顶花园连接成整体。建筑布局最大限度地利用西侧及南侧湖景。两栋宿舍楼南低北高，南侧为7层的双人间博士生宿舍及单人间青年教工宿舍，北侧为12层的四人间硕士生宿舍。单层食堂作为裙房，人行入口组织在西侧滨湖广场，后勤及货运入口位于东侧校园环路。南侧博士生楼底层结合滨湖空间，设置咖啡厅及健身房，北侧硕士生楼2层结合屋顶花园布置大学生活动空间。设计团队打造大学“生活综合体”，创造功能复合的活力空间。

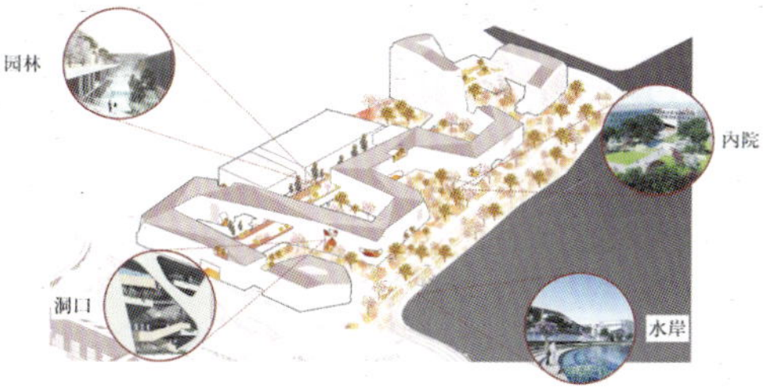

项目开放空间示意图

项目概况

建设地点： 浙江省嘉兴市

建设时间： 2021年9月—2023年9月

用地规模： 22 200 m^2

建筑面积： 28 460 m^2

建筑层数： 7~12层

设计单位： 同济大学建筑设计研究院（集团）有限公司

结构形式： 钢筋混凝土框架剪力墙结构

自然中营造——环境之中，左右逢源

南部学科创新研究中心及生活组团位于城市道路和校园内部景观湖中间，一边是秩序井然的人工设施，一边是天造地化的自然环境。建筑师的灵感便来源于这两种截然不同的氛围——创造一个过渡的建筑环境，让自然与人工的相遇变得更加柔和，让建筑群体更加自然地坐落其间。因此，在延续校园整体连续流畅的规划布局的基础上，设计团队从书法作品中汲取灵感，把江南山水蜿蜒写意的特点和理工科院校严谨的精神相结合，呈现出一个具有两种风貌而又抑扬顿挫、行云流水般的整体建筑布局。在面对校园中央景观的界面上，组团中所布置的建筑形体较为自由、进退关系丰富，与自然环境相融合，为滨水空间的校园活力提供了空间支持；而在面对城市道路的界面上，设计团队运用高贴线率的布局形式，营造出整齐严谨的工科院校形象。

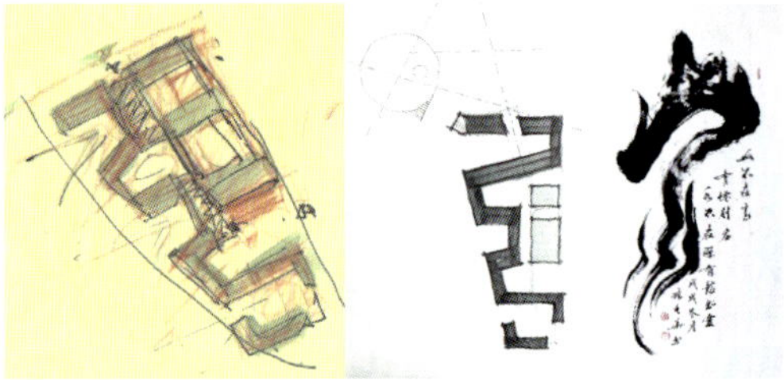

设计草图

自然地营造——理解自然，自然而然

自然营造是建筑师面对自然时的营造态度，即“顺其自然，自然而然”。建筑师着重理解与人相关的“自然”，修补人造设施与天然景观之间的裂痕，弥合理工研究与人文生活之间的差异，延续地方文化在新建校园中间的传承，努力地让整个建筑组团呈现自然生长的态势，实现营造的自然而然。

建筑立面设计体现江南水乡的意韵，对建筑所在地的材料与形式给予回应。设计将建筑体量化整为零，利用灰砖划线，将其调整到江南民居的尺度，消解大型公共建筑给环境和生活带来的压迫感。

均质的竖条落地窗宽窄搭配形成统一的韵律；立面点缀的开洞体现江南园林的深邃意境，可纵享滨湖美景，体现空间的质感与感染力。

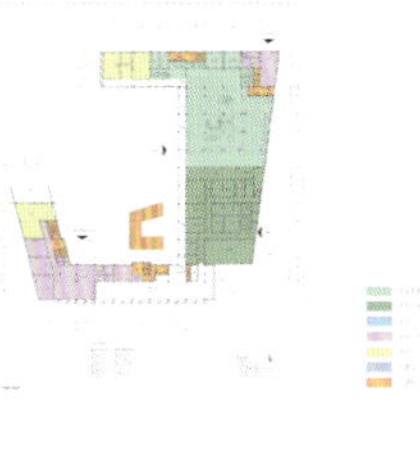

1层

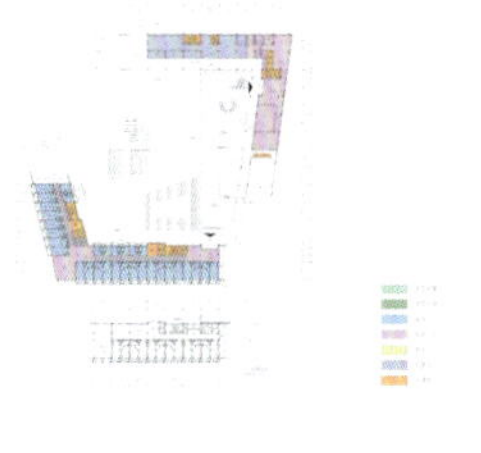

2层

3层

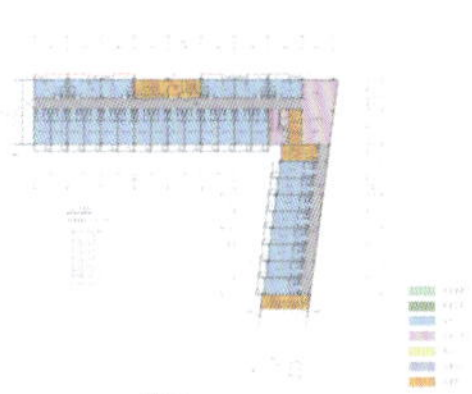

4层

生活区各层平面图

自然的营造——需求导向，情景交融

自然的营造意味着建筑的营造是符合自然逻辑的，既包括利用建筑所在地的材料、技术、建筑形式，也包括建筑对使用习惯和功能需求的回应。对一个新建的学校而言，自然的营造首先应顺应师生的学习和生活需求。

贯穿整个建筑群的公共连廊串联各个研究中心及生活区，创造了沟通学习区和生活区的步行流线。建筑还包含公共教学功能和日常服务于学生的咖啡简餐等功能。

设计团队利用建筑形体形成的各个围合和半围合的空间设置了丰富多样的外部活动空间，将“层层叠园、移步换景”的江南园林融入校园环境之中，在理工氛围里增添了适宜的人文环境，营造了人性化的研究和生活中心。

在室外空间中，设计团队将园林穿插布置于横向和纵向的各个角落，形成了立体的景观网络。建筑于2023年9月正式投入使用。

北京师范大学学10、学11宿舍楼综合改造

项目简介

北京师范大学学10、学11宿舍楼位于北京师范大学海淀校区（占地63.52 hm^2），紧临杏坛路和学院南路的城市道路交叉口，建于1988年，共6层，现作为女生宿舍使用。两栋宿舍楼建筑格局与立面风貌基本一致，具有较多同时期建筑的典型特征，比如内浇外砌的结构体系、开放式的楼梯间，仅南侧有阳台，寝室空间较为狭小。经过较长一段使用时间之后，简单的叠加式、片段式修缮改造方式已不能满足当代学生立体多维的使用需求。因此，校方希望通过一次综合性的改造，全方位提升两栋宿舍楼的空间品质、服务功能与安全性能。

由于规划许可等方面的限制，本次改造以不增加建筑面积为前提。设计以建筑使用中的典型问题为基点，直面类似建筑改造的普遍性难点，从4个方面着手，统筹兼顾，综合解决空间、功能方面与当前使用需求之间的落差，以及结构、消防方面与当前技术规范之间的落差，有效地达到了全面提升的既定目标。

项目区位图

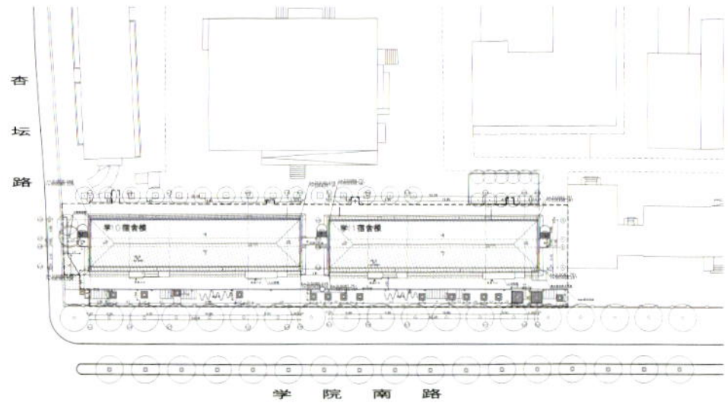

项目总平面图

项目概况

建设地点： 北京市海淀区

建设时间： 2020—2023年

建筑面积： 64 364 m^2（地上59 988 m^2，地下4 376 m^2）

建筑层数： 6层

设计单位： 中国建筑技术集团有限公司

合作设计： 北京土人城市规划设计股份有限公司（景观）

结构形式： 砖混结构

空间与功能

学10、学11宿舍楼为典型的中廊式布局，南侧寝室有阳台，而北侧没有。实际使用中，北侧寝室的学生将走廊作为晾晒空间，影响了走廊的通行与观感，同时也带来了安全隐患。设计通过借用结构加固所需的圈梁在北立面增设凸窗，让北侧寝室获得晾晒衣物的独立空间，从而使得宿舍楼内最重要的公共空间得以释放，回归整洁通畅。此外，门厅附近若干位置较为不利的底层单元也被积极利用起来，作为生活间、学习室、淋浴间等，极大地方便了学生的日常生活。

消防与体验

学10、学11宿舍楼原设计采用开放式楼梯间，并且踏步边缘紧贴走廊布置，使用便利但无法满足现行消防规范的相关要求。设计通过完善楼梯间、走廊分段、增设机械排烟与室外疏散楼梯等一系列手段，采用对现有结构最小限度扰动的方式，很好地解决了20世纪80年代末老建筑所具有的平面特点与现行消防规范之间的矛盾，整体提升了建筑的消防安全性能。同时，走廊设计通过变化吊顶造型与墙顶颜色，形成空间韵律，延续了原设计中连续性较好的交通空间体验，并在隐蔽强弱电桥架、排烟风管等设备管线的基础上，弱化了走廊冗长、单调的刻板印象。

结构与立面

学10、学11宿舍楼为6层高的内浇外砌结构体系，不符合现行抗震规范中关于构造措施的要求、厕位增加等必要功能性改造要求以及消防适应性改造要求，使得整体性的结构加固无法避免。设计人员在进行结构加固设计时，致力于在南立面对原有建筑风貌形态的冲击最小化，使北立面与新增的凸窗体系和谐共生。在临街的南立面上，结构加固措施巧妙地穿插于阳台和寝室外墙面之间，在加固了主体与附属阳台结构的同时，维护了原有的立面风貌与韵律。

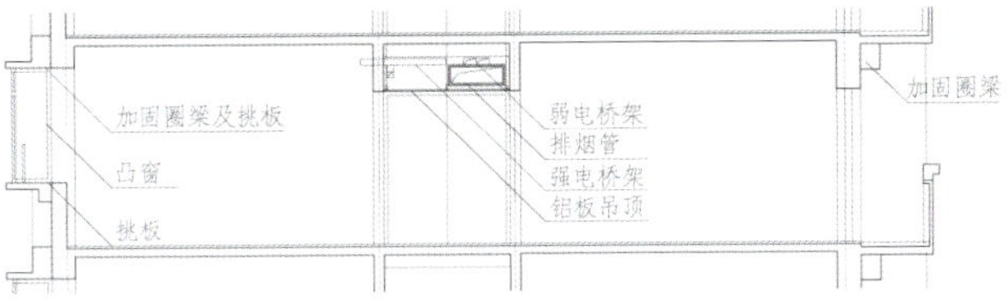

剖面分析图

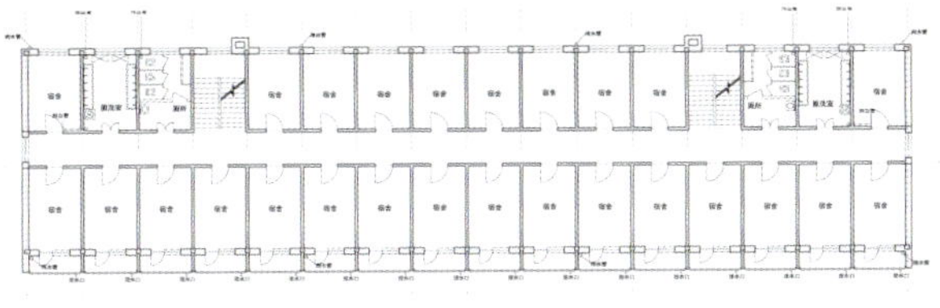

改造前标准平面图

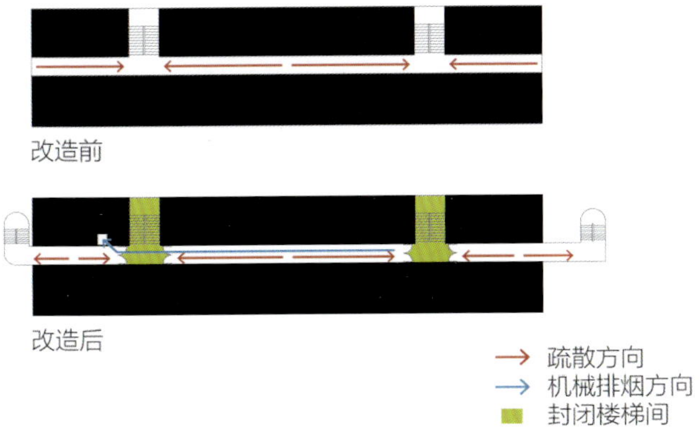

消防改造分析图

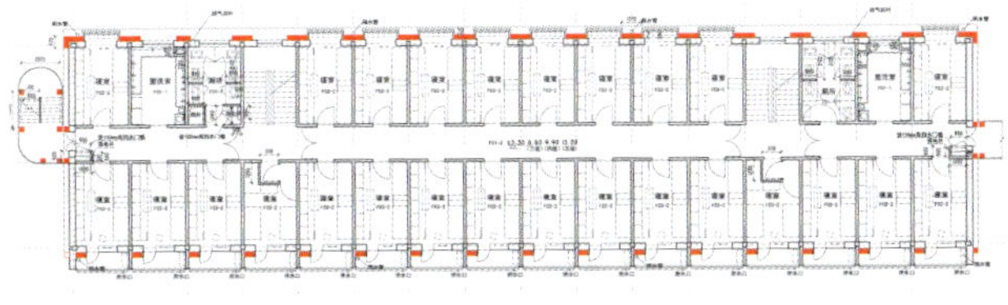

改造后标准平面图

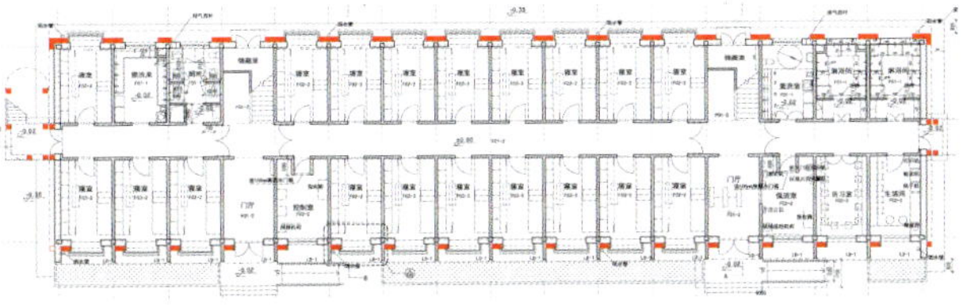

改造后首层平面图

建筑北立面借由加固的上下层圈梁设置水平向出挑板，以尽可能小的建筑调整使宿舍建筑原本单调封闭的北立面以公共开放的姿态呈现，并尽可能弱化“网格化”的结构，优化立面观感。建筑外立面涂料恢复了该建筑在建设之初的色调——浅驼色、米色、咖啡色，在美化提升立面风貌的同时表达对校园历史的敬意。

家具与生活

学10、学11宿舍楼寝室空间净宽3.14 m，南进深4.89 m、北进深4.59 m，在改造前以及改造后的一段时间内住宿6人，空间非常紧张。原宿舍单元上下铺、组合柜的摆布方式现实体验非常拥挤，没有发挥有限空间的内在潜力，缺乏收纳空间与可使用的桌面。项目通过室内整体化、定制化的家具设计，解决了以较小既有单元空间高质量地容纳较多学生生活空间的问题。定制设计的宿舍单元家具由两个上下铺、两个上铺下柜组成。抬高床铺下的空间作为衣柜，在增加收纳空间的同时拓展了宿舍下部空间的开敞感。每个床铺增设靠近床尾的小桌面，使得每个学生能够在寝室内拥有独立的学习空间，同时也由此用足寝室进深。淡蓝色喷涂的钢架与带浅色木饰面板的家具带来温馨明亮的空间感受。

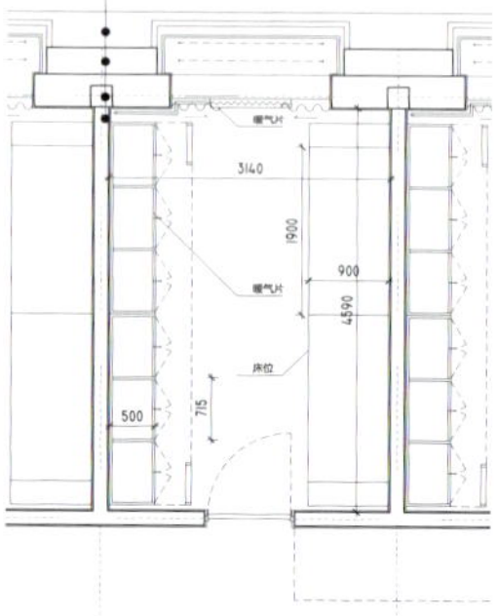

北侧寝室单元平面图

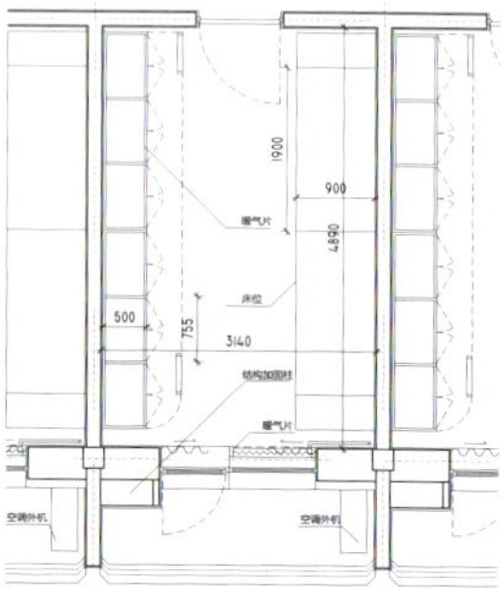

南侧寝室单元平面图

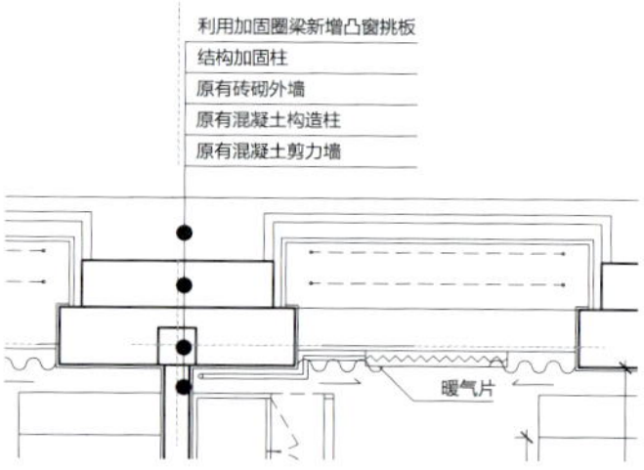

结构详图

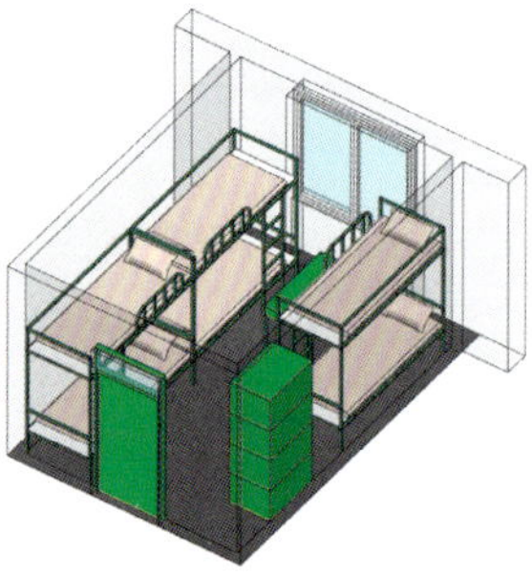

宿舍改造前

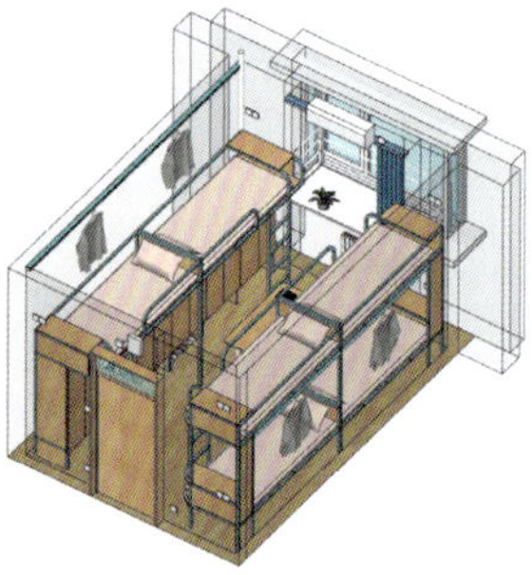

宿舍改造后

窗体改造前

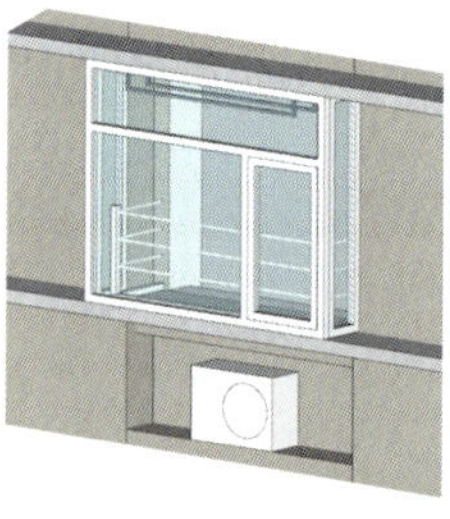

窗体改造后

中央戏剧学院昌平校区学生宿舍

项目简介

中央戏剧学院现有两个校区，东城校区位于北京市东城区东棉花胡同39号，昌平校区位于北京市昌平区宏福中路4号。昌平校区学生宿舍位于校园景观河东侧，占地2.5 hm^2，周围是园林绿地，景色优美，为学生学习、生活营造出非常有益和舒适的环境。其建筑结构与其他建筑也相互呼应，成为该建筑群中一道亮丽的风景线，使得自然、亲切的建筑风格和艺术院校的独特魅力充分体现出来。

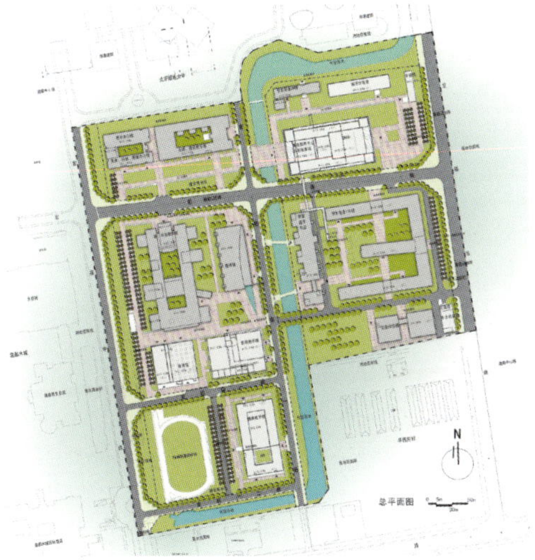

总平面图

整体效果图

项目概况

建设地点： 北京市昌平区

建设时间： 2009年4月—2013年10月

建筑面积： 28 250 ㎡（地上25 912 ㎡，地下2 338 ㎡）

建筑层数： 6层

设计单位： 北京市建筑设计研究院股份有限公司

结构形式： 钢筋混凝土框架结构

校园建筑风格体现出了浓厚的文化色彩，有厚重感却又不显得过于沉重；突出大学校区建设的功能性，又不失在建筑上体现美学追求；有园林式的规划特点，又不失一所大学的和谐统一。校园内教学、实习、生活、体育活动、行政管理、后勤服务等功能分区合理，有适合教学、科研的相对安静的区域，有排演场、小剧场、舞蹈教室、体育场馆、声台教室等动感强的场所，也有便于师生交流、休憩的公共休闲空间。校园内建有欧阳予倩、曹禺、田汉、老舍、梅兰芳以及斯坦尼斯拉夫斯基、布莱希特、莎士比亚、契诃夫等著名戏剧家的青铜雕像，形成一道独特的精神文化景观。

学生宿舍整个建筑布局呈倒“E”形，虽然大的布局是连续的，但结合结构专业规范要求，整体建筑分为5个区块，中间的一栋稍稍倾斜布置，打破了其围合的外部空间的死板，使环境具有动态感。总平面布局将部分学生宿舍设计到南侧，与后勤服务楼相邻，局部地下1层。学生宿舍楼每层均配有卫生间、开水间、盥洗间及淋浴间。学生宿舍楼外墙装修饰面采用涂料，耐久性较好且风格朴素大方。

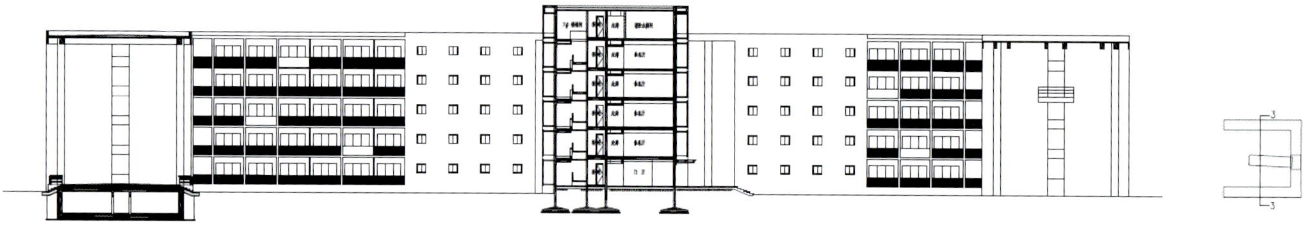

剖面图

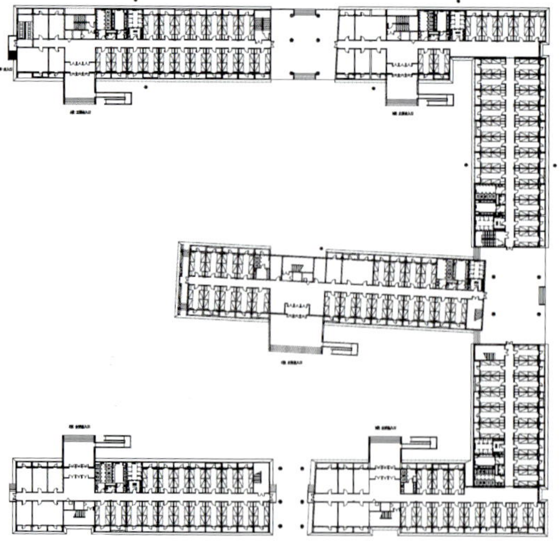

首层剖面图

整个设计方案紧扣戏剧学院的特点，在总图布局、建筑关系、局部节点多个位置设置了戏剧化的空间处理手法，尝试为学生打造生活中的舞台。

5栋宿舍楼的屋面相互连接，集零为整，形成了一个完整的E形建筑体量。连续的建筑界面与西侧的服务楼围合出一个静谧的C形院落，为学生提供了绿意盎然的从宿舍到校园的过渡和缓冲空间。这个院落也像一个流动的舞台，而环绕的宿舍就像剧场的包厢。

宿舍楼之间的缝隙与联系的屋顶形成南、北、东3个取景框，使院落内外产生视觉联系，像3个台口，暗示着内部生活与外部校园的对望。位于院落中心的宿舍成为3个框景的对景元素，轻微的扭转打破了规整网格的规律，使整个院落空间活跃起来，扭转带来的动态感也有将人从内向外引导的趋势。

宿舍楼走廊的尽端设置了出挑的阳台，在楼与楼之间的缝隙处产生了阳台隔空相望的又一个戏剧化场景，就像舞台布景中的朱丽叶的窗口、牛郎织女遥望的鹊桥，使楼宇间隙仿佛成了一个舞台。

宿舍的开敞阳台局部采用跳色，在规律网格的基础上形成跳跃变化，避免呆板形象。建筑主出入口位置每层设置休息厅，并在外立面通过垂直百叶形成与宿舍阳台网格的强烈虚实对比和阴影关系，强化建筑的立体感和体量感。这些手法都使这座建筑带有了舞台布景的戏剧性。

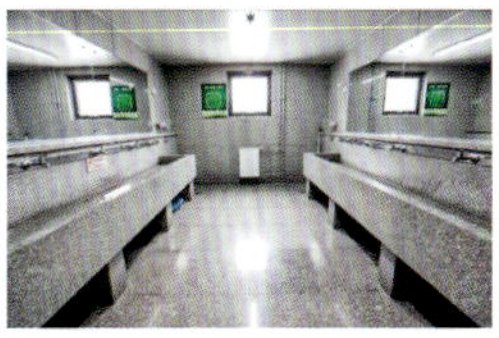

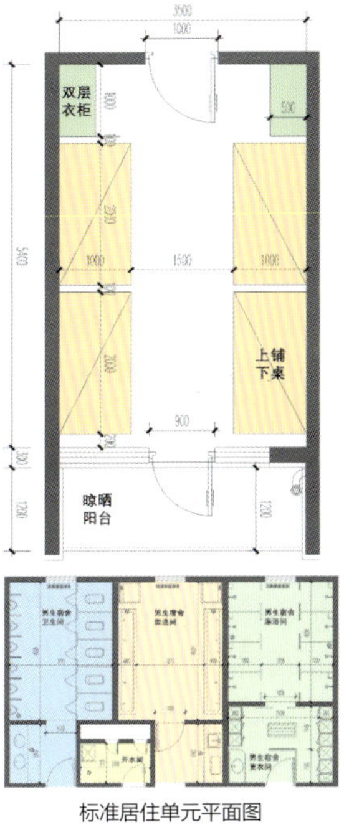

标准居住单元平面图

天津大学北洋园校区硕士公寓二期

项目简介

天津大学北洋园校区硕士公寓二期项目位于天津大学北洋园校区内西南区域，东临博士生公寓，北临校园绿带水系和太雷广场。项目提供了约2 500 个床位，解决了校园急需的住宿需求，满足了校园整体定位。设计人员对配置标准、空间设计以及细节设计均进行了充分考虑。

项目用地北临天津大学北洋园校区核心景观湖，南侧为学校南门，呈不规则多边形。有别于传统宿舍类建筑的行列式布局，本项目的规划设计结合场地特点，以组团与合院的空间模式为出发点，注重室内外空间的相互渗透及其与周围环境的有机结合，利用架空层与空间的开合处理，通过形体转折在多边形场地中形成外边界清晰完整、内部体块穿插咬合的灵动自由的院落空间。

项目概况

建设地点：天津市津南区

建设时间：2019年9月—2020年9月

建筑面积：35 955 m²（地上33 457 m²，地下2 498 m²）

建筑层数：6层

设计单位：天津大学建筑设计规划研究总院有限公司

结构形式：装配整体式剪力墙结构

本项目按照绿色建筑二星级标准进行设计，充分利用自然通风采光和可再生能源，在节约能源的基础上创造了宜人的空间环境。建筑采用平坡结合的形式，主体色调以砖红色与浅米黄色为主，局部搭配金属饰面，呼应北洋园校区建筑主基调的同时，在建筑开窗等细节处加以创新，增加建筑物的可识别性。

单体设计尝试探索交互开放的模式，在建筑形体转折的位置局部插入开放共享空间。各个开放空间与公共交通以及建筑内廊结合，形成开合有致的公共流线，在保证研究生公寓使用人数的同时，提升学生的居住使用体验。结合日照角度，局部坡顶铺设太阳能板，满足建筑绿色节能的要求。同时响应国家与地方政策，结合居住类建筑的可操作性，项目采用装配式建造方式，满足装配率要求。这也是天津大学建筑设计规划研究总院“装配式剪力墙复合齿槽连接技术”的一个非常成功的实际应用案例。

首层平面图

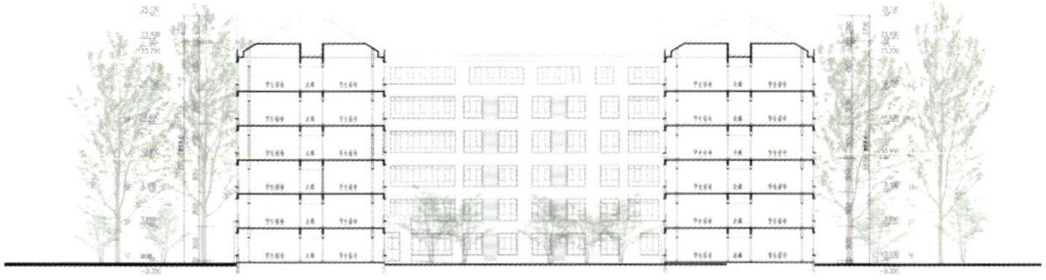

1-1剖面图

室内空间既注重实用性，又兼顾美观和舒适度。共享的大厅明亮宽敞，时尚舒适的休息沙发供学生放松休憩、享受宁静的时光。通透的玻璃窗让阳光洒入室内，给人一种温暖和富有活力的感觉。现代化的设计和精致的装饰展现出优雅和时尚的风格，给人一种舒适和愉悦的体验。

项目采用了设计单位自主研发的复合齿槽连接装配式剪力墙结构体系，其中主体结构竖向构件采用复合齿槽连接技术的预制混凝土墙板，其应用比例达 35%以上。项目预制装配率超过 50%，满足装配式建筑评价相关标准的要求。

复合齿槽连接装配式剪力墙结构是指全部或部分剪力墙采用复合齿槽连接技术的预制墙板，通过预制墙板复合齿槽区域后浇混凝土将上下层预制墙板连为一体，预制墙板侧边甩筋锚固在相连现浇边缘构件或现浇段内，从而形成的装配整体式混凝土剪力墙结构，其整体性能与现浇混凝土剪力墙性能相同。采用复合齿槽连接技术的预制墙板标准化程度高，易于工业化生产，其模具适用于生产多种尺寸及配筋形式的预制墙体，模具可多次重复使用。该装配式结构体系施工效率高、受力性能和经济性好，有利于实现装配式建筑的模数化和标准化。

采用复合齿槽连接技术的预制墙板不需要灌浆套筒，较灌浆套筒连接预制墙在钢筋物料方面节省了套筒和灌浆料的成本，在施工时避免了高精度安装要求，同时避免了灌浆技术要求高及套筒灌浆质量检测困难等问题，既保证了预制墙体连接节点的质量，又提高了施工安装效率。

本项目通过在装配式设计以及装配式新技术的创新与应用方面的工程实践，解决了装配式建筑高效施工与工程质量之间的矛盾，提升了装配式剪力墙结构在装配式建筑领域中成本、效率、质量等方面的优势，对于推动我国装配式混凝土建筑的发展具有重要意义。

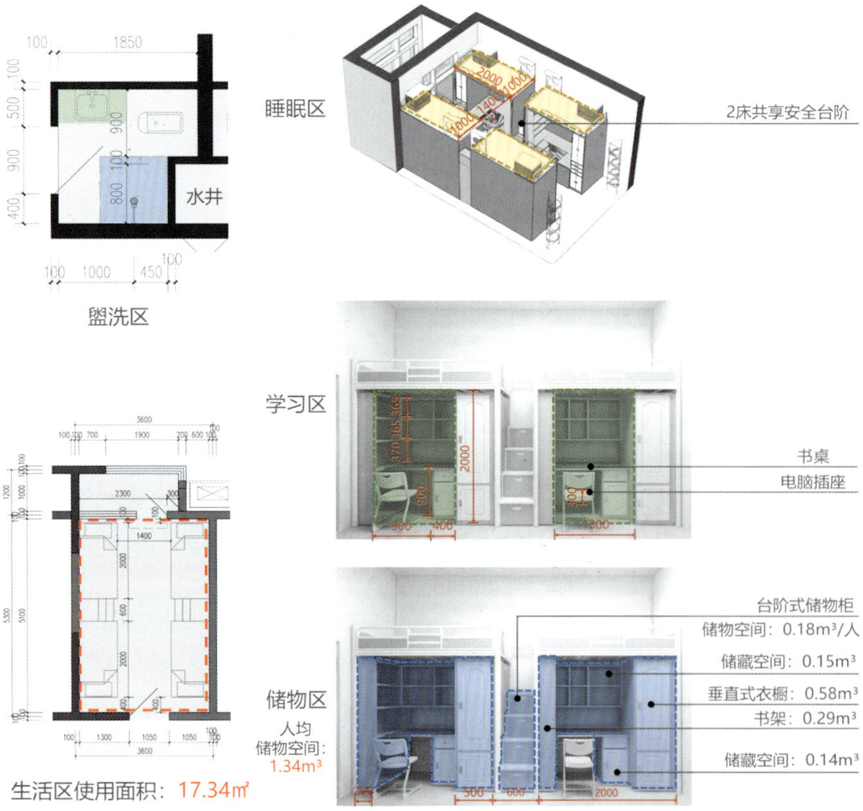

标准居住单元配置图

齿槽式连接剪力墙

中国民航大学新校区学生宿舍

项目简介

中国民航大学新校区一期宿舍区位于校园东南角，总用地面积5.2 hm^2，建筑面积54 997 m^2，包含5栋学生宿舍、商业及生活附属用房。学生宿舍采取多层与高层相结合的集约规划布局形式，以获得室外更大公共活动空间、开放绿化空间。宿舍主体朝南向和东南向，以获得充足的日照和良好的环境。

项目围绕学生宿舍规划大片开敞绿化空间，学生宿舍和食堂围合出绿化生活广场。食堂北侧设计室外亲水平台，沿北侧学生街规划亲水林荫步道，使建筑与周边环境融为一体。

宿舍楼群和食堂首层设置的灵活的公共空间及配套设施（学生商业街）串联了各个宿舍楼座，形成生活区的动区。宿舍楼群的内院布置自习和学习交流空间，形成生活区的静区，方便和丰富学生在校的日常生活。

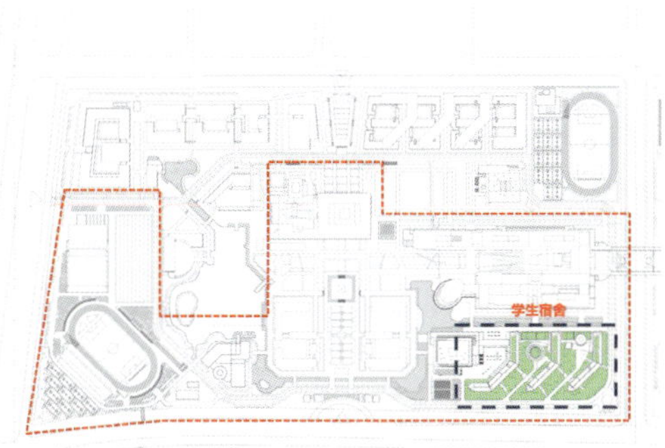

项目区位图

项目概况

建设地点： 天津市宁河区

建设时间： 2020年5月—2022年9月

建筑面积： 54 997 ㎡

建筑层数： 6~10层

设计单位： 上海华东发展城建设计（集团）有限公司

结构形式： 钢筋混凝土框架剪力墙结构

依据校区总体规划，一期宿舍区建筑群的空间布局与校区主轴线的空间关系呼应，兼顾学校的建筑群形象，同时考虑与西北向公共教学组团和东北向院系组团的空间衔接关系和交通流线组织关系。

设计理念

项目通过扩大室外绿化场地、合理设置公共服务配套设施和减小建筑占地率，营建层次丰富、舒适便利的集约型校园。宿舍规划采用集中和分散相结合的布局，同时引入复合功能空间，打破以往学生宿舍单调的模式，为学生营造创新的书院制氛围。建筑采用细腻雅致、简约流畅、沉稳大气的风格，突出民航特色。

现代大学宿舍不仅要满足学生的居住需求，也需要为学生提供休憩场所、社交场所、非正式的学习和交往场所，让宿舍区能够在真正意义上活跃起来，形成良性互动。宿舍群中有一条贯穿其中的商业街。商业街沿校园景观带布置，内设茶室、书吧、咖啡吧等小型休闲娱乐和售卖设施，给学生提供了多样化的活动空间，也给整片宿舍区注入更多的活力。学生都愿意流连其中，或三五成群谈天说地，或闲庭信步欣赏风景，或坐在角落读书学习，动静相宜间形成校园一道亮丽的风景线。

中国民航大学新校区的建设是为民航事业的发展积蓄更多的有生力量。作为新校区先期启动的“开篇之作”，本次学生宿舍的设计力求以建筑的风貌表达中国民航大学全新的精神面貌和时代特征,延续中国民航大学的文化和历史传承，成为每个民航学子的心之所往。

设计团队通过简洁干练的形体塑造和极具张力的线条勾勒，以“公建化”的设计手法突破传统宿舍类建筑的固有立面形式，强调形体间的虚实关系，突出建筑线条的流畅与洗练，在韵律中融入节奏变化，形成更丰富的视觉效果。山墙设计大开大合，通过斜面的交错和楼层的挑空处理，打破了建筑的楼层界限，让建筑的山墙面成为更具标识性的建筑符号。建筑立面采用穿孔铝板作为装饰构件，疏解了大体量建筑的压迫感，让建筑本身更具趣味性和辨识度。

宿舍居室以四人间为主，采用上床下桌的形式，给学生更加私密和独立的生活空间。公共空间设计也充分考虑学生的使用需求，以提高学生生活质量、方便学生日常起居为原则，每层宿舍均设置集中淋浴间、洗衣间、盥洗室、卫生间、饮水间等功能用房。同时，每层设置一个自习室，提供独立免打扰的学习空间，供同学们灵活使用。

室内设计以简洁明快的现代风格为主，让整体氛围更加轻松和开阔，选用品质优良、易于维护的装饰材料和家具，在成本可控的情况下，确保学生日常使用的舒适性和便利性。

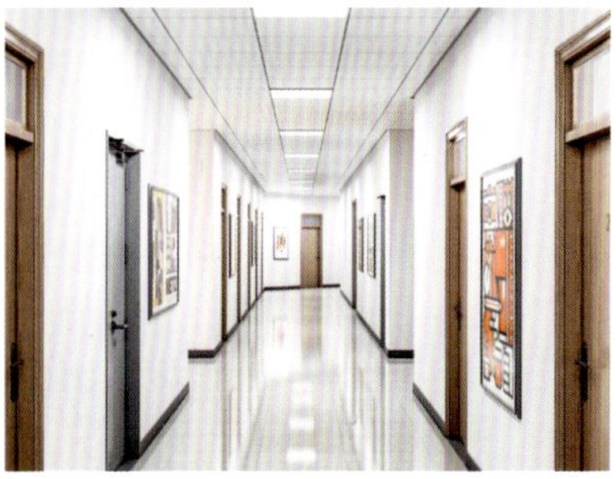

天津师范大学新建留学生公寓

项目简介

天津师范大学新建留学生公寓项目位于天津师范大学新校区西北部，西南侧临近学生宿舍区，满足380名留学生的生活和学习需求。项目主要功能为留学生公寓及教学、生活配套用房，包括4栋公寓楼和1栋综合楼，各单体首层由单层外廊相连。节材、节能、环保、装修一体化设计使之达到了绿色建筑一星级标准。

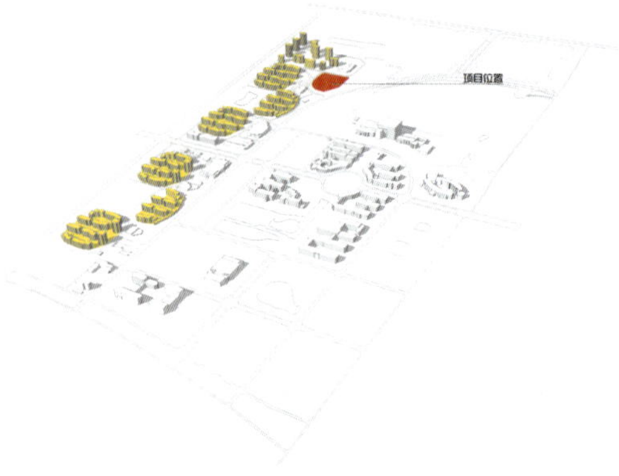

项目区位图

项目总平面图

项目概况

建设地点： 天津市西青区

建设时间： 2017年9月—2019年8月

建筑面积： 12 500 m²

建筑层数： 1、2、5、6层

设计单位： 天津大学建筑设计规划研究总院有限公司

结构形式： 钢筋混凝土框架结构、钢筋混凝土剪力墙结构

项目位于学校生活组团和教师公寓组团之间。本案采用围合组团形式，以迎合整体校园规划肌理。整体为点式布局，既保证面积指标的经济合理，又满足每个单体的开阔视野，以此打造建筑和周边环境的空间对话。同时，5个单体通过室外平台彼此连接。平台宛如一条纽带，将错落有致的点式体块有机地联系在一起，内侧自然形成了一个景观内庭院。

整体建筑对外呼应郁郁葱葱的校园环境，对内打造静谧的生活环境。项目的空间巧思为留学生创造了一个独立、安静、舒适的生活和学习场所。

本案主要人流来自南侧的教学区和生活区。广场出入口处设计接待中心，醒目便捷。广场内部实行人车分流，仅允许步行人流和非机动车进入。首层景观通廊空间亦为行人提供另一条步行路径。

本案建筑外檐采用木色和米白色相间的幕墙饰面，同时引入仿木质栏杆等设计元素作为点缀，体现出匠心独运的中国文化内涵。外立面格构式的装饰幕墙将整座建筑均匀地分为标准单元。变化的仿木纹板的穿插使得建筑立面灵动、活泼。

本案教学用房集中设置于院落起点位置的综合楼内。综合楼设置于本园区的主要出入口处，以教学为主，首层设置对外接待大厅和多功能厅。其位置醒目，便于使用和疏散。整个组团通过以综合楼为起点的景观平台进行功能分割，每栋公寓楼于景观平台下的首层设置公共厨房、餐厅和管理用房。

本案选用人均公摊面积小的方案作为基本宿舍单元。宿舍户型以10 m^2的单人居室为母题，将其与公共卫生间和公共客厅组合为一个标准的四人间和两人间居住单元，每个标准居住单元结合交通空间和晾晒空间组合成建筑标准层平面，每个标准层平面叠加到理想的建筑层数，完成完美理性的模数化设计。

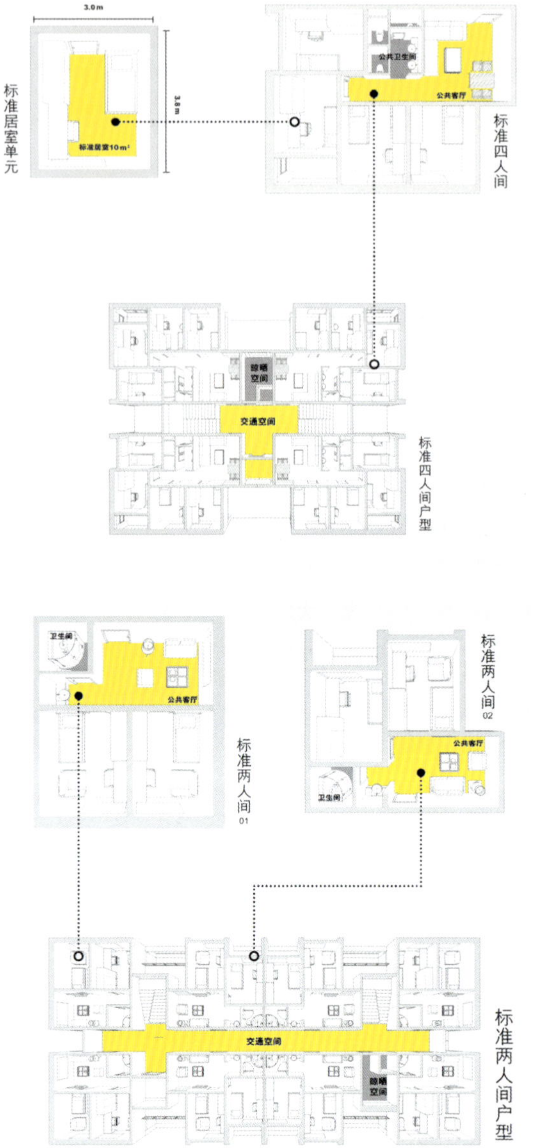

单元户型分析图

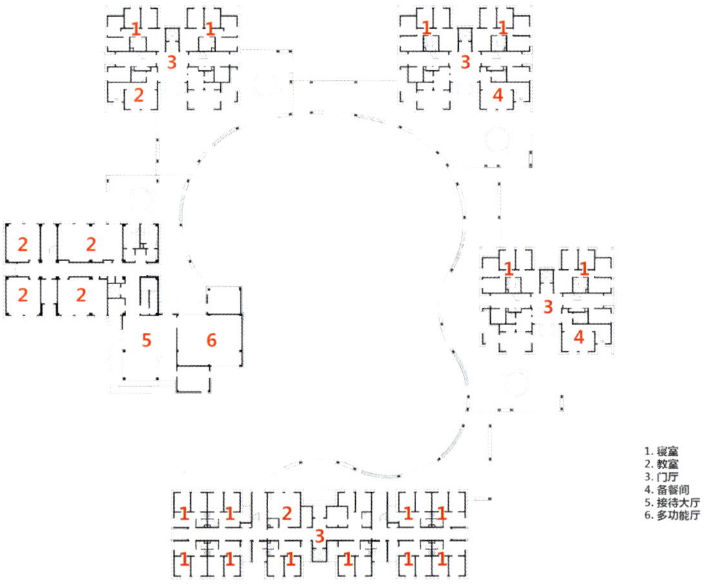

首层组合平面图

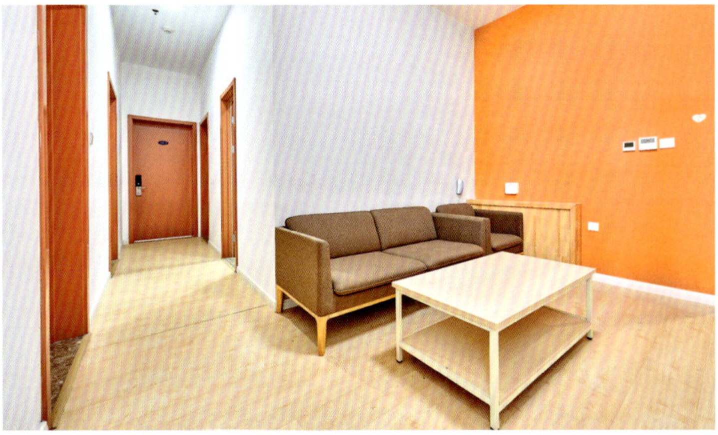

沈阳建筑大学新建学生宿舍

项目简介

项目位于校园东侧，受校园北侧、东侧现有住宅的日照条件限制，4栋建筑物的规划布局自北向南依次为6层的公寓C座、2层的公共浴池、16层的公寓D座、19层的公寓E座。它们在东西略长的校园东侧构成了一道亮丽的天际线。

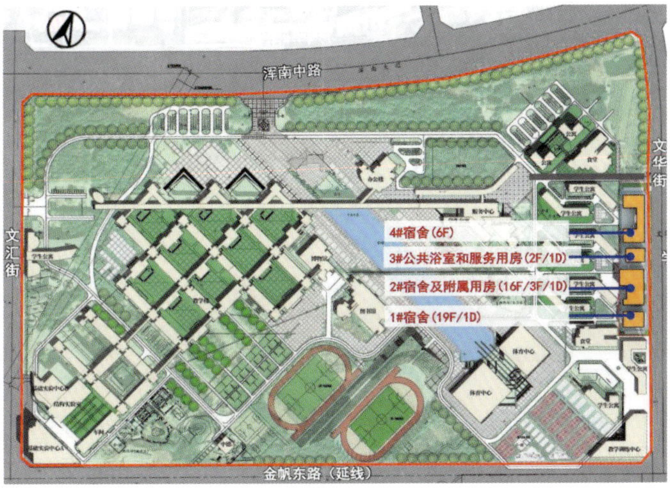

项目区位图

项目概况

建设地点： 辽宁省沈阳市
建设时间： 2022年8月—2023年9月
建筑面积： 60 194 m²（地上53 204 m²，地下6 990 m²）
建筑层数： 2、6、16、19层
设计单位： 沈阳建筑大学设计集团有限公司
结构形式： 钢筋混凝土框架-抗震墙结构

平面功能

宿舍楼主要为学生宿舍，建筑物一层配置了一站式服务大厅、共享家电设备和自动售货机房间，各楼层之间组合布置了洗衣间、晾衣间和自习活动室。

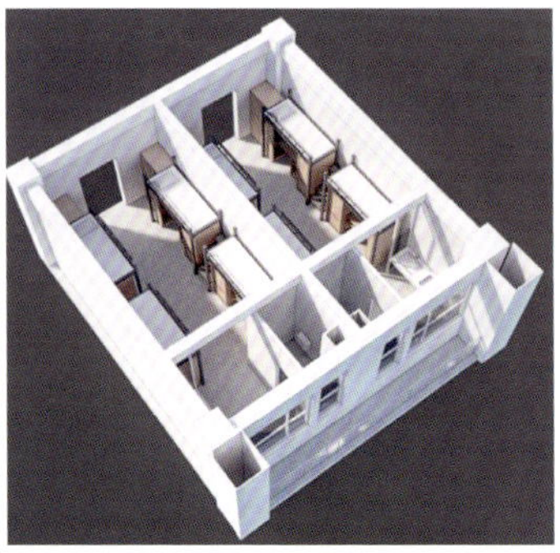

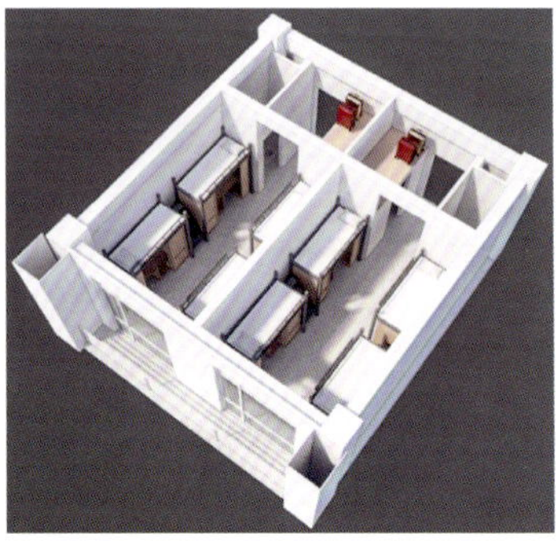

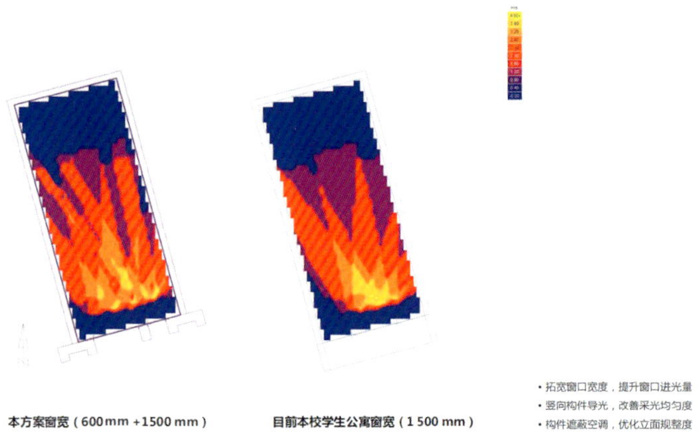

学生公寓采光对比分析图

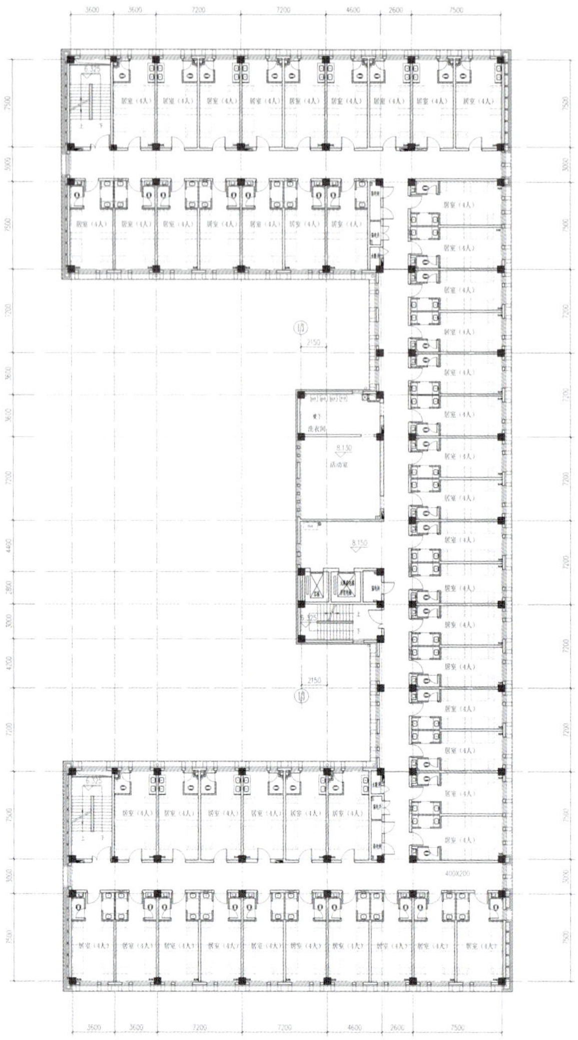

C座标准层平面图

室内布置

本项目每套房间均独立配备了干湿分离的独立厕所和有2个盥洗位的洗漱间，采用上床下桌的组合家具，光纤接口面板和电源插座设置在每个桌位和床头。每个入住的研究生均可获得独立、舒适的专属微空间。房间入口处厕所顶部隔板上还设置了行李箱吊柜，充分兼顾了学生的日常学习生活功能需求和较高的空间效能。

关键性指标

指标表

指标名称	C 座宿舍楼	D 座宿舍楼	E 座宿舍楼
宿舍标间尺寸（面宽 m× 进深 m）	3.6×7.9	3.6×7.9	3.6×7.9
标准层建筑面积（㎡）	2 009.33	1 109.71	928.78
标准层床均面积（㎡）	10.5	11.2	11.6
标准层宿舍房间数（个）	48	25	20
标准层床位数（个）	192	100	80
整楼晾衣间面积（㎡）	217.52	219.56	269.15
整楼洗衣房面积（㎡）	139.98	56.07	72.23
整楼活动室面积（㎡）	47.92	51	78.73

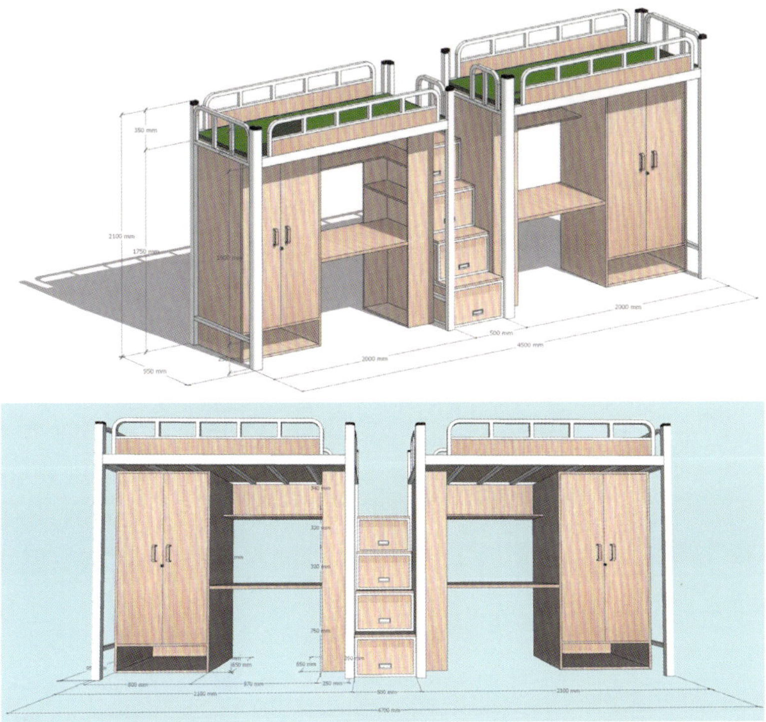

家具分析图

空间特色

整体开挖的地下室覆盖了公共浴池和公寓D座、E座的平面位置，北侧公共浴池的地下为水处理相关配套设施，南侧E座地下主要为本项目设备用房，地下室的中部为本项目的配建人民防空工程二等人员掩蔽所，兼做非战时的地下停车场，拥有地下停车位78个，极大地缓解了校园东部生活区师生停车位的紧张状况。

多层C座采用单内廊平面布局，高层D座、E座则为双内廊的建筑平面。

基本思想

（1）简约有序、开放多元，尊重环境与文脉传承，精心组织建筑形体，使其和谐地融入校园环境。

（2）具有学生宿舍所要求的生活学习及管理功能。

（3）从设计角度为学生提供一个舒适、温馨、优美的环境。

（4）塑造一个开放活跃、交流共享，具有文化内涵的形象建筑群。

设计原则

设计团队以人为本，始终遵循“最大限度地服务于学校、最大限度地提高管理效率、最大限度地节约资源”的原则进行各专业设计。

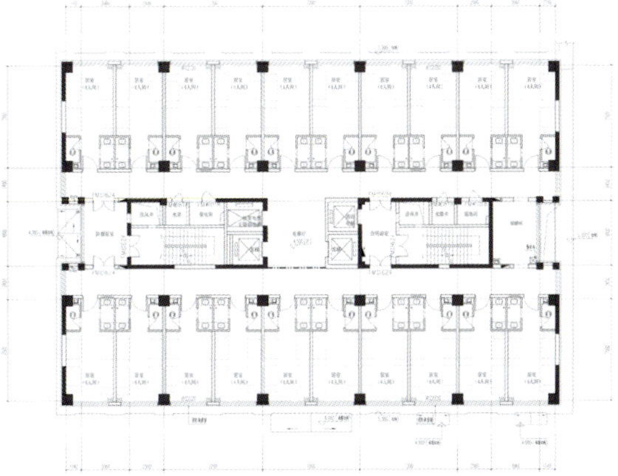

2层平面图

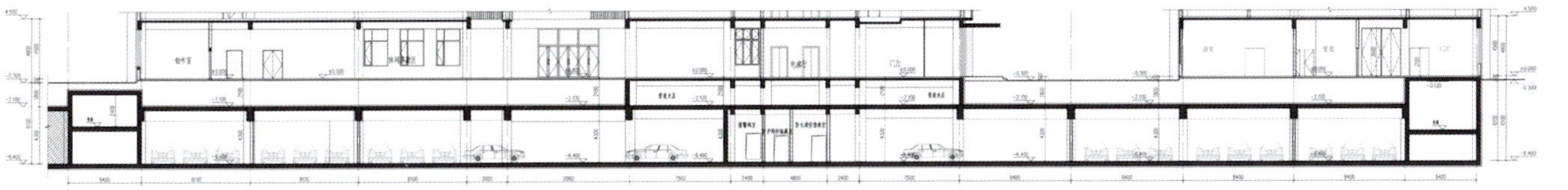

立面图

哈尔滨工业大学深圳校区学生公寓

项目简介

哈尔滨工业大学（以下简称“哈工大”）深圳校区扩建工程位于深圳市南山区西丽大学城，由教学办公区、实验实训区、综合研发区、学生生活区4个区域组成，是粤港澳大湾区建设的战略部署重点民生工程。本工程秉承哈工大“规格严格，功夫到家”的传统建设理念，致力于将哈工大精神与深圳特色有机融合，创造高品质的校园空间，打造绿色共生、文脉传神的现代化、国际化、花园智慧大学校园。

项目总图

项目概况

建设地点： 广东省深圳市

建设时间： 2016年1月—2018年4月

建筑面积： 101 053 m^2

建筑层数： 29层

设计单位： 哈尔滨工业大学建筑设计研究院有限公司

结构形式： 钢筋混凝土框架剪力墙结构

生活区设置在校园西侧，与现有研究生院生活区共同形成组团，并打通两区道路，成为有机整体。同时，项目结合场地高差及现有水污染实验室及风洞实验室进行整体协同设计，将10 m的高差转译为生活附属功能与停车空间，减弱空间的峡谷感，并形成上层学生生活广场。生活区包括1#～4#楼学生宿舍，它们为预制镶嵌式现浇混凝土剪力墙结构，地下1层，地上29层。5#楼为食堂，框架结构，地上3层。学生宿舍楼设置集中热水供应，采用太阳能加空气源热泵辅助加热制备热水。每栋宿舍的屋面设置60 m^3的热水水箱、400 m^2的平板太阳能集热器、4台空气源热泵机组。热水贮水量可以满足宿舍一天的热水用水量，热水供水量满足宿舍的即时用水需求。

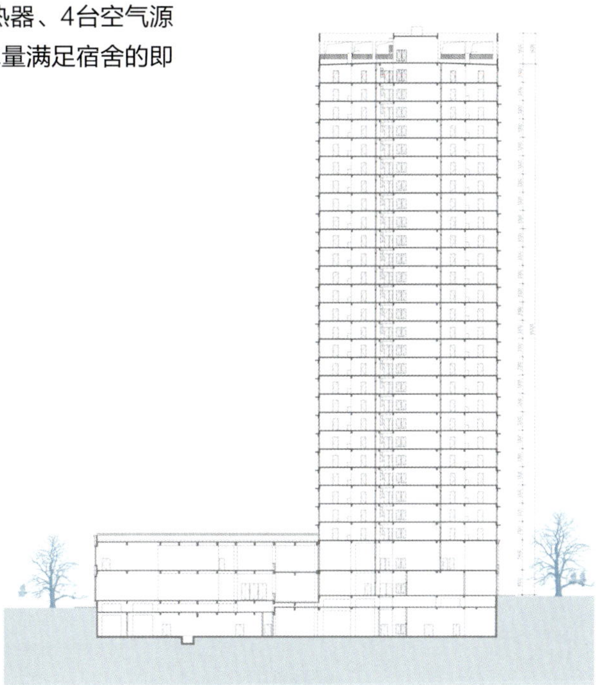

剖面图

1.客厅
2.后勤管理用房
3.工具间
4.卫生间
5.倒班宿舍
6.厨房区
7.餐厅区

地下2层平面图

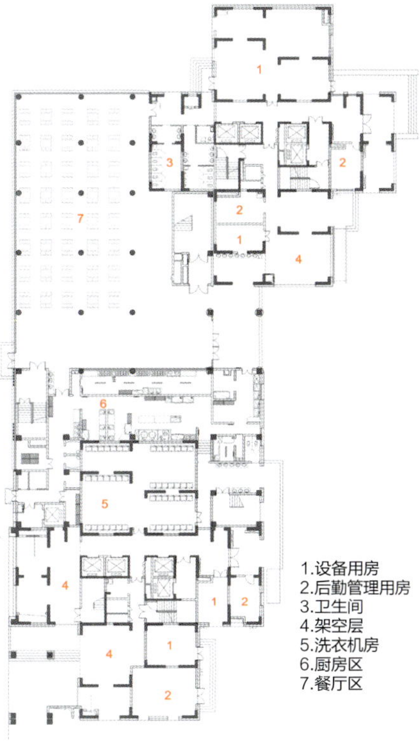

1.设备用房
2.后勤管理用房
3.卫生间
4.架空层
5.洗衣机房
6.厨房区
7.餐厅区

首层平面图

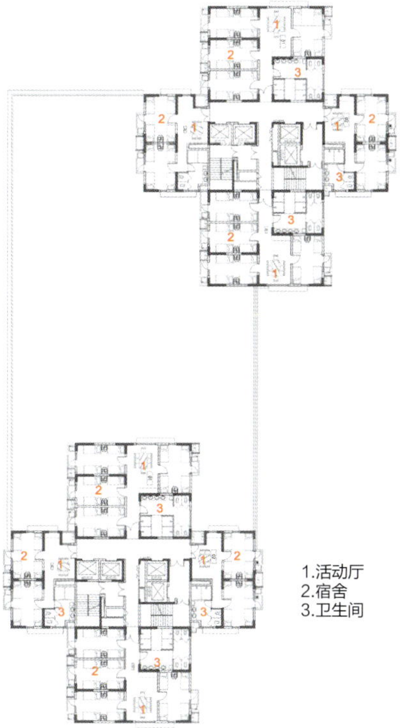

1.活动厅
2.宿舍
3.卫生间

标准层平面图

学生公寓裙房、地下室以及地上非标准层部位采用传统现浇方式施工;5栋塔楼标准层采用装配式现浇混凝土剪力墙结构，装配部分包括宿舍楼非承重外墙、内墙、楼梯、阳台栏板、空调板，1#、3#、4#学生宿舍从2层开始装配，2#学生宿舍从3层开始装配。本工程预制率为36.09%，装配率为66%。

生活单元标准层每层建筑面积为609 m^2，由4个生活单元组成，共计12间标准4人本科生宿舍，每层有48个床位。6栋公寓共可提供7 700个床位。

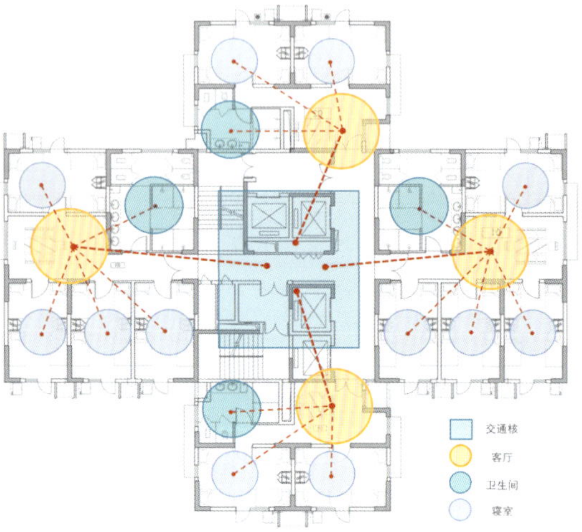

单元组合示意图

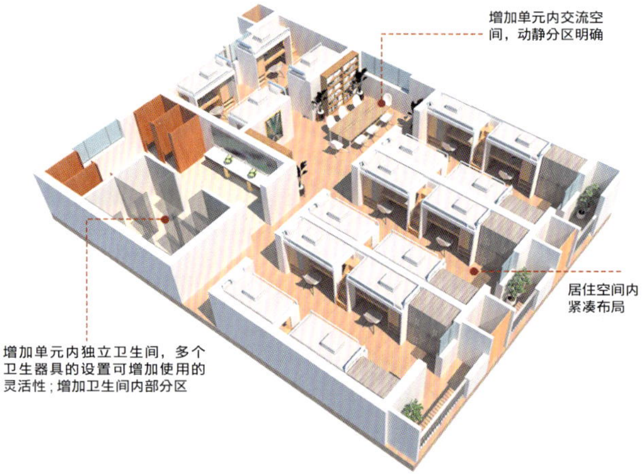

标准生活单元分析图

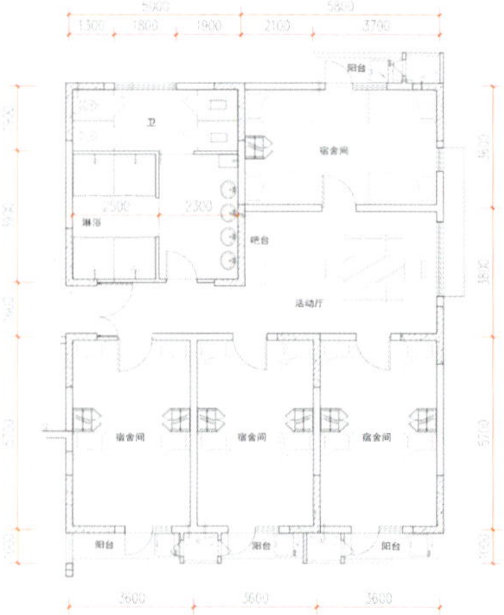

标准生活单元平面大样图

哈尔滨工业大学一校区学生一公寓

项目简介

哈尔滨工业大学一校区学生一公寓项目位于哈尔滨工业大学校园内，东北侧为职工住宅楼，西北侧与A11学生宿舍相邻，西南侧与A15学生宿舍相邻，东南侧紧临校外街，地上19层，地下2层。建筑高度为72 m。

本项目旨在解决学校学生住宿规模不足和住宿条件差的问题。该项目可容纳5 000名学生住宿，并极大地改善了学生的住宿条件，为他们提供极为有利的学习和生活条件，使学生能够安心学习，有利于提高学生的学习积极性，从而提高学校的教学质量。

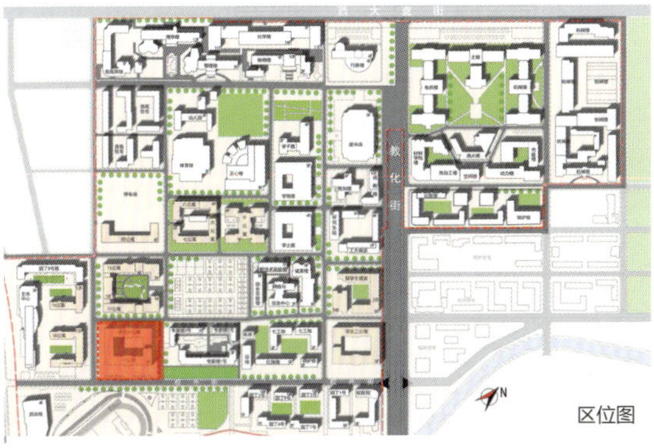

区位图

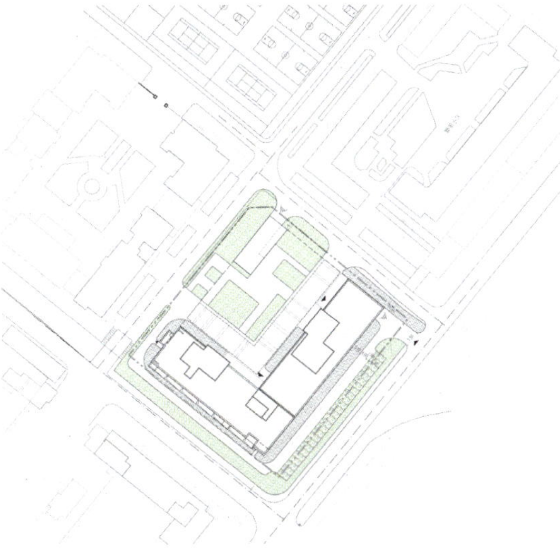

总平面图

项目概况

建设地点： 黑龙江省哈尔滨市

建设时间： 2019年8月—2021年1月

建筑面积： 77 342 m^2（地上63 365 m^2，地下13 977m^2）

建筑层数： 19层

设计单位： 哈尔滨工业大学建筑设计研究院有限公司

结构形式： 钢筋混凝土剪力墙结构

项目立面采用简洁的几何体块进行分割，形成序列感强烈的风格，通过横向线条的划分，大大减弱了建筑高度带来的视觉压迫感，同时与原有建筑立面造型相呼应，使建筑整体感觉更为柔和清晰。同时，设计团队汲取原有建筑的不同色彩，将建筑外立面设计细致化，使整体效果主次分明，既体现出建筑的使用特点，又做到无过度装饰。从绿色建筑设计角度出发，本工程外立面饰面材料选用干挂石材与外墙涂料相结合，局部通过石材提高建筑立面的厚重感，大面积的外墙涂料既保证了视觉效果，又节约了成本。

学生宿舍每层设有可容纳12人的宿舍单元23个，学生宿舍69间，床位276个；设有洗衣晾晒间、开水间等宿舍生活附属用房、库房等。全楼共计床位数5 220个。

剖面图

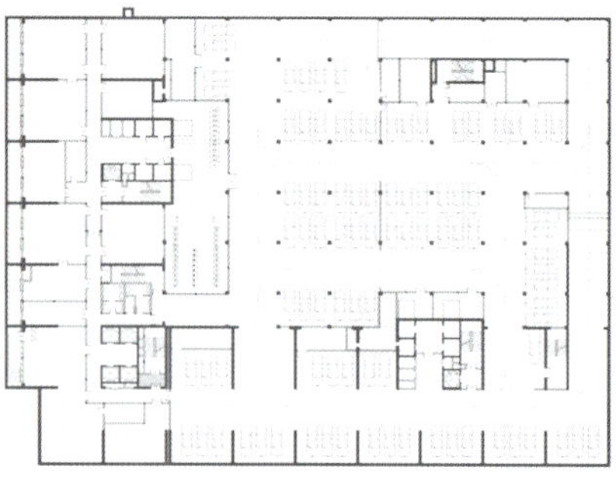

地下1层平面图

首层平面图

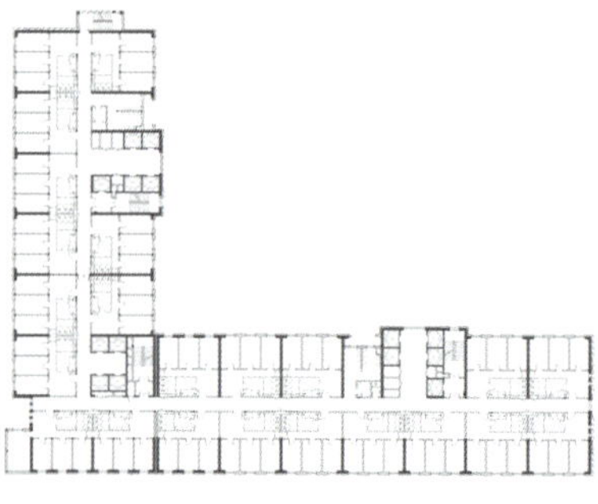

标准层平面图

设计团队通过对传统宿舍模式进行分析，总结传统宿舍的优点，设计组团式学生宿舍单元。项目采用合理的柱网，由3间宿舍形成一个组团，组团内设置交流空间、独立卫生淋浴间。组团式学生宿舍单元确保动静分区明确，在保证住宿空间私密性的同时增加组团内部交流空间；卫生器具成组设置，更具灵活性；组团内卫生间便于管理，为学生提供健康的生活保障；同时，将建筑最大采光面提供给宿舍空间，有效减少了宿舍附属用房对建筑可用采光面的影响。

学生活动用房设置于地下1层及地下2层，通过采光井提供自然通风采光条件。设备用房设置于地下1层及地下2层，减少对宿舍的影响。

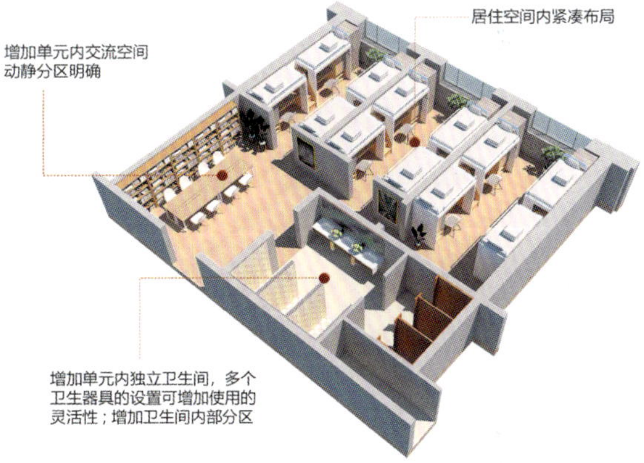

标准生活单元分析图

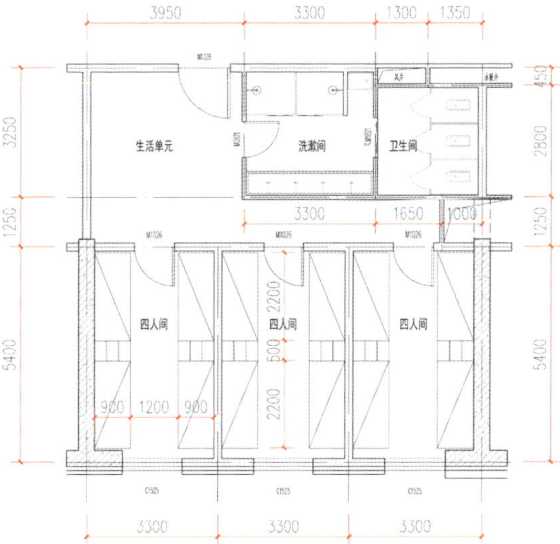

标准生活单元平面大样图

哈尔滨工业大学黄河路校区博士公寓

项目简介

哈尔滨工业大学黄河路校区博士公寓项目位于哈尔滨工业大学黄河路校区院内，东侧为校医院、学生食堂，西侧临华山路，北侧临淮河路，南侧与学生七公寓相邻。项目主要功能为学生宿舍，建成以后共有宿舍631间，可容纳1 400名学生居住。本项目的实施可改善博士研究生的住宿和生活条件，缓解博士研究生宿舍紧张的问题。

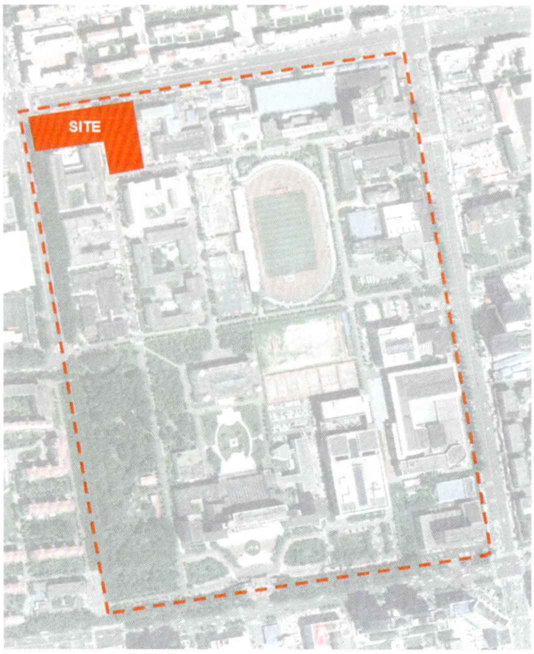

区位图

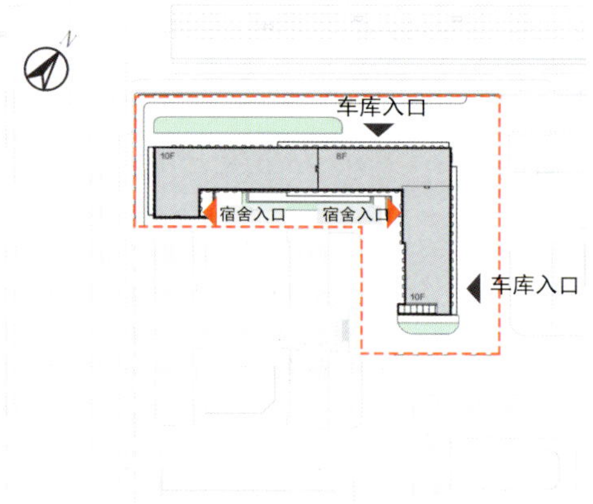

总平面图

项目概况

建设地点： 黑龙江省哈尔滨市

建设时间： 2022年2月—2023年5月

建筑面积： 35 442 m²（地上28 369 m²，地下7 073 m²）

建筑层数： 10层

设计单位： 哈尔滨工业大学建筑设计研究院有限公司

结构形式： 框架–剪力墙结构、框架结构

因1层需要配建停放往返两校区校车的客车停车库，本工程考虑设置10.8 m开间大跨结构，满足停车要求的同时，地上部分合理划分宿舍，并配置卫生间，满足博士生宿舍的使用需求。

建筑平面采用L形布局，通过两组竖向交通核组织整栋建筑的交通系统。宿舍区域采用通廊式布置方式，可满足生均建筑面积不小于20 m²的配建要求。宿舍主入口设置于建筑围合的内院一侧，与校区内道路直接连接，方便学生出入。校车车库出入口位于外侧，与学生流线自然分隔，减小对学生的干扰。

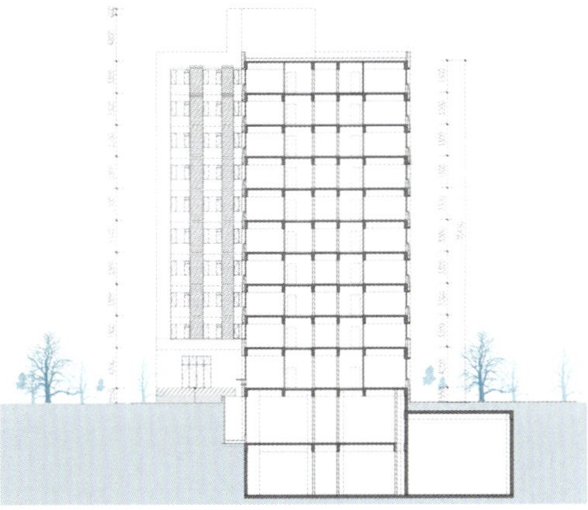

剖面图

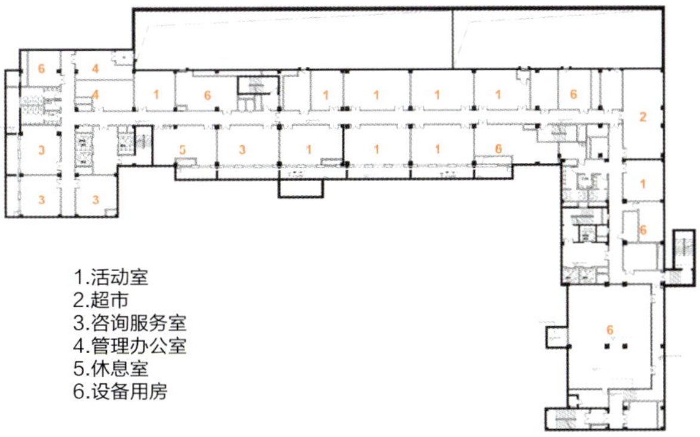

地下1层平面图

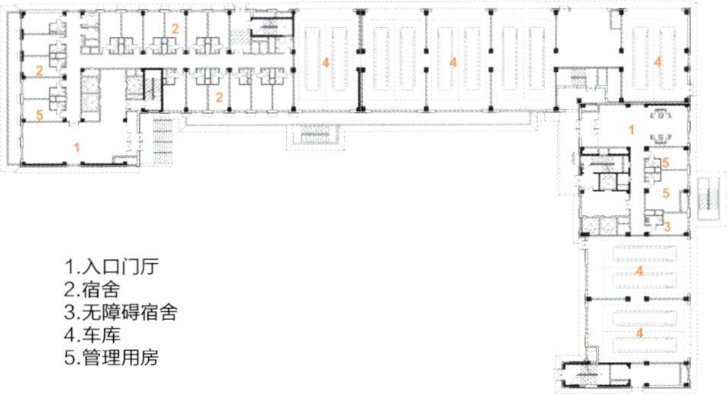

1层平面图

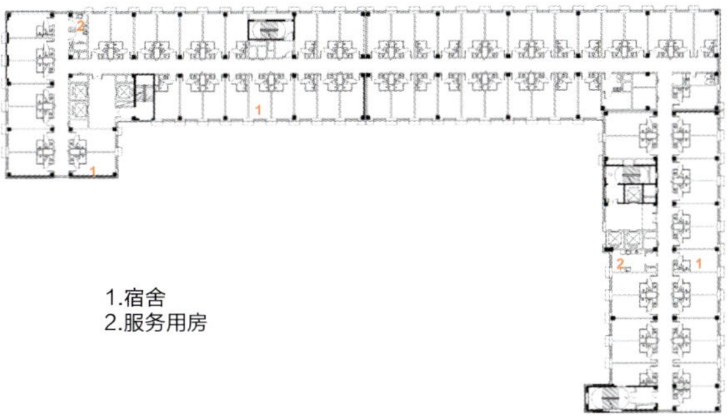

标准层平面图

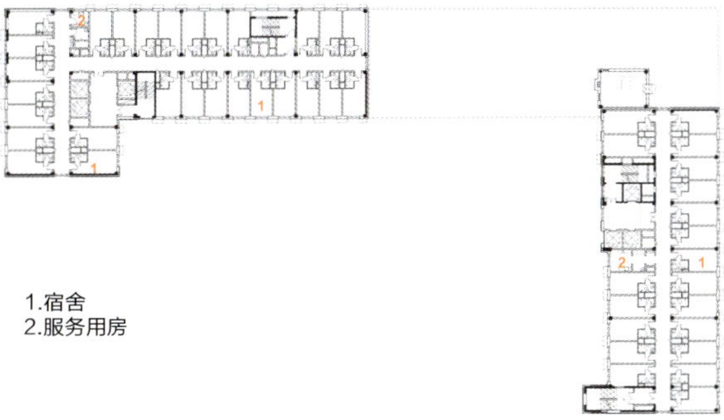

9层平面图

走廊

休息厅

1层设有二人间无障碍宿舍单元1个，2层、3层各设有二人间无障碍宿舍3间。无障碍宿舍共7间，无障碍床位共14个。宿舍单元内附设无障碍卫生间。本项目2组竖向交通核内各设置1部无障碍电梯，可直达各个楼层。

学生活动用房和设备用房设置于地下1层及地下2层，这里设置有采光井，在保证自然采光的前提下，在空间上减少对宿舍的影响。

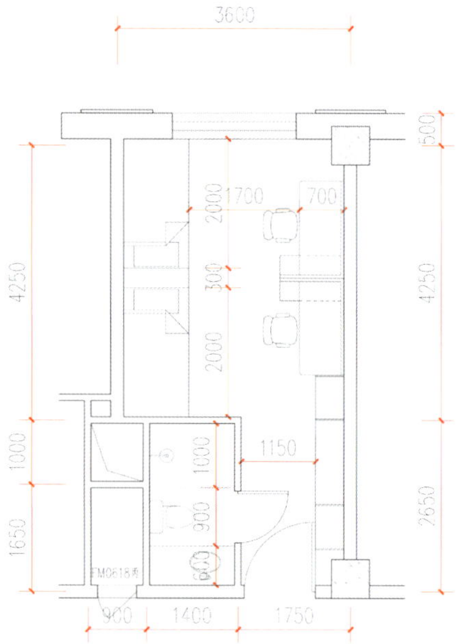

标准生活单元平面大样图

标准博士生宿舍单元

哈尔滨工程大学新建学生公寓

项目简介

本工程为哈尔滨工程大学学生公寓项目，位于校园南区，由新建学生公寓A栋、B栋、C栋、地下室及相关配套工程组成。

学生公寓注重与原有校园环境的和谐统一，为学生营造温馨、舒适的住宿环境。本工程立面造型尊重整个校区的中式建筑风格，采用灰色陶瓦的坡屋顶造型，主体以竖直线条为主，稳定庄重，利用简洁的现代手法把握整体的比例尺度，注重细节上的处理，使得建筑在近人尺度上细腻丰富。

区位图

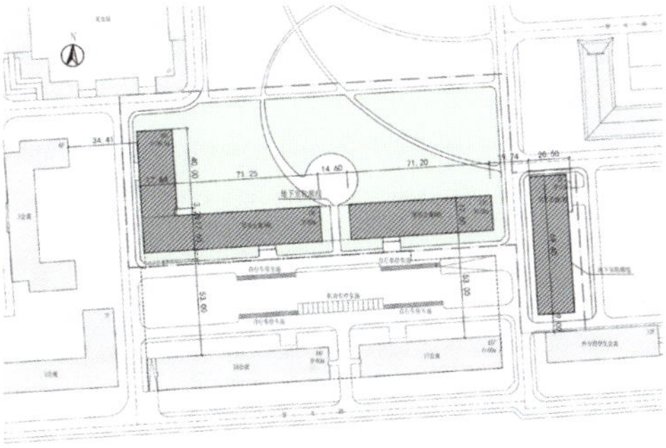

总平面图

项目概况

建设地点： 黑龙江省哈尔滨市

建设时间： 2020年10月—2022年5月

建筑面积： 58 800 m^2

建筑层数： 7、10、15层

设计单位： 哈尔滨工业大学建筑设计研究院有限公司

结构形式： 钢筋混凝土剪力墙结构

立面图

场地规划以“合院”为设计单元，学生公寓A栋为“L”形，学生公寓B栋为“一”字形，与原有研究生公寓围合成内院。建筑主入口设置在南侧，正对内院景观，场地出入口与校园的环形道路相连通，方便人流集散。建筑物四周设宽度大于4 m的环行道路，供消防车辆通过，沿建筑长边设消防登高操作场地。学生公寓C栋为“一”字形，与原有外国留学生公寓的“L”形相呼应，形成围合，主入口设于东侧内院，围绕建筑物四周设宽度大于4 m的环形道路，作为消防车道。

为了美化校园，提升教学环境质量，本项目尽可能地增加校园的绿化覆盖率，采取周边围绿、见缝插绿等绿化措施。南侧有内院景观，北侧连接中心绿地景观，视野开阔。在场地范围内建筑北侧做大面积绿地，局部种植小型乔木和灌木，以延续中心绿地景观。

学生公寓A栋为本科生公寓，地上13层，地下1层，建筑高度为48.90 m,总建筑面积为30 347 m^2，其中地上建筑面积为27 984 m^2，地下建筑面积为2 363 m^2。地上功能主要为本科生公寓，A栋学生公寓含标准四人间651间，无障碍双人间1间，可容纳学生2 606人。

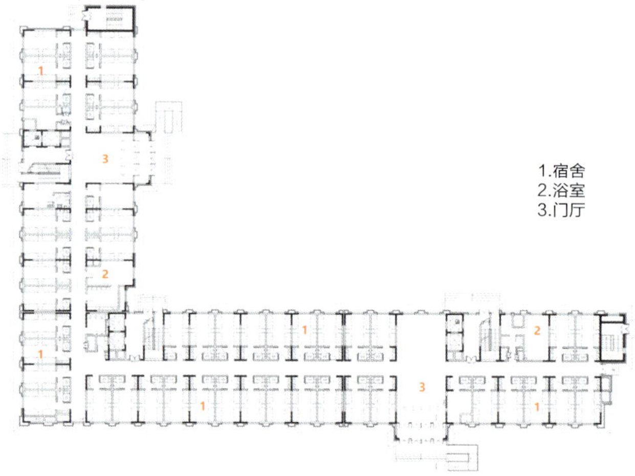

A栋1层平面图

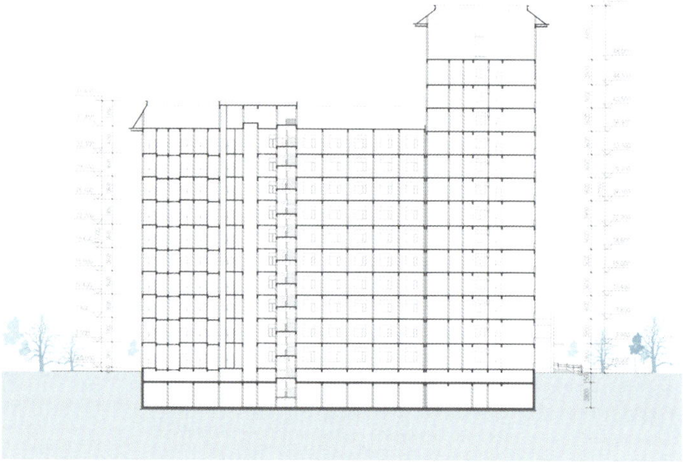

剖面图

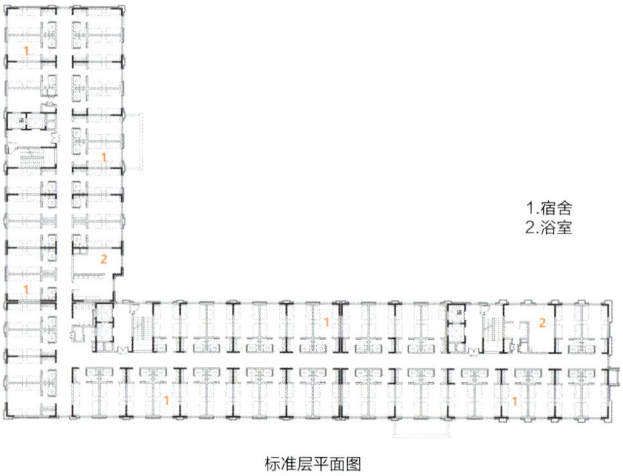

标准层平面图

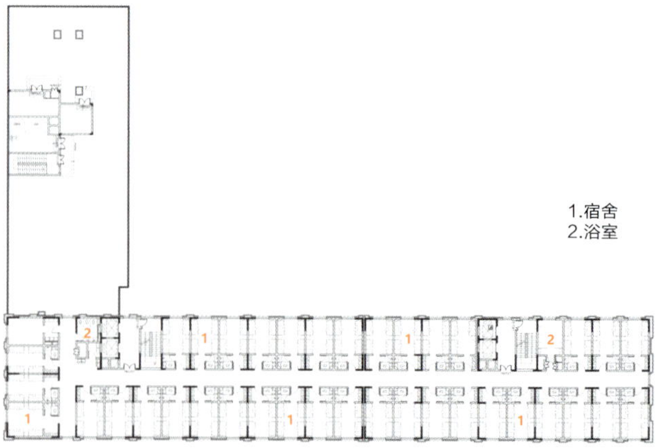

1层平面图

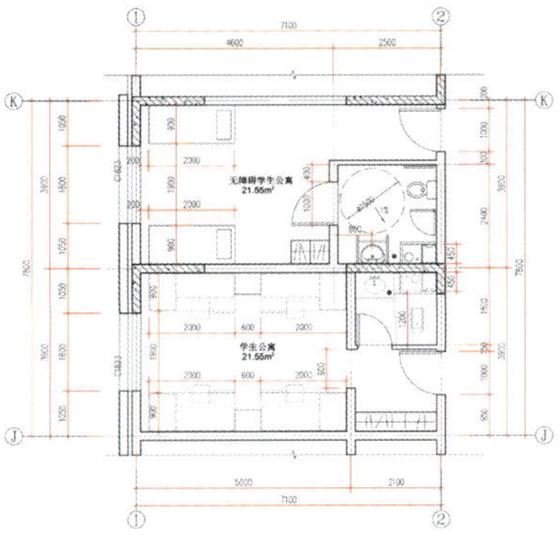

标准生活单元平面大样图

黑龙江建筑职业技术学院三号学生宿舍

项目简介

本项目位于学校宿舍区域，东临校园运动场地，西临校园桃园餐厅，地势平坦，生活及交通便利。整栋建筑采用灰色混凝土装饰砌块搭配白色装饰沿线，屋面采用红色坡屋顶，整体建筑风格契合校园整体风貌。

项目建成后有利于形成校园建设与教学和人才培养紧密结合的建筑范例，有利于学生在学校期间身临其境地领会新技术、新产品、新工艺主导的建筑技术和建筑文化，切实体会到建筑品质对生活、工作、生产的有利影响，有助于其培养兴趣爱好，树立投身建设事业的理想，有助于学生成长为行业急需的有理想有抱负的专业人才。

项目概况

建设地点： 黑龙江省哈尔滨市

建设时间： 2021年5月—2023年4月

用地规模： 13 930 ㎡

建筑面积： 6 203 ㎡

建筑层数： 6层

设计单位： 黑龙江建投城市设计有限责任公司

技术服务单位： 哈尔滨达城绿色建筑股份有限公司

结构形式： 装配式配筋砌块砌体剪力墙结构

技术部分

学生宿舍按照适宜寒地的超低能耗建筑技术体系和工艺工法建造，并且不断探索开发可再生能源的利用。项目采用具有自主知识产权的集暖超低能耗技术，主要包括：地面整体保温的连续设置技术，呼吸式通气排湿夹心保温墙系统，节点构造断桥节能技术，低成本、高收益的低能耗双框窗技术，保温闷顶新风物理换热技术，太阳能新风预热技术，热回收新风系统设备，废水、雨水收集回收再利用技术，CO_2、温湿度监控节能技术，电热膜补热技术，低能耗被动门等系列技术。

集暖超低能耗建筑技术——被动式技术

技术体系：地面

集暖地面构造针对不同建筑基础形式进行设计。建筑地面整体铺设保温层，结构梁柱采用保温材料连续包裹断桥，地面保温层与外墙保温层连续封闭，隔断向下的传热路径可降低建筑能耗。

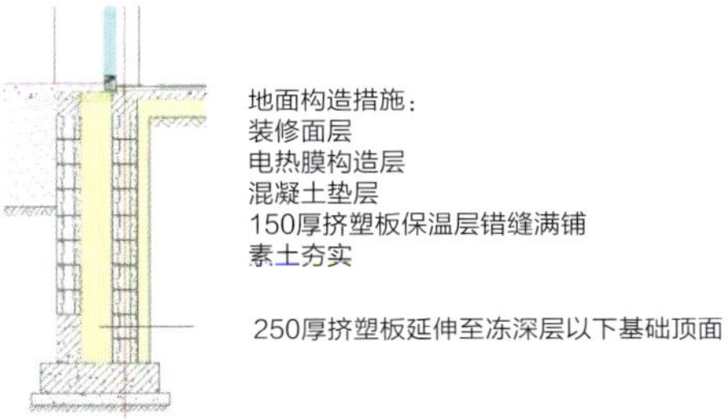

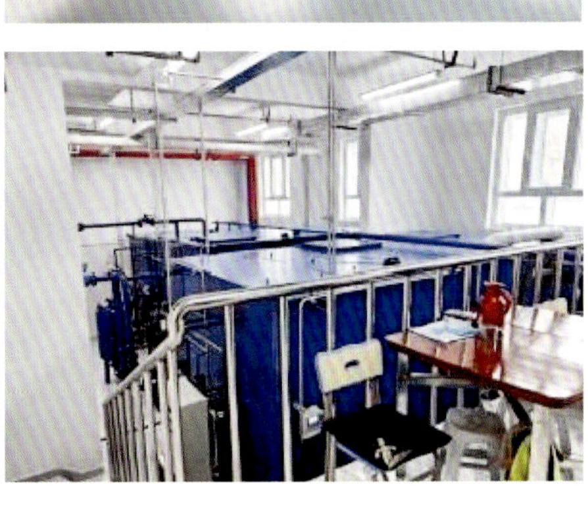

技术体系：墙面

外墙采用呼吸式夹心保温墙体和250厚挤塑板保温层，避免传统外保温材料岩棉过厚、易损坏、易脱落的通病。外叶墙采用彩色混凝土装饰材料，外墙防火、防撞、防脱落、耐久、免维护、与建筑同寿命。外叶墙装饰砖自带三向开孔，灰缝设置通气孔，利用大气压差实现外墙通气排湿。

技术体系：外窗

外窗采用双框6玻5腔组合，综合传热系数经实验室检测为0.3W/（m^2·K）。其通过玻璃及双框窗间空气腔共同组成多腔体，实现温度梯度变化，通过双框与保温层，形成两道断桥构造，提升保温性能。双框窗均设置气密性构造，避免因施工或使用过程损坏带来的建筑气密性减弱的风险。

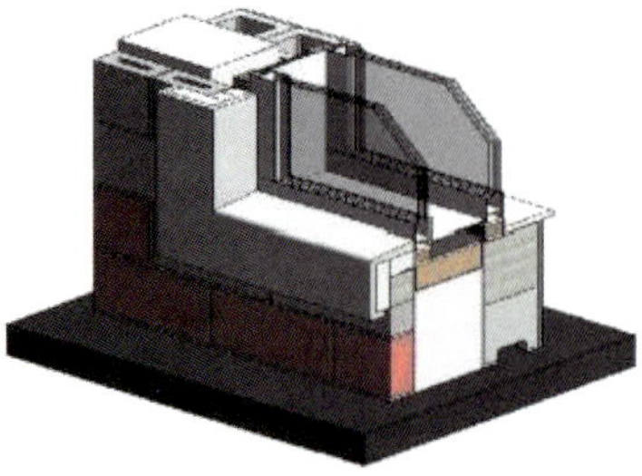
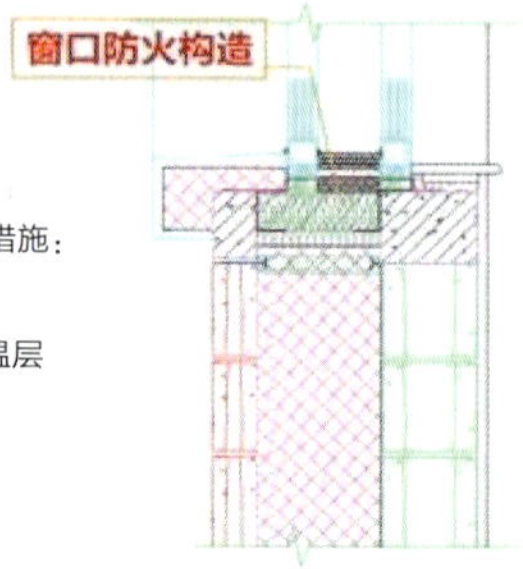

技术体系：屋面

屋面构造增加保温层厚度，降低屋面传热系数，提升保温性能。女儿墙采用断桥结构技术构造，屋面保温层穿过女儿墙与外墙保温层连续，形成完整保温层。

新风系统

建筑新风系统采用热交换型新风机，并通过房间内设置CO_2监测设备及智能能源控制平台自动开关新风系统，避免能源浪费。清洁能源技术应用太阳能为蓄热砖蓄热，夜间CO_2浓度升高，新风机启动，室外新风经蓄热砖与保温玻璃幕间空腔流动并进行热交换，提升新风温度，降低建筑能耗，同时提高新风热交换机的工作效率。

集暖超低能耗建筑技术——主动式技术

电热膜补热

学生宿舍采用电热膜地暖补热，各房间及公共区设置自动调节温控装置，根据需求设定温度，实现能耗可控。冬季假期时可降低补热量，实现建筑静止状态零能耗。

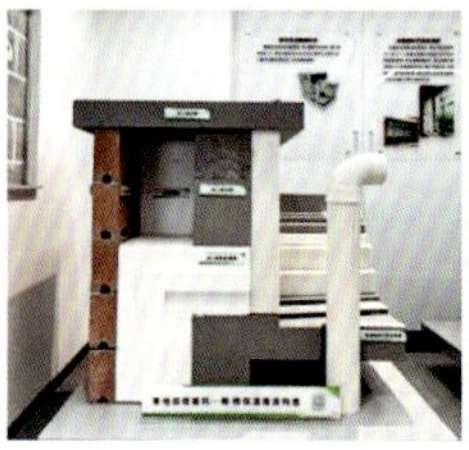

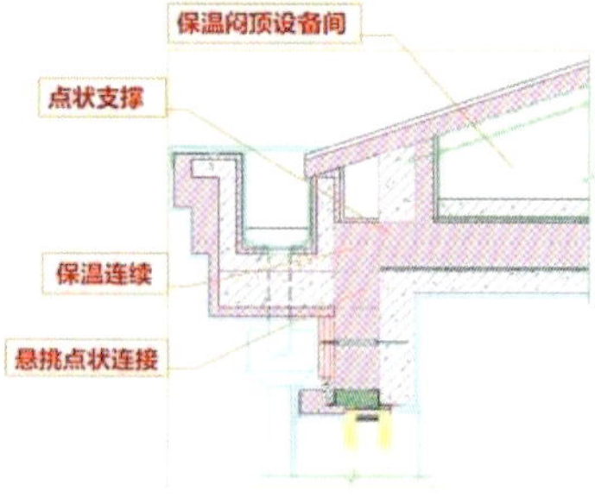

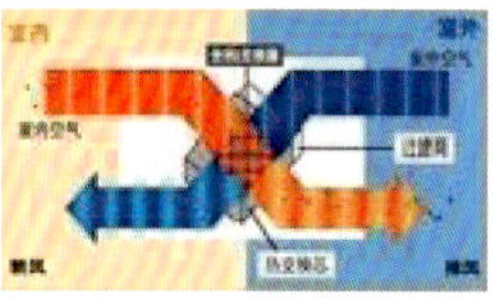

复旦大学枫林校区二号学生书院

项目简介

复旦大学枫林校区是复旦大学的四大校区之一，是复旦大学上海医学院的所在地。二号学生书院位于西园南侧，是拆除原西20、21号学生宿舍后新建而成的。项目遵循枫林校区整体改扩建的原则，新建两幢19层的高层宿舍，基本可以容纳整个校区的在校生。男女生人数比例接近1：1，男女生各占一幢楼。项目将功能整合，融学生住宿及餐饮、教工餐饮、学生活动及自习、导师工作室等功能于一体，体现复旦大学“书院制”学生管理模式的特点。

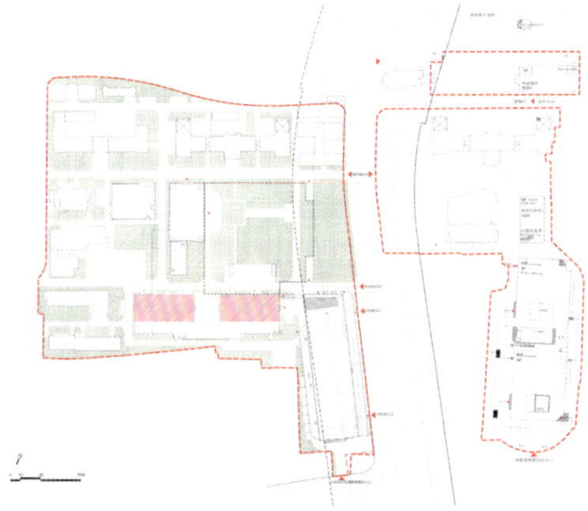

区位图

项目概况

建设地点： 上海市徐汇区

建设时间： 2015年3月—2017年4月

建筑面积： 71 220 m^2（地上65 560 m^2，地下5 660 m^2）

建筑层数： 19层

设计单位： 同济大学建筑设计研究院（集团）有限公司

结构形式： 框架剪力墙结构

二号学生书院与北侧图书馆及地下车库、东侧游泳馆及屋顶运动场地功能高度整合，联系紧密，形成地下、地面和空中3层交通体系，学生可以轻松实现日常学习科研、生活起居和运动休闲风雨无阻地“无缝对接”，集约高效。为了节约用地，地下1层和地上2层裙房铺满整个地块，布置人流量大的餐饮和学生活动等辅助功能，地上3层及以上均为标准四人间学生宿舍，动静垂直分区，出入口互不干扰。

两幢宿舍高层塔楼面宽用足规划限宽60 m，采用“工”字形内廊平面布局，电梯交通核两侧各设置一个方形内院，极大地改善了细长内廊的通风和采光条件。

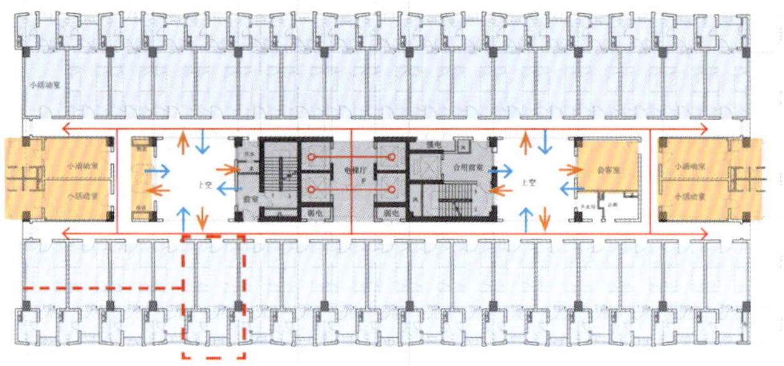

标准层平面图

宿舍　活动室　流线　通风　采光

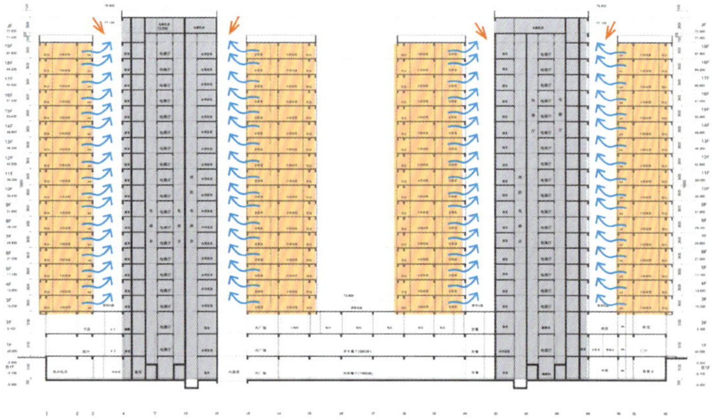

剖面图

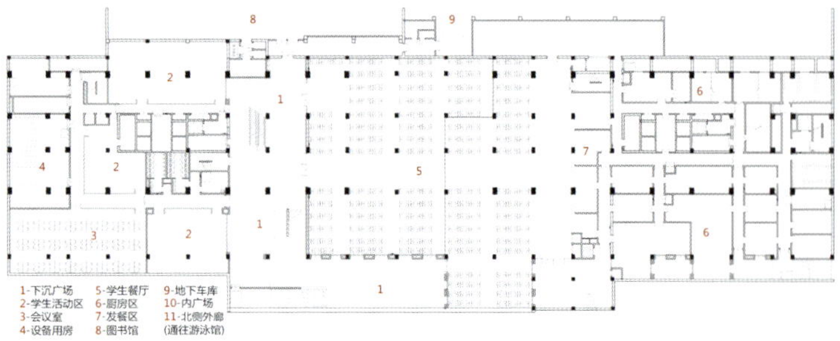

首层平面图

枫林校区历史悠久，校区北侧的东一号楼、明道楼、治道楼等均为上海市优秀历史建筑。二号学生书院延续校区红砖主色调，通过材质的变化在统一中寻求个性，通过陶土砖的砌筑方式呈现书院耐人寻味的建筑细部。高层宿舍外立面采用两层交错的锯齿状，在阳光下形成丰富多变的光影效果，避免了单调乏味的板楼印象，给校区增加了一道亮丽的风景。

校区南侧的二号学生书院和北侧的老建筑共同围合中央绿地，形成新老建筑的对话。莘莘学子在新老建筑中穿行时领略着不同时代校园建筑散发的文化魅力，感受着复旦精神——日月光华，旦复旦兮。

二号学生书院总建筑面积为71 220 m^2，其中学生食堂面积为9 194 m^2，教工食堂面积为2 365 m^2，学生活动面积为1 160 m^2，学生宿舍面积为56 335 m^2。宿舍部分由两幢（男女各一）19层塔楼组成，均为四人间套型，每幢拥有2 584个床位，总共5 168个床位。标准层床均面积为10.6 m^2/床，生均建筑面积为10.9 m^2/床。

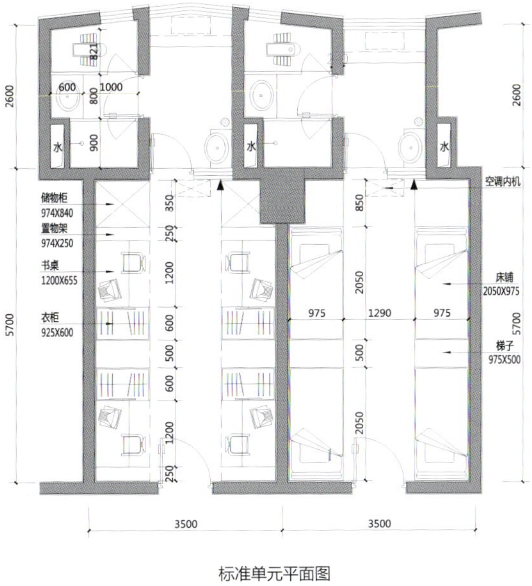

标准单元平面图

复旦大学江湾校区学生宿舍（一期）

项目简介

本项目位于复旦大学江湾校区内西北角国权北路与国帆路交会处，由4栋19层的研究生宿舍组成，总建筑面积约9.6万m^2，建筑高约60 m。项目旨在打造一个高度复合多元的学生生活社区，将学生的学习、居住、运动和社交空间等融合在宿舍组团中，为学生提供优质的生活和学习环境。新建学生宿舍的建筑风格延续了江湾校区现有校园风貌，与周边环境协调一致。

设计充分考量江湾校区北部生活区对既有城市、既有校园、既有用地的影响，并以此确立环境友好型的设计观点。

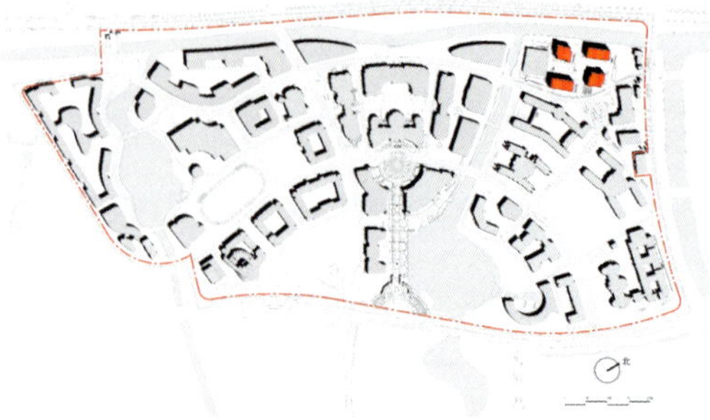

区位示意图

项目概况

建设地点：上海市杨浦区

建设时间：2021年12月—2023年12月

建筑面积：96 000 ㎡（地上85 000 ㎡，地下11 000 ㎡）

建筑层数：19层

设计单位：上海华东发展城建设计（集团）有限公司

结构形式：剪力墙结构

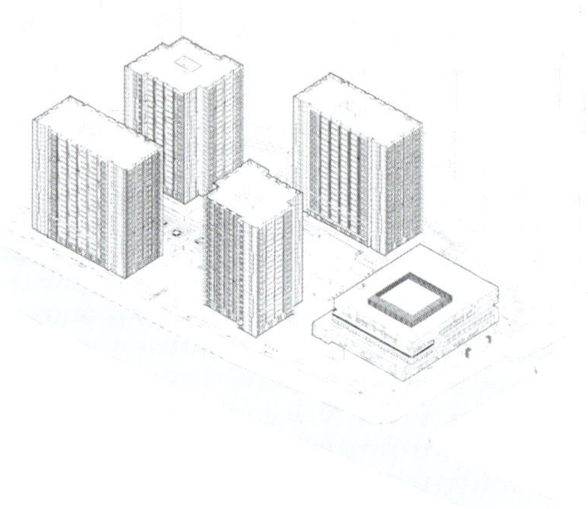

地块轴测图

传承与创新

为延续复旦大学江湾校区建筑风格的统一性，本项目建筑设计在传承江湾校区浪漫主义新古典风格的同时，更显简洁现代，适应城市风貌与新时代背景，追求形式与功能相适应的创新。宿舍居室采用大面积竖向落地通窗，提供良好的采光、景观条件。空调外机平台采用折形穿孔板装饰。

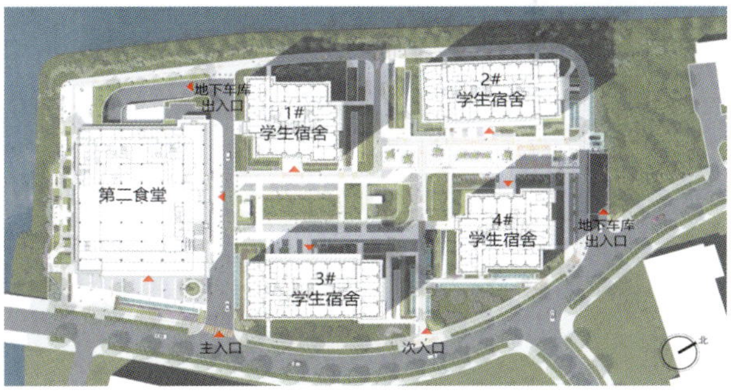

总平面图

高容积率环境下的以人为本

设计团队通过对场地以及朝向的合理规划，确立塔楼与板楼灵活组合的总平面布局，精细化控制建筑标准层，研究室外空间与围合庭院的空间尺度，缓解建筑竖向压迫感，创造舒适宜人的外部空间环境。

平面布局

项目采用为特定场地朝向而生的风车形回廊式宿舍布局，首层为学生提供集约化的社交活动空间以及配套服务功能，标准层采光环廊的模式让公共走廊不再消极昏暗，而是更具社交性，中央天井利用拔风效应让建筑在炎热的夏季拥有良好的通风散热性能。

1.门厅
2.候梯厅
3.讨论室
4.水吧
5.开水间
6.自习室
7.心理咨询室
8.乒乓球活动室
9.值班室
10.辅助用房
11.无障碍宿舍
12.公共卫生间
13.集中洗衣房

1#学生宿舍1层平面图

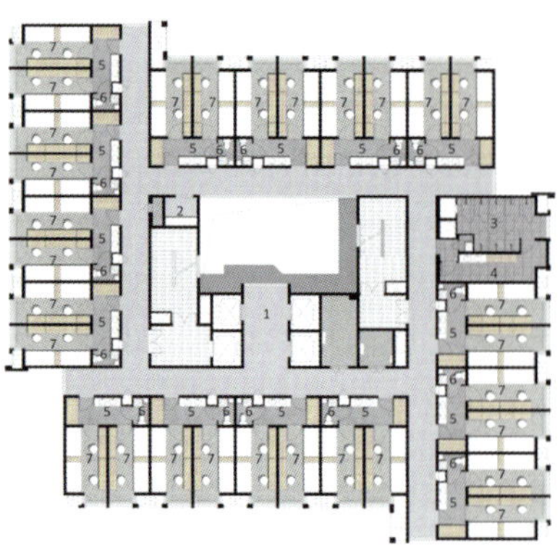

1.候梯厅
2.开水间
3.集中淋浴间
4.更衣室
5.入口过厅兼盥洗前室
6.卫生间
7.居室

1#学生宿舍标准层平面

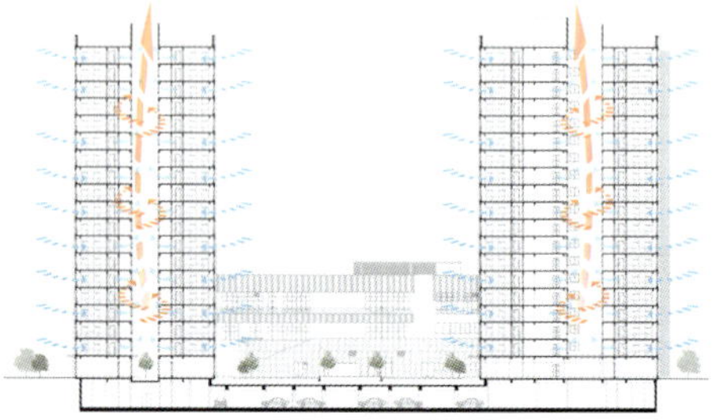

剖面图

居室单元

居室单元的使用与管理一直是既矛盾又统一的，本项目标准楼层床均面积16.3 m^2，在有限的生均面积限制下，采用了“两级干湿分离模式”：宿舍标准单元采用两间卧室共用一套干湿分离的卫生间、盥洗区的模式，并将公共淋浴房分层集中设置，寻求经济性与舒适性、公共性与隐私性的平衡。

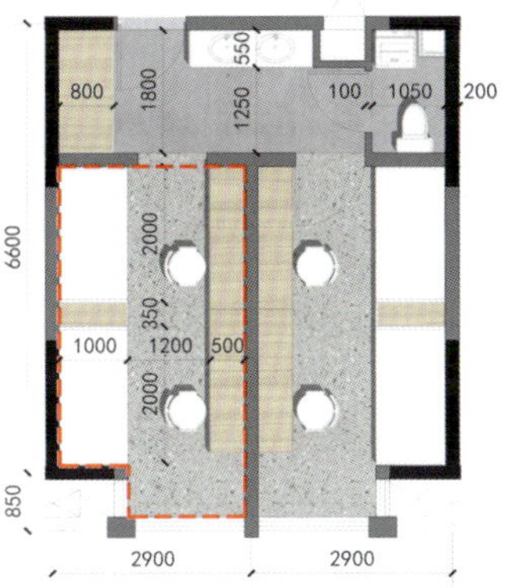

标准层居室单元平面图

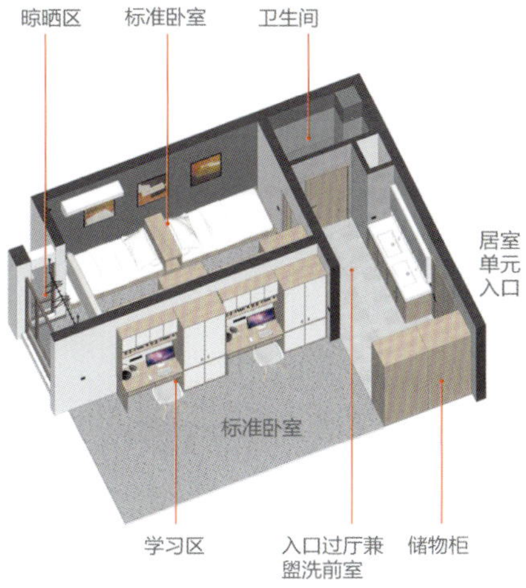

标准层居室单元轴测示意图

同济大学四平路校区西南一楼优秀历史建筑修缮工程

项目简介

西南一楼位于同济大学四平路校区，是学校历史最为悠久的宿舍楼之一。2005 年，西南一楼与同济大学南北教学楼、图书馆、文远楼、大礼堂等一并入选上海市第四批优秀历史建筑，是自20世纪50年代以来中国建筑设计思想和建筑技术的重要记载，在中国现代建筑的发展史上具有重要的地位。

西南一楼为3层砖混结构房屋，建于1954年，由同济大学吴景祥、朱亚新设计。房屋整体体现了中国传统建筑风格，主入口部分4层高，四坡尖顶，两翼两坡、屋顶平缓，出檐舒朗，檐下有斗拱支撑，补间采用人字拱，颇具唐风遗韵。房屋立面简洁，外墙粉刷，底层有腰线，细部装饰同样体现出传统文化内涵，主入口立面三开间底层单坡门厅，3层挑出阳台，栏杆、额枋、雀替俱全。建筑整体比例和谐，色彩对比明快，细部精致。

同济大学四平路校区三维图

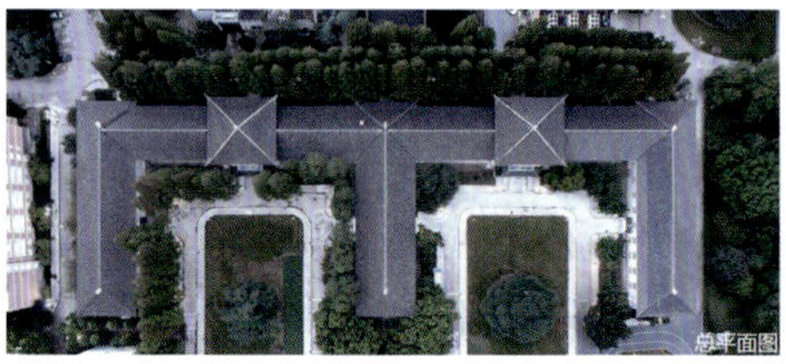
总平面图

项目概况

建设地点：上海市杨浦区

建设时间：2023年5月—2023年8月

建筑面积：11 752 m^2

建筑层数：3层（局部4层）

设计单位：同济大学建筑设计研究院（集团）有限公司

结构形式：砖木结构

设计构思——修旧如旧，寓古为新

西南一楼优秀历史建筑修缮工程尊重历史，力图重现原设计师的设计理念，同时满足新时代学生宿舍的功能要求。设计坚持“修旧如旧，寓古为新”的修缮原则，从外立面恢复、抗震防火、室内空间修缮、设备更新赋能4个方面对房屋进行整体修缮更新，主要内容如下：

外立面恢复

本项目充分调研历史蓝图，对立面墙面、门窗、须弥座、垂花门、窗花、大屋顶、屋脊、屋面瓦、檐口挑头、和平鸽等部位进行全方位保护性修缮。1953年设计时遇“世界和平大会”,东侧设和平广场，屋脊正吻设和平鸽。本次修缮按原始图纸，采用泥塑工艺，复原最初设计，屋面瓦片翻新，和平鸽展翅高翔。按照上海市历史建筑保护事务中心的要求，建筑外立面和结构体系不得改变，故在结构抗震加固和木楼盖防火方面采用了特殊的处理措施，加装的空调系统采用了多联机系统，宿舍外窗仿照原样采用节能铝合金窗进行置换，四层塔楼木门窗按原样修复。

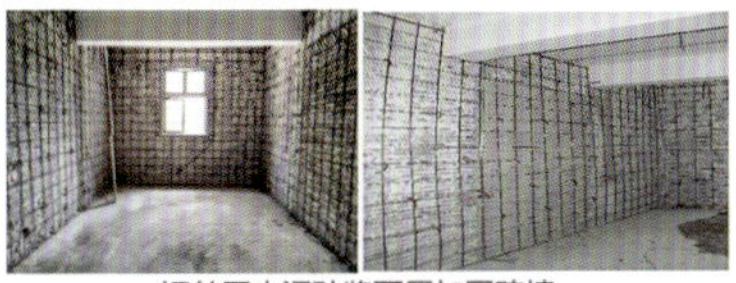

钢丝网水泥砂浆面层加固砖墙

木楼盖置换混凝土叠合楼板

钢拉索加固木楼盖

悬臂砖墙外包角钢防倒塌

建设背景

20世纪50年代，在全国推广“民族形式”思潮的时代背景下，西南楼采用了中国传统建筑设计元素，运用了典型的“大屋顶”设计语言，以横向舒展的体量为特征。在细部设计方面，其对精美的中国古典建筑装饰符号进行了创新实践，是1949年后探索民族形式设计风格的实证，是当时特定历史时期的重要产物。西南一楼作为校园中优秀历史建筑的重要代表，构成了校园早期建筑的独特风貌。

泥塑工艺复原屋脊正吻和平鸽

修缮后实景照片

抗震防火

在恢复外立面原样的基础上，为使既有砌体结构能够满足上海7度抗震设防的要求，本项目采用外包钢丝网水泥砂浆面层代替混凝土构造柱，配套嵌入水平灰缝的钢筋以代替外加圈梁。设计同时采用钢拉杆加强木楼盖整体性，使楼板和纵横墙能够协同受力，确保宿舍大震不倒。考虑到砖木建筑防火需要，塔楼增设了水箱，利用烟感及消防喷淋系统提升了宿舍抗火能力，还将房屋端角的木楼板置换为现浇混凝土组合楼盖，同时提升了宿舍大楼防火和抗震性能。

室内空间修缮

设计团队尊重历史，对入口门厅井字梁、内廊托梁装饰线脚、楼梯木制扶手、露明木屋架等室内重点保护部位考证修缮，力图恢复特色风貌；同时设计满足现代化功能要求，除基本的洗衣晾衣功能空间外，还打造多处共享空间，如党建活动室、学生客厅、学生舞蹈室、楼梯间、交流空间等。

家具软装设计如下。

床铺设计：西南一楼为男生宿舍，根据现在学生的身高，在标准宿舍中放置长2 150 mm的床，以满足大多数学生的需求。部分宿舍放置2 250 mm加长版的床，以适应个子较高的学生群体。这样可以确保所有学生都能够获得舒适的睡眠空间。

储物空间：每个床位都配备独立衣柜，以提供足够的储物空间供学生存放衣物和其他个人物品。衣柜内部的设计考虑到不同季节和不同类型的衣物的储存需求。

楼梯柜：为了增加储物空间，标准宿舍使用楼梯柜代替传统的爬梯。楼梯柜设计成多层结构，提供额外的储物空间供学生放置书籍、鞋子和其他物品。

学习区域：在标间下桌上床的设计中，留出了足够的空间供学生学习。书桌的长度和高度适合学生的身高和使用习惯，同时确保有足够的光线照射到桌面上。

学生宿舍标准间实景照片

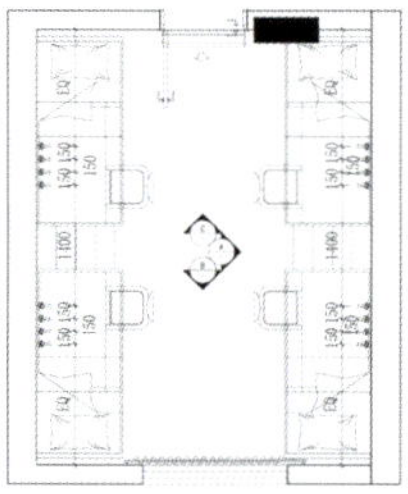
学生宿舍标准间平面图

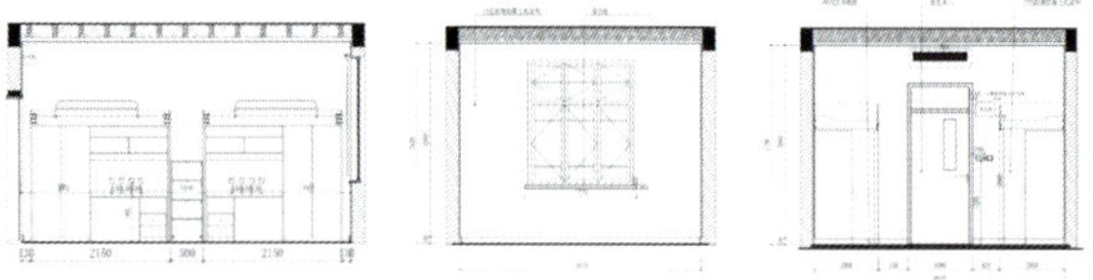
学生宿舍标准间立面图

修缮前建筑室内

修缮后建筑室内

修缮前建筑立面

修缮后建筑立面

公共区域：除了个人空间外，宿舍还设置一些公共区域，如休闲区、厨房和洗衣房等。这些区域提供足够的空间供学生进行社交活动、烹饪和洗涤衣物。

通过以上设计和配置，本项目为学生提供一个舒适、实用和安全的宿舍环境，满足他们的居住和学习需求。

设备更新赋能

结合同济大学国素书院师生入住的需求，为最大限度保护历史建筑，基于“同济大学智能楼宇运维一体化平台”，本项目对空调、照明、安防设备进行联网赋能，将原宿舍分体空调统一更换为多联机系统，避免室外主机安装在外墙表面，用大数据引导学生集中使用设备，提高中央空调系统能效比；在安防系统协助宿管完成日常巡查工作的前提下，宿舍运维一体化平台还能远程控制公共部位照明和宿舍用电，实现了节能减碳的目标。

项目技术难点

砌体结构抗震

根据上海市《优秀历史建筑抗震鉴定与加固标准》,通过外加钢丝网水泥砂浆面层圈梁和构造柱、拉钢索加固木楼盖，保证房屋大震不倒。维修对开口内墙设闭合的混凝土构造柱，对悬臂砖墙外包角钢，确保结构不发生局部倒塌；用钢丝网水泥砂浆面层加固低强度砖墙，将房屋2个端角木楼盖置换为混凝土叠合楼板，全面提升砌体结构抗震性能。

木结构防火

通过增设消防水箱和喷淋系统提升木结构抗火能力，避免消防分区改造对建筑立面和平面布局产生影响，将房屋西南角和西北角卫生间的木楼盖改为叠合楼板，同时增强了宿舍消防能力和抗震性能。

房屋增能延寿

针对国豪书院导师驻楼辅导的需求，在宿舍楼新增了自习室、健身房、讨论室、交流区，对大楼西侧房间进行了改造赋能；结合消防分区的规定，将每层空间划为4个小区，内设独立的洗漱、洗衣、晾晒房间，兼顾临时分片管理的要求。历经多年使用，超期服役的构件出现性能退化问题，对腐朽木板及时进行替换，对开裂的木屋架弦杆进行加固，采用有机硅溶液浸泡瓦片，用钢梁托换钢筋锈胀的混凝土楼板，延长了砖木结构的使用寿命，直接减少了1 675 t二氧化碳排放量，实现了节能减碳的目标。

外加圈梁构造柱

内墙封闭构造柱和圈梁

木结构提升抗火性能

加设消防水箱

腐朽木板替换、开裂木杆夹固

开洞及托梁加固

明木屋架活动空间

导师驻楼用房

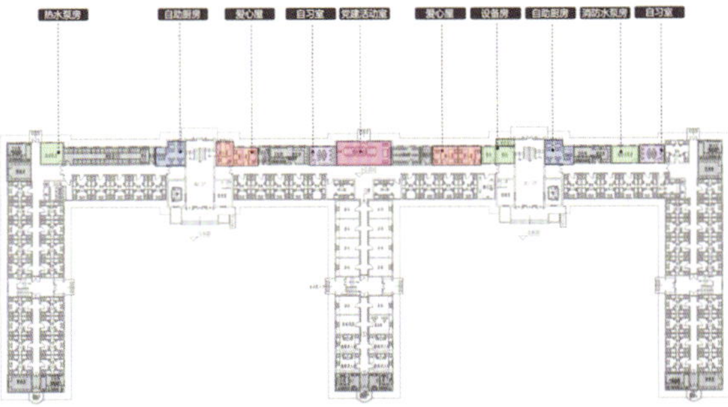

宿舍平面示意图

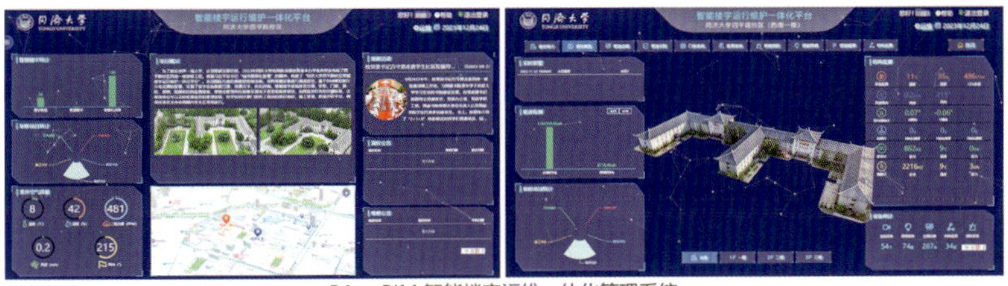
BA + BIM 智能楼宇运维一体化管理系统

智慧管理

基于BIM+BA+Modbus系统，本项目构建了同济大学智能楼宇运维一体化管理平台，实现西南一楼的运行监控和维修管理。在确定设备采购要求的前提下，利用大楼弱电系统，将大楼一般的照明、门禁、监控、消防、空调、结构监测系统进行整合,利用BA实现设备控制，用BIM模型实时展示设备运行状态，用Modbus传输数据信号。这不仅提高了大楼管理效率，还为监测结构性能演化过程提供了技术依据。

华东理工大学徐汇校区1号学生公寓

项目简介

近年来，华东理工大学的办学和建筑规模不断增长，但与之配套的学生住宿建设却长期滞后，居住空间不足、生活设备老化等问题日益突显，严重影响了校园发展的可持续性，新建学生公寓成为当务之急。学校在校区西北角通过拆改，辟出2 000 m^2土地，新建一号学生公寓，承载约420个博士生标准床位。

1号学生公寓处于校园内部，周边环境复杂，居住区密度极高，它的建设将非常有利于校园整个西北部生活区的环境改善和整体提升。校区用地紧张局促、可扩展性较弱、开放空间不足的矛盾突出，北向面临铁道线，需要采用创造性设计手法，既要满足目前学生宿舍的数量缺额，同时要发展更多的活动空间，面向未来。

区位图

项目概况

建设地点： 上海市徐汇区

建设时间： 2020年8月—2023年11月

建筑面积： 15 540 ㎡（地上14 173 ㎡，地下1 367 ㎡）

建筑层数： 13层

设计单位： 上海华东发展城建设计（集团）有限公司

结构形式： 钢筋混凝土框架结构

有限用地的景观最大化营造

宿舍坐落于校园北部河畔，拥有得天独厚的自然景观，绿色生态被巧妙地融入建筑之中。L形建筑布局融入校园肌理，同时让场地拥有更多绿色活动空间。立面横向长条窗成为城市取景器，使得适当放宽的电梯厅明亮且开放。厅外的景色让等候多了一分期许，也让理性的华理学子多了一份诗与远方。

静谧的几何雕塑塑造校园建筑新风貌

在历史积淀深厚的校园中新建宿舍，设计团队契合新时代背景，突破传统坡屋顶的延续，采用轻松惬意的设计语言，让建筑跳出校园，融入城市。新建宿舍立面以干净的线面方式组合，以独特的姿态屹立于坡屋顶建筑群中，纯白的墙面与静谧的几何雕塑相结合，简洁优雅，展现出典雅内敛的气质，打破周边环境的平淡关系，兼顾功能性与美观性，将现代审美与传统元素巧妙地融合在一起，塑造校园城市界面新风貌。

首层总平面图

公共空间竖向环游

设计团队将开放活动空间围绕门厅布置，将一个从地下室一直通至屋顶花园的露天中庭作为纽带串联起地下健身房、1层门厅的活动室与配套服务区、2层的自助书吧、3层的屋顶花园等，形成竖向的公共环游空间。

夹缝用地中的硕博极小户型探索

床位数量作为学校关注的重点一直是学校的紧缺资源。面对用地的最大面宽与高度限制，设计团队将博士居室单元控制在一个3 m（宽）×3 m（高）×6 m（长）的盒子尺度，以一个拥有3件套干湿分离的最小尺寸实现最大化的居室数量。

标准层平面图及标准单元配置图

东华大学松江校区研究生公寓

项目简介

东华大学松江校区研究生公寓位于学生宿舍区西南部，项目用地面积约7 224 m^2，为两栋二类高层宿舍楼，规划建筑高度为49.9 m，总建筑面积为32 000 m^2，其中地上30 000 m^2，地下2 000 m^2。地上建设内容主要包括学生宿舍、学生活动用房、配套服务用房等，地下部分用于自行车库、设备及附属用房。两幢研究生公寓楼均为地上16层、地下1层，可容纳1 290名研究生住宿，其中硕士研究生床位288个、博士研究生床位1 002个。

项目设计始于2017年3月，在2020年正式投入使用，新公寓的建成大大提升了松江校区的研究生教育承载能力。

研究生公寓楼的设计在遵循校园整体规划的前提下，充分利用场地现有条件，全力打造建筑、空间、环境之美。新公寓套内卫生间的基础配置、生活配套散点化布局、公寓楼小型社区化建构、楼宇服务空间平台化搭建等，无不展现出以人为本的导向。强调人本理念的东华大学研究生公寓更是代表了设计者对未来大学宿舍的思考。

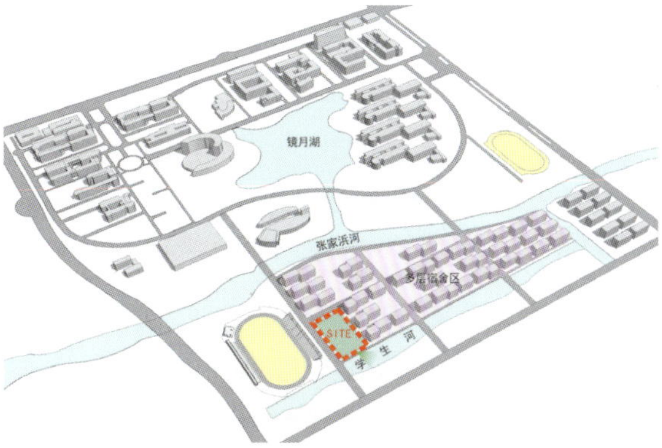

区位示意图

项目概况

项目名称： 上海市松江区

建设时间： 2019年3月—2020年12月

建筑面积： 32 000 ㎡（地上30 000 ㎡，地下2 000 ㎡）

建筑层数： 16层

设计单位： 上海华东发展城建设计（集团）有限公司

结构形式： 钢筋混凝土框架剪力墙结构

设计理念

东华大学研究生公寓的设计在遵循校园整体规划的前提下，充分利用场地现有条件，全力打造建筑、空间、环境之美。

建筑之美——建筑形体简洁，建筑造型融入周边建筑风格，给人以愉悦感。

空间之美——共享组团式入口广场、内庭院室外空间，楼内设置学术交流室、会客室、活动室等功能空间，为学生创造积极的交往场所。

环境之美——优美的景观环境为学生营造一个安静、舒适的居住社区。

功能复合、半围合状的院落空间

规划延续原有宿舍组团的东西轴线，在基地南北两侧各布置一栋L形研究生公寓楼，中间为围合庭院。基地西侧设置两栋高层建筑的共享入口广场空间，集中组织人流。南北两栋高层学生公寓通过共享入口广场组织人流。楼宇主入口均面向入口广场，东侧设置次入口，满足消防及功能需求。 地下自行车库入口分别设置在两栋高层西侧，靠近校园主干道，方便师生使用。

地下1层布置水泵房、热水机房、配电室、弱电机房及地下非机动车库。1、2层均为硕士研究生宿舍（双人间、高架床），带套内卫生间，其中1层布置研究生宿舍34间（含一间无障碍宿舍），2层布置研究生宿舍38间。两栋塔楼硕士研究生宿舍共有144间。3~16层均为博士生宿舍（单人间、单层床），带套内卫生间，其中3层布置博士生宿舍33间及活动室，4~16层每层均布置博士生宿舍36间，两栋塔楼共有博士生宿舍1 002间。

建筑以挺拔的建筑形体、大气的入口形象以及棱角分明的角部处理，延续和传承了校区的建筑风格。序列感及虚实对比的设计手法又赋予了建筑现代感和时代气息。建筑主墙面采用米黄色涂料，局部点缀灰色。南、北立面配以浅绿和淡黄两种颜色，相互交错排列，形成强烈的序列感和韵律感，整体烘托出建筑的文化特性和现代感。公寓南侧为校园边界，紧临学生河，视野开阔，拥有良好的景观朝向。

细致的人性化宿舍单元设计

宿舍单元可根据不同需求，任意组合，形成通用多变、方便管理的居住空间， 实现硕士生、博士生、留学生、青年教师等的不同类型居住空间的通用可变性。设计还可依据使用需求切换公寓管理模式，灵活地划分管理单元。

每个套间都设有干湿分离的卫生间。宿舍的台盆下安装即热式热水宝，热水即开即用。双人共享大台阶爬梯更具上下安全性，同时增加床铺下的私人空间。每个宿舍都设有专门的晾衣空间，合理的晾衣高度方便学生晾晒衣物，并使阳台美观整洁，更具整体性。

室内装饰材料色彩以鹅黄、赭石暖色调为主，辅以白色对比，墙面为铝板、仿木纹铝格栅，地面为浅灰大理石、仿木色玻化砖，石膏板吊顶，为学生营造温馨、舒适的空间环境。

公寓内公共空间的室内设计以彰显校园特色文化为主题。门厅主墙面写有东华大学校训“崇德博学 砺志尚实”。2层护栏不锈钢装饰线条是对“东华”校名大写英文字母简写“D&H”的抽象表现，处处突显东华设计元素。

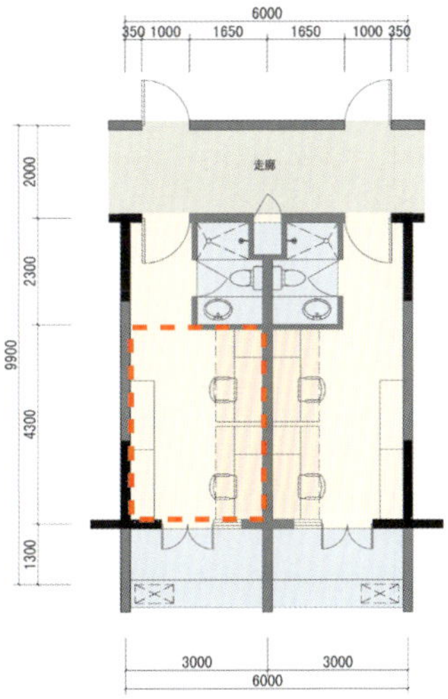

标准双人套间平面图

标准单元配置图

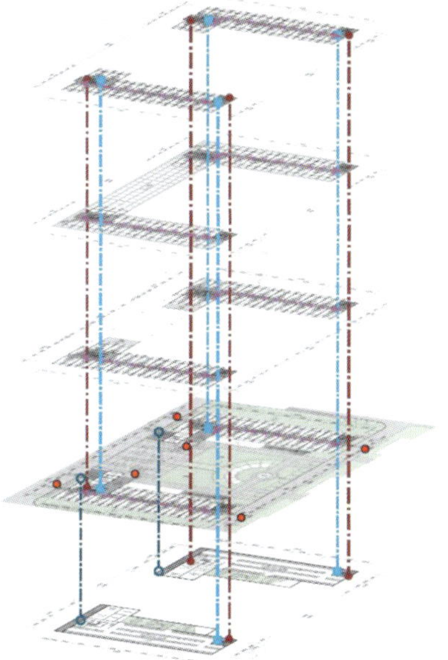

公寓流线分析图

智慧安防系统

为保障学生住宿安全及提高校园安全防范能力和水平，研究生公寓采用了先进的智慧安防系统，具体实施情况如下。

（1）视频监控系统采用全数字系统结构模式，前端采用200万像素星光级网络摄像机，确保出入口、楼梯口、主要通道、主要车道、电梯轿厢等公共区域全覆盖，做好安全保障。

（2）弱电机房、消防控制室等重要设备用房设置双鉴探测器等入侵报警系统，保证系统的运行安全。

（3）无障碍卫生间设置紧急报警按钮及声光报警器，为学生日常使用保驾护航。

（4）主要出入口设置门禁系统，在方便学生使用的同时，保障了楼宇使用安全。

结语

新建研究生公寓的落成有力缓解了东华大学松江校区研究生住宿紧张的局面，进一步改善了学生的住宿环境，提升了松江校区的办学条件，为学校加快建设中国特色世界一流大学奠定了坚实基础。

上海工程技术大学产教融合发展项目宿舍

项目简介

产教融合发展项目组团位于校区东侧，正对校园中心运动场，用地面积8 473 m^2，需建设一个总建筑面积为57 000 m^2的集应用型艺术学院的公共教学、专业实验、院系办公、校园展示大厅、学生宿舍（1 200张床）于一体的复合功能体，满足3 000名师生日常教学、实验、科研及1 200名学生的住宿需求。

宿舍楼位于项目南侧，由一层门厅、地下生活空间（洗衣房等）、4层活动室及4~15层的宿舍塔楼组成，总建筑面积约为12 335 m^2，共设置宿舍304间，其中无障碍宿舍4间、四人间300间，共有床位1 204个，床均面积约为10.42 m^2。

难点与思考

产教融合发展项目组团是都市型校园综合体的一次尝试，项目场地用地面积为8 473 m^2，限高60 m，需建设一个地上45 000 m^2的庞大复杂体量，容积率高达5.3。建筑包含学生公寓、公共教学、专业实验、学院办公等复合功能，犹如一个小规模的大学校园。如何在如此高强高密的设计条件下和有限场地内组织如此庞大的复合功能是设计的难点与关键。

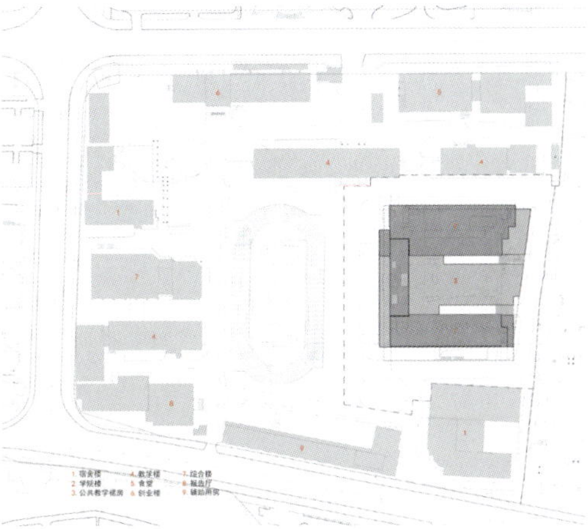

区位图

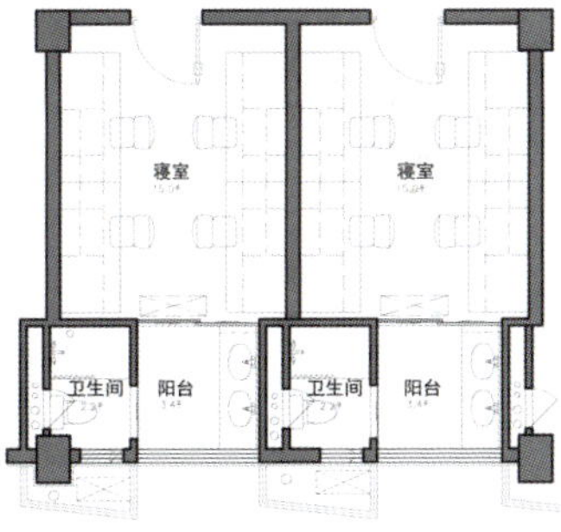

单元详图

项目概况

建设地点：上海市长宁区

建设时间：2019年3月—2023年10月

建筑面积：57 000 ㎡

建筑层数：13、15层

设计单位：同济大学建筑设计研究院（集团）有限公司

结构形式：钢筋混凝土框架结构（地下）+钢框架支撑结构（地上）

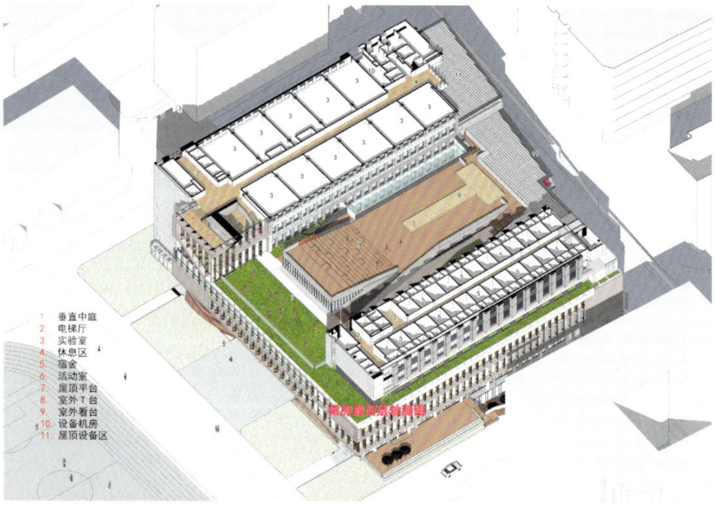

标准层剖轴测图

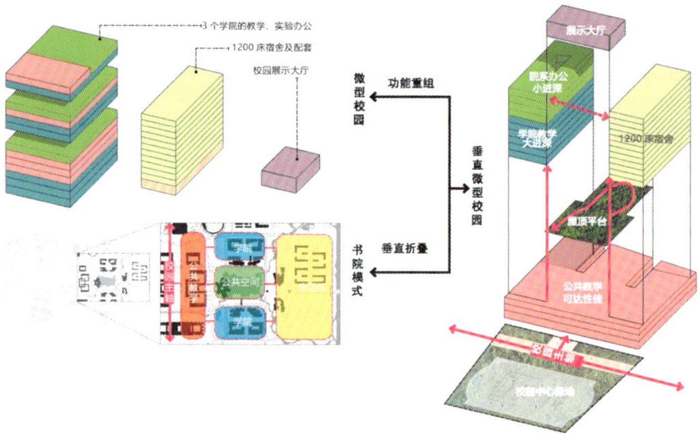

功能组合示意图

解构与重组

设计解构与重组传统书院式校园的由公共到私密的空间秩序以及以公共开放空间为核心的建构模式。垂直叠加后的空间序列以校园中心绿地西侧的校园主轴为起始点，衔接低楼层的公共教学展示区，向上行进进入南侧宿舍区与北侧学院区抬高的裙房屋面衔接三大功能区域，成为微型校园的公共开放空间核心。解构与重组传统书院形成功能明晰、垂直叠加、多维联系的都市型垂直书院，是对有限场地容纳高强高密、复合功能教育综合体命题的回应。

紧凑条件下的宿舍对视问题

在极紧凑的校园环境中，如何避免间距过近，以确保宿舍建筑私密性，成为设计重点。设计对学院的公共共享教学功能采用满铺裙房的组织方式，消解建筑体量，拉大宿舍楼与学院楼的建筑间距。宿舍抬高至裙房屋面以上，避免与南侧现有宿舍楼的视线干扰。宿舍4层面向北侧裙房学生活动室、南侧学生宿舍，进一步确保低楼层的私密性。

宿舍标准单元为四人间，其面宽3.6 m，进深6.7 m，层高3.6 m；单元套内面积21.4 m，其中居室面积为15.0 m^2，阳台面积为3.78 m^2，卫生间面积为1.78 m^2。

无障碍宿舍单元为单人间，其面宽3.6 m，进深6.7 m，层高3.6 m；单元套内面积22.3 m^2，其中居室面积为11.7 m^2，阳台面积为4.6 m^2，卫生间面积为5.15 m^2。

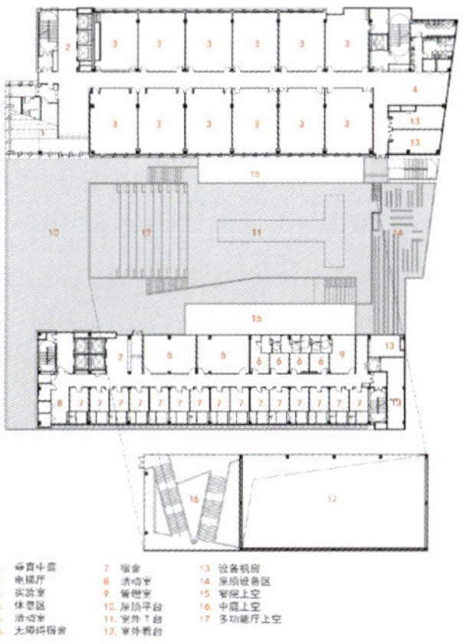

4层平面图

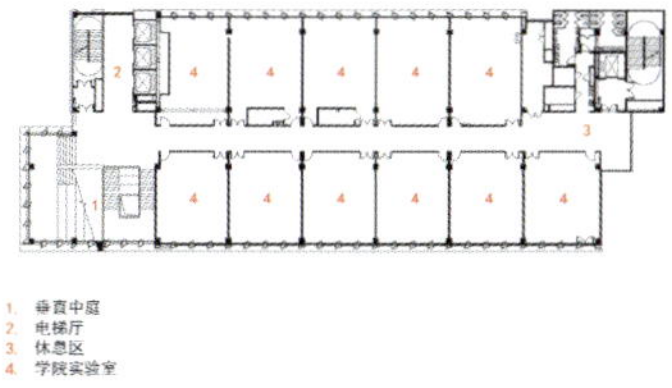

实验楼7层平面图

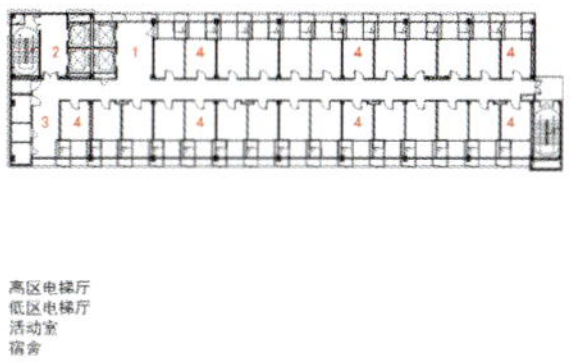

宿舍楼低区平面图

剖面图

上海第二工业大学三期师生生活社区

项目简介

上海第二工业大学三期师生生活社区位于学校主校区南侧，东临顾唐路，北依银峰路，南、西两侧与上海立信会计金融学院新校区相接，项目用地面积为40 000 m^2。建设内容主要为学生公寓、教师公寓、食堂、体育用房及后勤辅助用房。公寓由3栋14 层高层学生公寓、1栋5层多层教师公寓、1栋14层高层教师/研究生公寓构成。生活服务综合楼为地上3层建筑。项目以学生公寓楼为主，设计了一个功能复合、使用便利、生活惬意、环境优美、理念先进的面向未来的大学生活社区。地块规划分为3个组团，分别为西部学生公寓+生活服务综合楼组团、中部学生公寓组团、东部教师公寓组团。项目建设了985间配备独立卫浴的四人间学生宿舍、255间标准间教师宿舍，其中教师宿舍地上、地下配套建设了140个机动车位，同时建成了一座可以容纳2 100人同时就餐，兼具体育运动、休闲交流、商业服务、展览展示、社团活动等功能的生活服务综合楼。设计着力打造一条东西向的开放走廊，串联3个组团，重点打造海绵滨水系统、生态景观系统、步行游憩系统、休闲运动系统，沿线布置公寓、体育、食堂、健身、后勤辅助等多种复合功能，打造了一条功能复合、环境优美、生态悠然的师生生活街区，建构了一个面向未来的师生生活社区。

区位示意图

项目概况

建设地点：上海市浦东新区

建设时间：2020年12月—2023年6月

建筑面积：82 500 ㎡（地上73 200 ㎡，地下9 300 ㎡）

建筑层数：14层

设计单位：上海华东发展城建设计（集团）有限公司

结构形式：钢筋混凝土框架剪力墙结构

亮点1：从宿舍楼到生活社区

从宿舍楼的建设扩展为生活社区的营造是本案设计的核心理念。项目作为学校面向未来的独立生活组团，着力建构复合的生活服务功能，走出楼宇、融入社区，打造兼具生活、社交、餐饮、体育、休闲、阅览等功能的多样性、社区化新时代大学生生活场景。尤其是为社区配建的生活服务综合楼投用4个月来，餐点人头攒动，平时来这里休闲交流、自习阅览、运动健身、参加社团活动的学生络绎不绝，体现了校内外师生对三期生活社区的喜爱和认同。

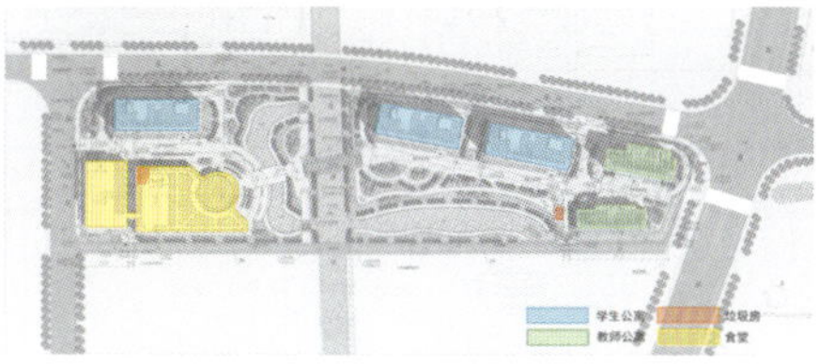

业态分析图

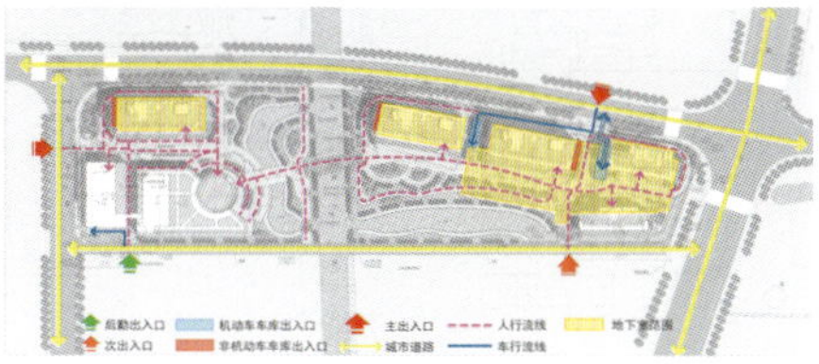

流线分析图

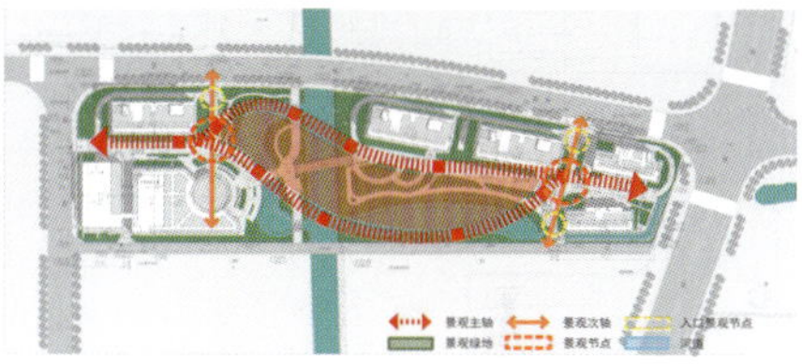

景观分析图

亮点2：滨水而居

地块内水系资源丰富，南北向水系向北串联了主校区，向南连接了新规划的上海立信会计金融学院，是未来校际滨水活动的理想载体。而本项目东西向水系必须在建设用地红线范围内补偿是本次设计的难点，设计团队巧妙地利用西地块开挖成C形水湾，营造独特的小岛景观，并用景观桥串联东西地块。东地块采用水系并局部扩展为带形湖面，与对岸的立信会计金融学院自然隔开，避免了围墙的生硬感。

师生生活社区景观总平面图

西地块景观鸟瞰效果图

亮点3：师生混合居住社区

用地最东端设计了两栋教师公寓，既方便教师公寓面向东侧融入城市，又便于与西侧的学生公寓互动交流，进一步增加了社区的复合性。同时，设计团队在用地中心设计了一条横向串联东西两地块的社区活力景观轴，设置供学生日常散步和慢跑的跑道，并间隔设置各种休憩、学习、交流、健身设施。

亮点4：新一代学生宿舍楼

本项目的立足点是学生宿舍楼宇单元。设计团队一方面重点关注学生宿舍的社交属性，在底楼配建了公共客厅、生活服务间等服务学生的功能用房，同时在每个楼层走道规划了通透的学生活动用房，丰富学生的日常生活；另一方面重点打造从公共卫浴到独立卫浴的新型学生居室单元，创新性地采用盥洗、淋浴、卫生间三分离的模式，实现居室内的4位学生能够同时进行盥洗相关的起居活动。

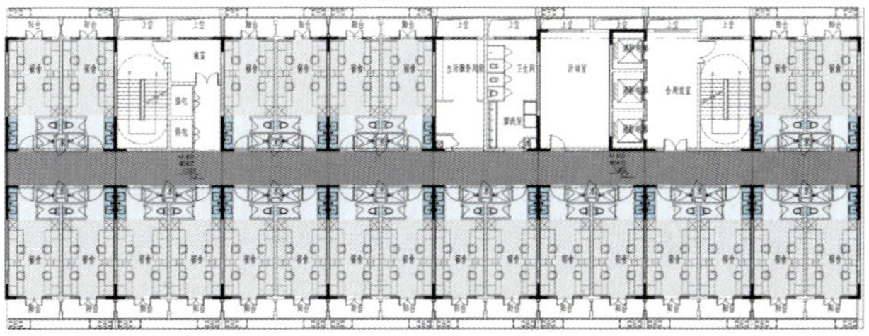

标准层平面图

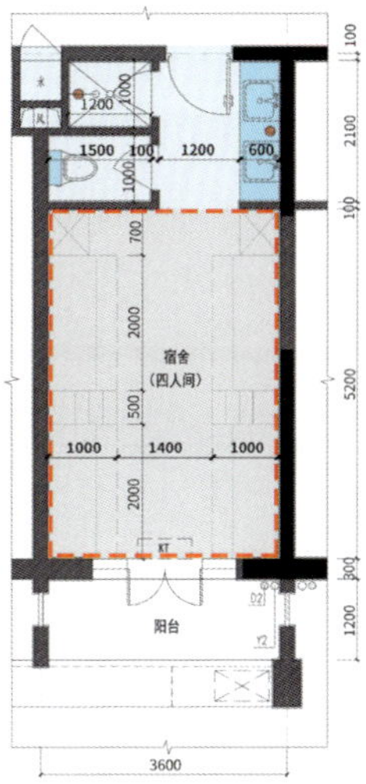

盥洗区使用面积：3.78 m²
淋浴区使用面积：1.2 m²
坐便区使用面积：1.5 m²
生活区使用面积：17.68 m²

标准套间平面图

结语

上海第二工业大学三期师生生活社区项目是一个典型的面向未来的以社区化为目标营造的高校宿舍区，其混合师生宿舍楼宇的模式，配建功能复合的师生生活服务综合体的模式、宿舍楼宇配建公共客厅、厨房的模式，三分离的独立卫浴系统进入居室的模式等，都具有一定的创新引领价值。

上海科技大学新校区一期工程学生宿舍

项目简介

上海科技大学新校区建设项目是2012年启动的上海重大工程之一。师生生活区是校区的重要组成部分，为学校提供师生住宿餐饮、休闲活动、对外交流等的生活服务设施。

师生生活区包括体育馆、研究生宿舍、本科生宿舍、食堂、学生中心、室外体育场地，总用地面积147 893 m^2，总建筑面积198 414 m^2（地上190 342 m^2，地下8 072 m^2），可供5 953名学生居住（其中本科生2 262人，研究生3 691人），食堂餐饮区可供3 670人同时就餐。

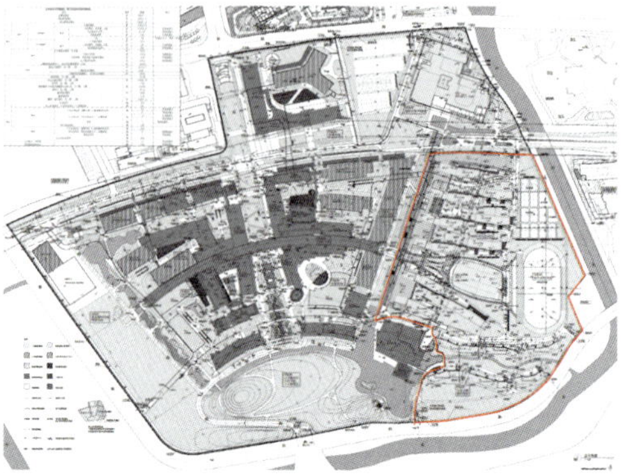

区位图

项目概况

建设地点： 上海市浦东新区

建设时间： 2013年8月—2016年1月

建筑面积： 198 414 m^2（地上190 342 m^2，地下8 072m^2）

建筑层数： 13层

设计单位： 同济大学建筑设计研究院（集团）有限公司

合作设计单位： Moore Ruble Yudell Architects & Planners (MRY)

结构形式： 钢筋混凝土框架结构

设计构思

提供统一而富有变化的校园空间体验

为院系提供服务，提供舒适完备的配套生活设施；打造变化丰富的建筑和景观空间，为现代校园生活提供全套体验；从打造整体校园形象到满足个体需要，满足规模不等且互动的空间需求。

打造多元化而又多层次的社交场所

营造多元化的聚焦空间——分散布置各类演出、集会、演讲与汇报的场所；提供安静的自学与沉思环境——从私密的庭院到大草坪；推出多样化的休憩和用餐选择——利用咖啡馆、食堂、茶室等活跃与点缀校园空间；结合景观与建筑整合空间设计——创造不同空间维度上的交流场所。

立面图

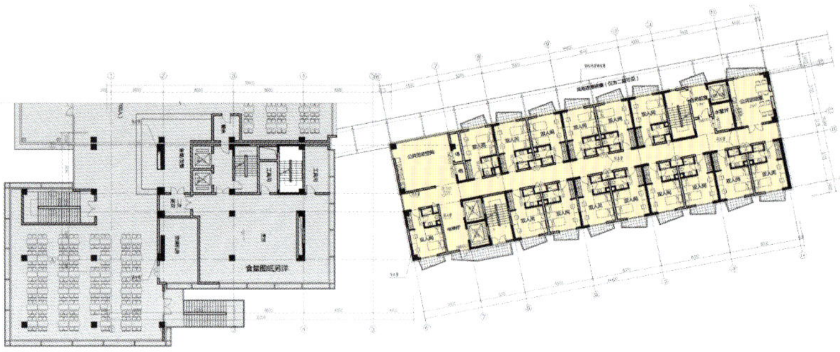

标准层平面图

引领绿色节能且可持续发展的大学校园风尚

彻底整合校园绿色节能设计手段，适应全球气候变化；结合技术创新，进行能源规划，与自然相互协调，取得平衡；风雨无阻，创造适应气候的环境，设计全天候的衔接通道。

能源利用

在能源利用上，本工程为集中能源站供热。此外，项目位于夏热冬冷地区，且区域无集中冷热源，故采用了风冷直膨式空调机组作为空调冷热源，满足夏季供冷及冬季供暖需求。同时，为保证冬季泳池池边区域及更衣淋浴区域的室内温度及舒适度，项目为该区域设置了低温热水地板辐射采暖系统。热源由燃气型真空热水机组提供，燃气来源于该地块市政燃气管网。

关键性指标

本科生宿舍层高3.6 m，主要为三人间，每间面宽3.6 m，进深7 m（含进深1.3 m的阳台）。研究生宿舍层高3 m，主要为二人间，每间面宽4 m，进深7.1 m（含进深1.4 m的阳台）。

上海出版印刷高等专科学校奉贤校区师生生活带

项目简介

上海出版印刷高等专科学校奉贤校区师生生活带位于新校区南侧，贴临河道，用地为东西向长条形，自西向东依次为1#宿舍楼、5#宿舍楼、2#宿舍楼、饮食服务中心、3#宿舍楼、4#宿舍楼，其中5#宿舍楼为多层教师公寓楼，1#~4#宿舍楼为高层学生公寓楼，可容纳5 400名学生、112名教师居住。

项目设计重点关注线性空间束缚下的校园滨水生活带的打造，采用创新性的L形宿舍平面格局，最大化地为师生争取南向阳光和北向景观，为师生营造一个雕塑化的家。

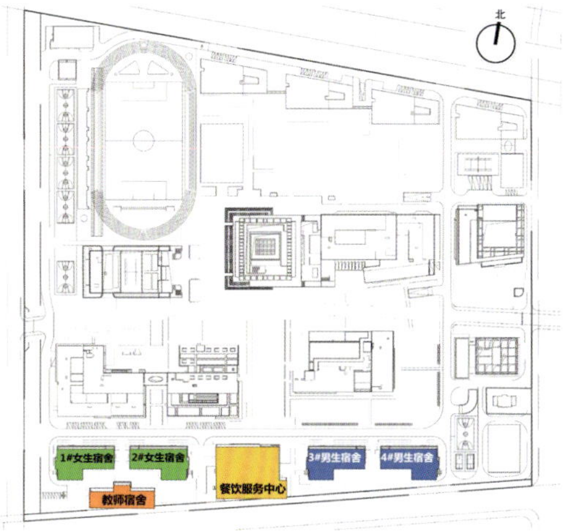

区位图

项目概况

建设地点：上海市奉贤区

建设时间：2021年1月—2023年11月

建筑面积：66 918 ㎡（地上63 168 ㎡，地下3 750 ㎡）

建筑层数：14层

项设计单位：上海华东发展城建设计（集团）有限公司

结构形式：剪力墙结构

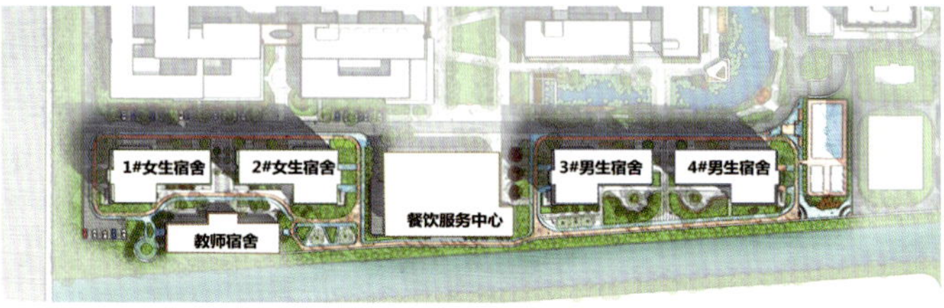

师生生活带环形步道总图

整个师生生活带南临汇北河，河岸绿地规划为师生休闲水岸，景观条件良好；着力打造环形休闲步道，连接各个宿舍楼与餐饮服务中心。餐饮服务中心恰好处于中间位置，起到重要的纽带串联作用。餐饮服务中心的设计力图突破传统食堂3小时功能建筑的束缚，置入咖啡厅、休闲自习室、书店、展览空间、屋顶花园等多元功能，营造师生生活的“客厅”，进而打造带形滨水生活社区。

宿舍建筑立面造型采用现代主义的设计手法，运用建筑雕塑化的设计语言使建筑与校园整体之间建立了一种文脉上的联系，营造雕塑化的家。宿舍以“四色印刷”为建筑特色母题，以厚重典雅的仿面砖涂料，配以四色组合变化的红褐色系，创造独具出版印刷特色的建筑主材体系，搭配稳重的打印纹理的灰色涂料、灰色金属等材质，打造个性的人文建筑。

师生生活带沿河立面图

本案1#~4#高层宿舍楼在线性用地约束下，突破传统“一”字形平面布局，采用L形平面布局，将南侧阳光和北侧校园景观全部还给师生。电梯厅被扩大为楼层师生的交往空间。利用场地南向界面长的特点，宿舍单排布局，集中的盥洗空间采用东西向弱侧布局。

同时，设计团队重点关注学生宿舍的社交属性，在底楼结合门厅配套建设了公共客厅、接待室、生活服务间、公共厨房等学生生活服务功能用房，为学生提供一个居室以外的共享的家园。

4栋高层宿舍中1#、3#宿舍楼布局相同。2#、4#宿舍楼布局相同，且与1#、3#宿舍楼呈东西镜像对称，5#宿舍楼采用倒T形布局，为3层，位于1#、2#宿舍楼南侧。1#~4#宿舍每栋地上建筑面积为14 042 m^2，地下建筑面积为936 m^2，总建筑面积为59 918 m^2，5#宿舍楼建筑面积为2 552 m^2。

宿舍室内设计重视舒适性、实用性、个性化、安全性，以灰白为基调，男生宿舍点缀蓝色，女生宿舍点缀暖绿色，教师宿舍点缀原木色，营造出多样化、个性化又亲切的生活空间色彩环境，温馨且宜居。

高层学生宿舍四人间布置图

高层学生宿舍首层平面图

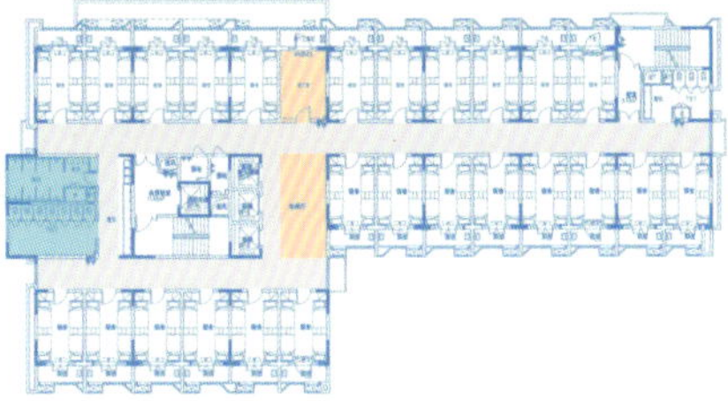
高层学生宿舍标准层平面图

男寝卫生间效果图

男寝盥洗室效果图

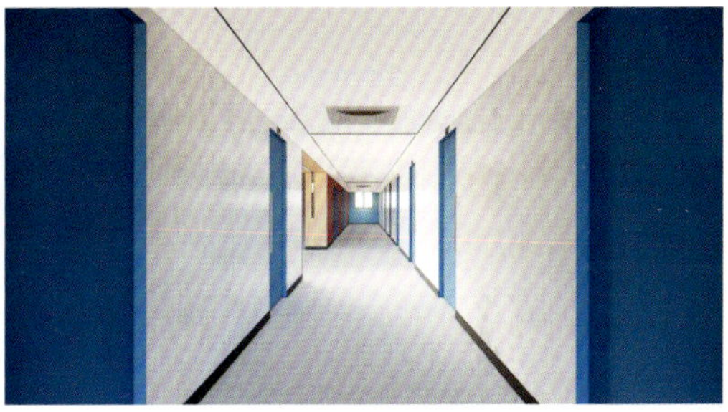
男寝走道效果图

女寝淋浴间效果图

女寝会客厅效果图

四人间居室效果图

教师公寓双人间效果图

教师公寓门厅效果图

南京大学鼓楼校区南园八舍改造

项目简介

南京大学八舍学生宿舍位于南京大学鼓楼校区内，始建于1955年，20世纪80年代拆除大屋顶加建了两层，2016年改造升级。宿舍楼有7 层，共有300个左右房间，未改造前一个房间8张床位，可同时入住2 000多人。

改造前照片

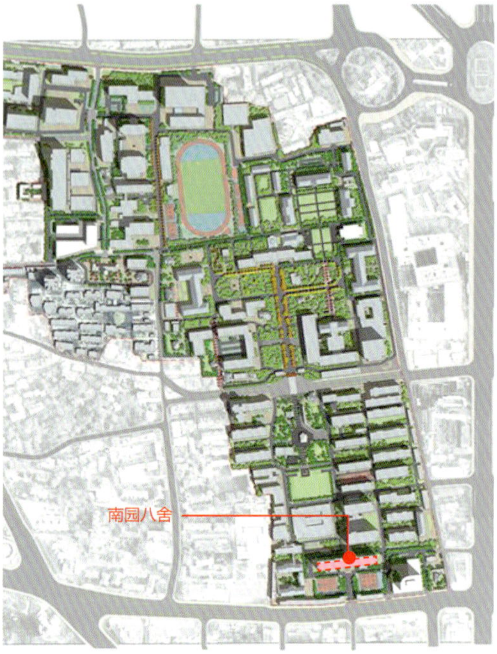

区位图

项目概况

建设地点： 江苏省南京市

建设时间： 2016年

建筑面积： 12 667 m^2

建筑层数： 7层

设计单位： 南京大学建筑规划设计研究院有限公司

结构形式： 砖混结构

增加建筑公共空间

建筑每层减少两间宿舍，增加4部公共电梯，其中一部为无障碍电梯；增加两间洗衣房，并增设微波炉、开水器。公共楼梯保留原形状及木扶手，同时取消原宿舍中公共盥洗间、淋浴间。每间宿舍内增加卫生间，每层分设会客室、健身房、活动室、自习教室等公共活动空间。

宿舍单元改造

原八人间宿舍改为三人间，上床下桌形式，增加卫生间和洗手池。宿舍入户门宽度加大，满足消防疏散要求。

建筑外立面

本项目保留原有历史建筑立面造型和构架，建筑南立面增加消防救援窗，满足消防规范要求。屋面改造为可上人屋面，作为晾晒区，兼具休闲活动功能。

改造前照片

改造前照片

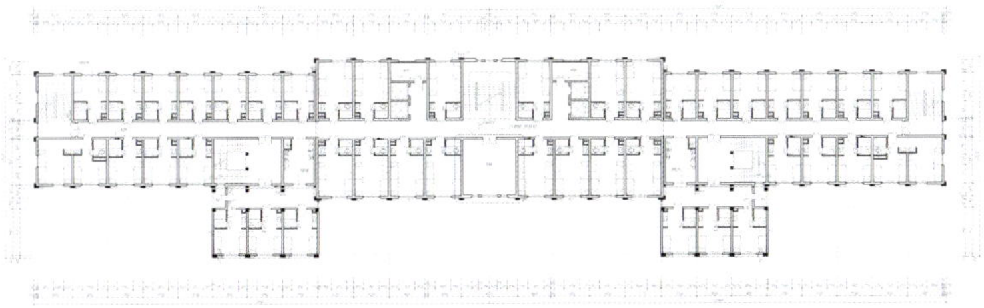

3层平面图

该建筑为中轴对称式布局。中间为建筑主入口，南侧设有值班室和消防控制室。建筑东西两侧均为学生宿舍，两侧各设置两部电梯、两个封闭楼梯间和一间公共盥洗室。2~7层均为学生宿舍，其中中间南侧2层为会客室，3层为健身房，4层、5层为活动室，6层、7层为自习教室。

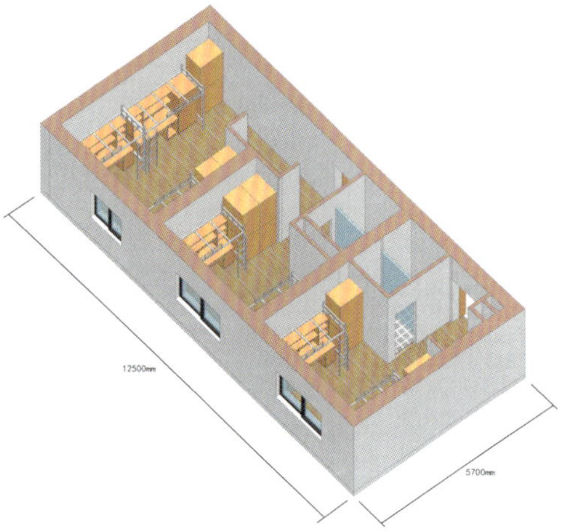

宿舍单元轴测图

二人间：标准单元面宽4.05 m，进深5.3 m
二人间：标准单元面宽8.1 m，进深5.3 m
标准层生均建筑面积：16.89 m²（硕士研究生）

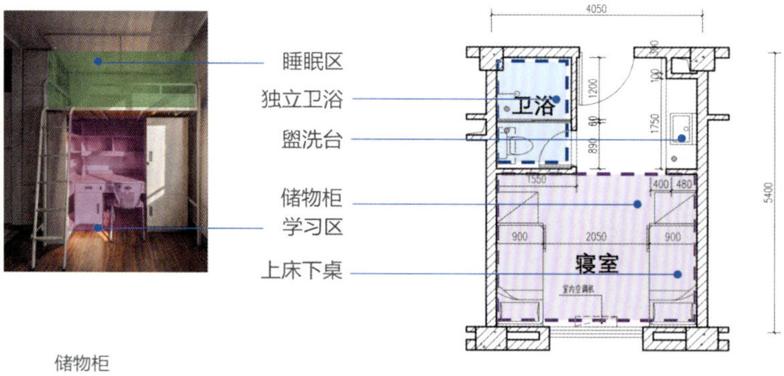

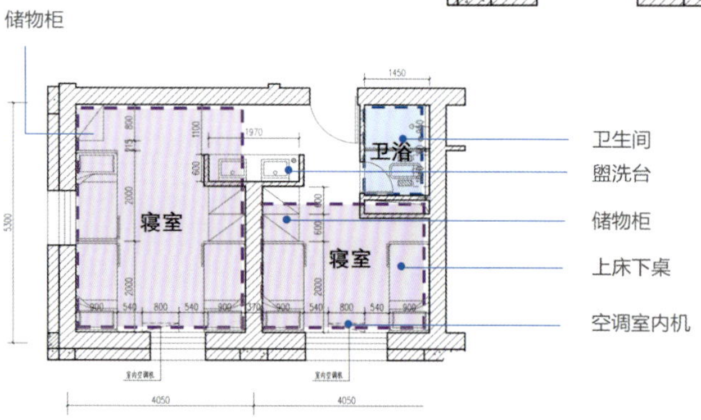

宿舍单元平面图

南京大学仙林校区第四组团宿舍

项目简介

本工程作为南京大学仙林校区的第四宿舍组团，位于校园西北角中心大道以西，西凤路以东，整个组团临近校区内丘陵山体，自然景观优越。宿舍西临城市干道，东为校园主干道。考虑到城市及校园形象，宿舍延续了整体校园现代稳重的建筑风格，采用点板结合的布局。沿城市道路，18层U形高层形成天际线，面向校园采用多层合院布局，并配套食堂形成生活区开放空间。沿校园主干道的多层宿舍区与相邻教学区形成良好的空间呼应，烘托主干道的校园形象。

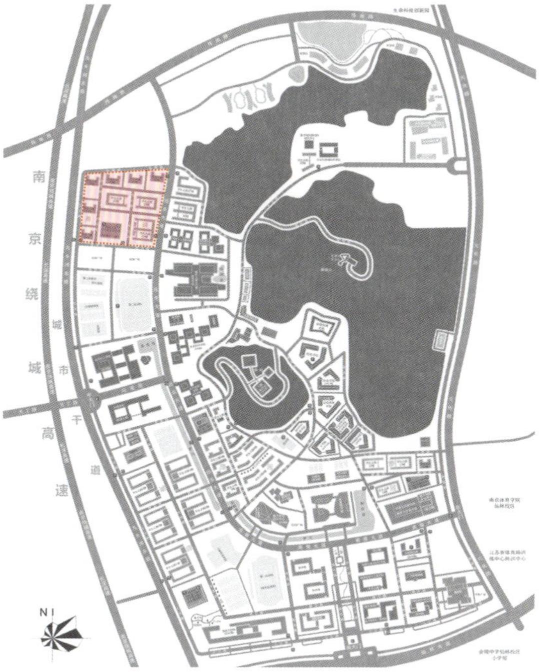

区位图

项目概况

建设地点： 江苏省南京市
建设时间： 2015年
建筑面积： 60 804 m²
建筑层数： 4、6、18层
设计单位： 南京大学建筑规划设计研究院有限公司
结构形式： 钢筋混凝土剪力墙结构

第四组团宿舍总平面图

宿舍区在竖向上进行功能划分，2层以上为学生宿舍，底层布置少量宿舍及公共服务用房、校园配套用房，既方便使用又减少相互干扰，便于宿舍集中管理。底层架空部分用于停放自行车，并与内院形成空间渗透。多层宿舍内院设置绿化和健身设施。

高层立面造型主要通过内凹阳台及阳台上空调室外机位的变化来形成虚实及色彩对比。丰富的光影变化产生很强的体积感。多层造型每层释放一个柱跨，形成楼层活动空间。阶梯跌落的造型丰富了立面表情。鸟瞰整个第四学生组团，它们掩映在群山脚下，高低错落，为学生们提供了一个良好的居住生活环境。

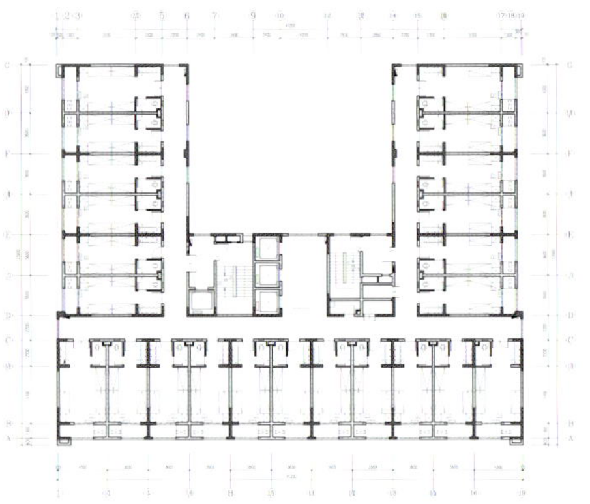

第四组团高层宿舍标准层平面图

3幢高层宿舍沿基地西侧布置，周边以道路环通，整体布局向山体开敞，可远眺景观，避免了通常校园宿舍行列式布局的单调形式，形成内向化的院落和内街空间。

第四组团多层宿舍剖面图

南京大学第四组团包括第二运动场、大学生众创空间以及16~27号宿舍楼“勇园”，供硕士生、博士生和留学生居住。宿舍楼平面布局为单侧走廊，房间配置以三人间和四人间为主，部分楼层的博士生宿舍为双人间。均为三人间的标准层生均建筑面积为15.27 ㎡，单元内均设有独立卫浴。室内空间宽敞，储物空间充足，生活区设有落地壁橱。此外，阳台处巧妙结合空调外机设计了大容量储物柜，在充分利用空间的同时，创造了丰富的外立面效果。

每间宿舍为3.6 m开间，包含卧室、卫生间和阳台。每名学生配置一套组合式高架床具，床下为书桌、书架和衣柜。卫生间采用盥厕分离的形式，配置2个盥洗龙头、1个蹲便器、1个冷水淋浴龙头。卫生间采取局部降板的结构处理方式，以解决蹲便器带来的反向高差。阳台为敞开式，配置晒衣架，预留空调室外机机位。

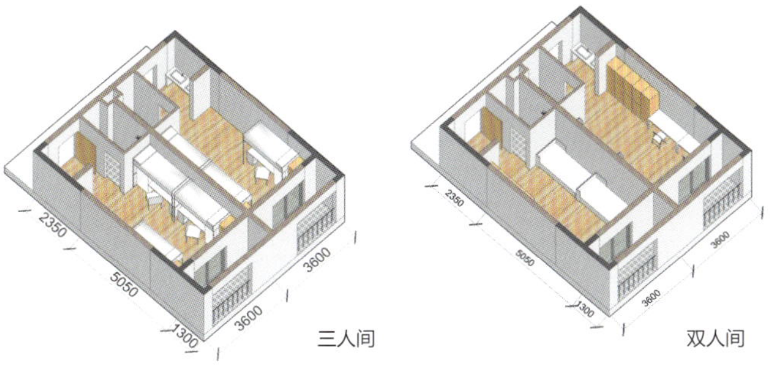

宿舍单元轴测图

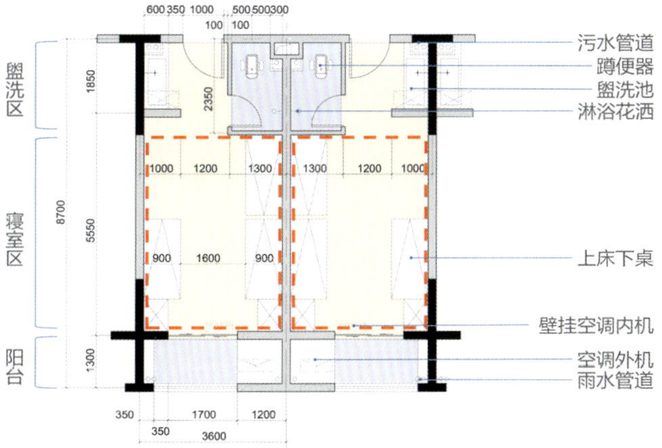

宿舍单元平面图

标准单元面宽3.6 m，进深8.7 m
标准层生均建筑面积15.27 ㎡（硕士研究生）

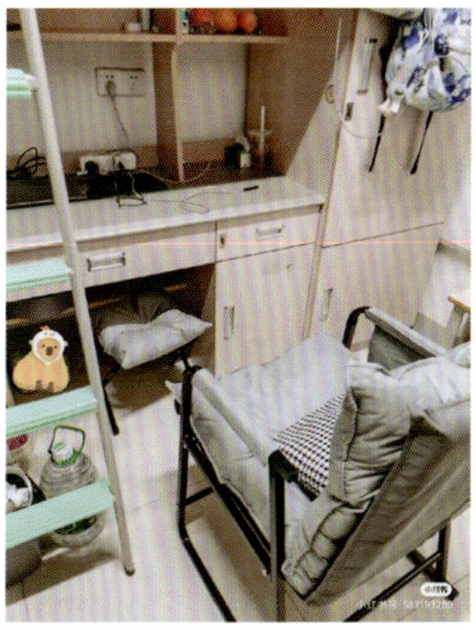

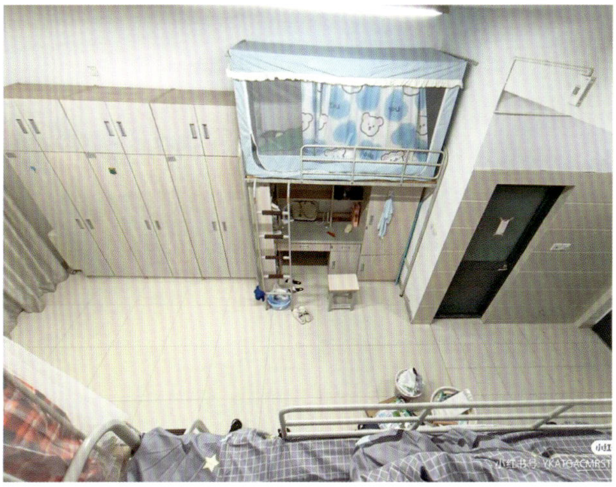

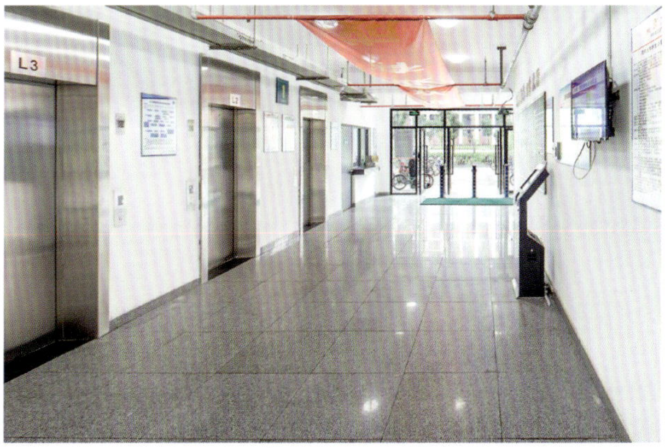

南京大学仙林校区第二组团宿舍

项目简介

南京大学仙林校区第二组团西侧紧临校园主干道，东侧为校内山丘，景观条件优越。规划总图采用L形单体围合宿舍组团，并向山丘开放景观视廊。因为基地为T形，在基地长边采用转轴与南侧道路呼应。基地西北角配套多层食堂并形成开放空间。

项目概况

建设地点： 江苏省南京市

建设时间： 2008年

建筑面积： 75 680 m²

建筑层数： 6层

设计单位： 南京大学建筑规划设计研究院有限公司

结构形式： 钢筋混凝土框架结构

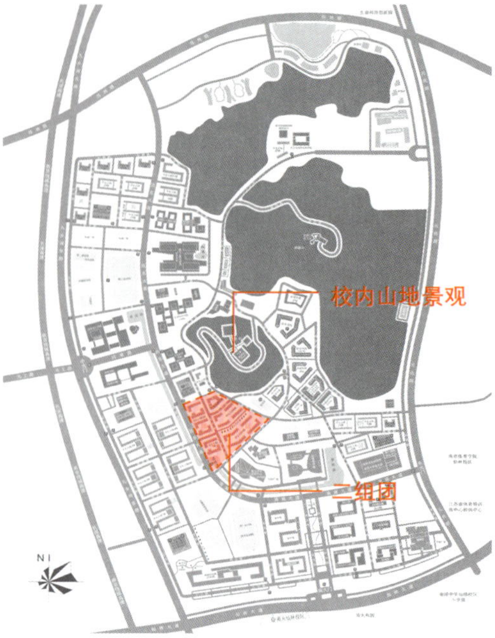

区位图

第二宿舍组团西侧紧临校园主干道，充分考虑了沿主干道的建筑形象。由于组团由两栋L形单体围合，沿干道自然形成了山墙与宿舍主体的虚实节奏变化。宿舍一层设门厅及公共配套设施，如开水房、洗衣房、小卖部及活动室。底层局部架空做自行车停放区并形成内院景观渗透。山体一侧采用U形围合内院，并向山体景观开放。

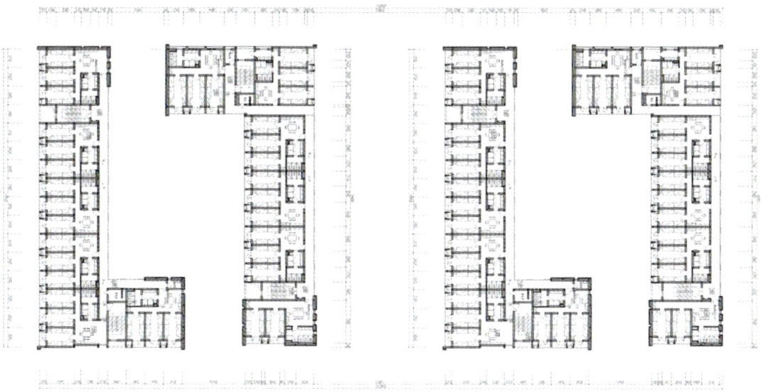

第二组团A栋宿舍3层平面图

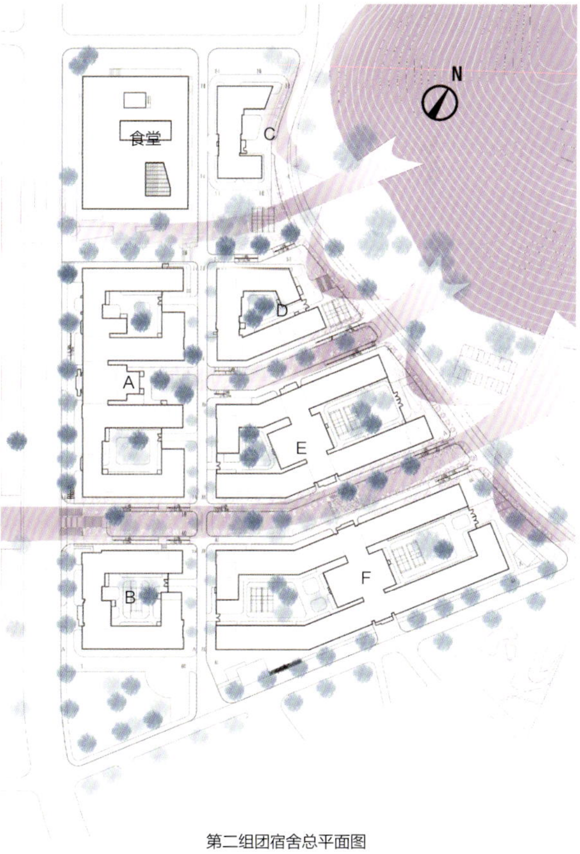

第二组团宿舍总平面图

宿舍单元尝试了新的模式。3个宿舍共用一个客厅及集中盥洗、淋浴设施。公共客厅的设置意在为学生增加公共活动及交流空间，培养学生的人际交往能力。独立的四人宿舍仍然为上床下桌布局，下面为学习空间，上面为睡眠空间。集中盥洗室设3个水龙头、2间淋浴间及3个蹲厕位。这种布局生均建筑面积可控制在11 m²。

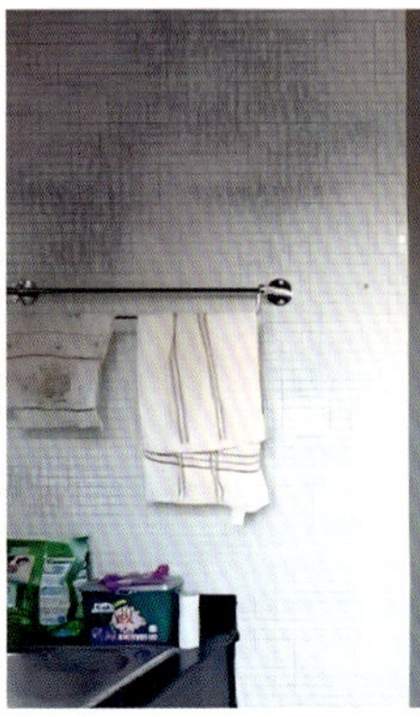

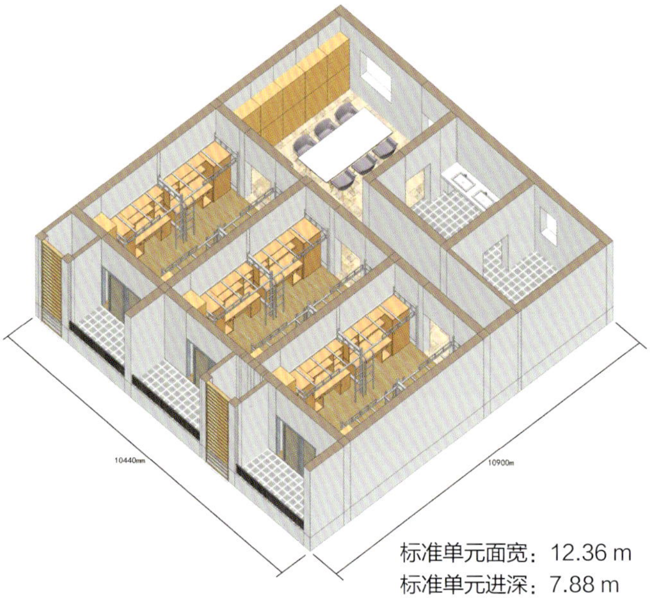

标准单元面宽：12.36 m
标准单元进深：7.88 m
标准层生均建筑面积：11.15 m²（本科生）

宿舍单元轴测图

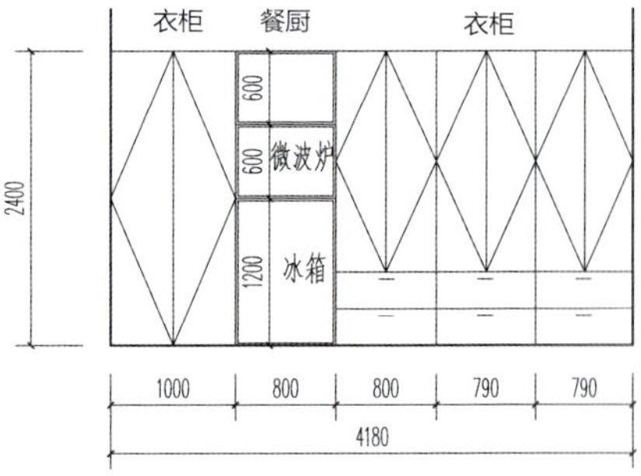

公共生活区家具立面图

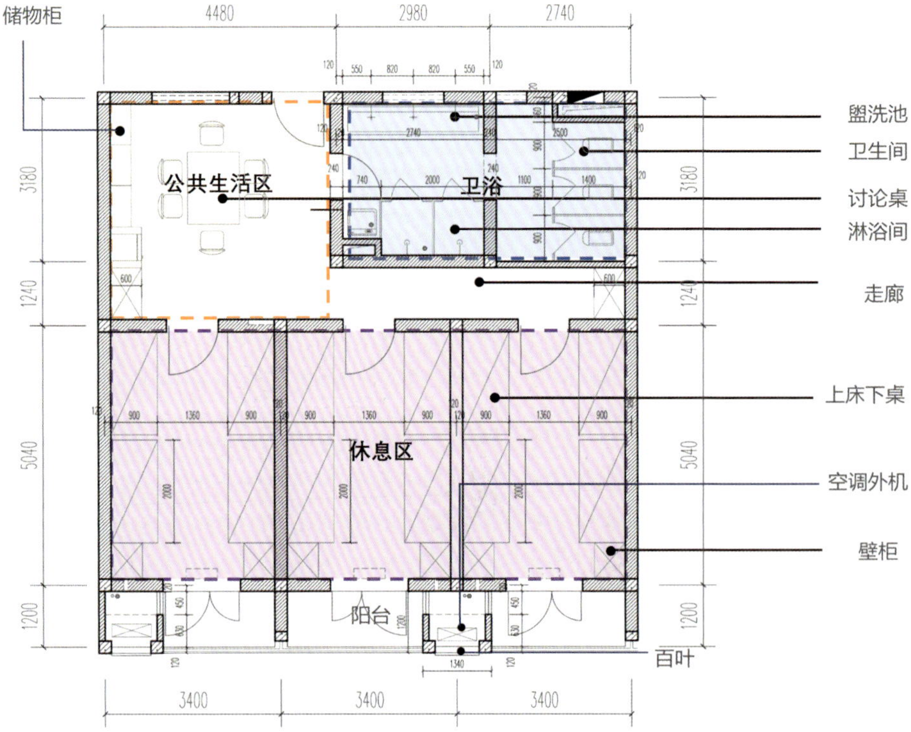

宿舍单元平面图

南京大学仙林校区学生宿舍26、27幢

项目简介

南京大学仙林校区位于南京市栖霞区，学生宿舍26、27幢项目位于仙林校区西北部勇园，作为博士生公寓，建成后能提供580间宿舍共计约1 160个床位。其西侧靠近校园主干道，东侧和北侧邻近山体，与南侧新建大数据和军民融合科研实验组团整体规划同步实施。场地东北高，西南低，东北侧山体比场地平均高程高出15 m。场地内部从西侧道路到东侧山体护坡基线的高差接近5 m。

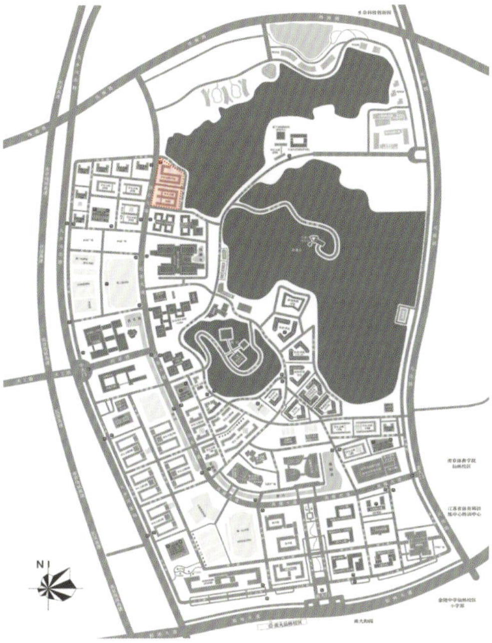

区位图

总体布局

规划布局在满足日照间距要求前提下，顺应场地形态和竖向形态，将两栋建筑拆分为“回”字形、E形和U形的几个部分进行组合，形成大小不同的3个庭院。庭院东侧结合地形将配电房布置在半地下空间，居于中央的庭院连接主入口，朝向西侧校园主干道。消防车辆自西侧进入，在内庭院设置消防的回车场地。项目利用高差自东向西形成台地型院落空间，以消防回车场地作为晾晒空间，台地区域作为非正式交往空间和晨读场所，正对门厅的场地作为学生自发举行活动的室外空间。

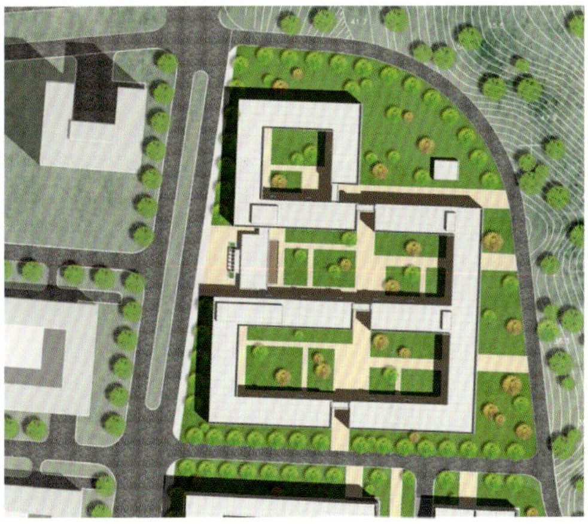

26、27幢宿舍总平面图

项目概况

建设地点： 江苏省南京市

建设时间： 2021年

建筑面积： 29 100 m²

建筑层数： 5层

设计单位： 南京大学建筑规划设计研究院有限公司

结构形式： 钢筋混凝土框架结构

平面设计

平面采用单廊式布局，宿舍获得较好的通风和采光，利用采光不利的转角区域设置楼梯间、配电间、洗衣房等。项目注重交往空间的设置，在靠近主要交通核的区域设置学习室等公共空间。

剖面设计

宿舍采用两人间，标准层层高2.85 m。门厅空间增加层高，获得较好的交往空间体验。项目利用地形，在东侧一个组团整体抬高，将配电房等配套设施结合台地景观布置。

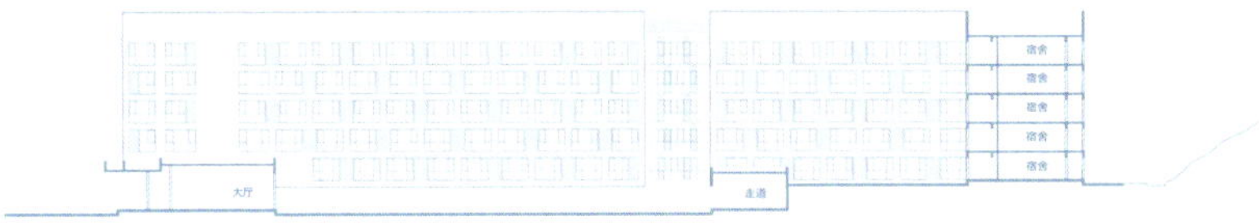

26、27幢宿舍剖面图

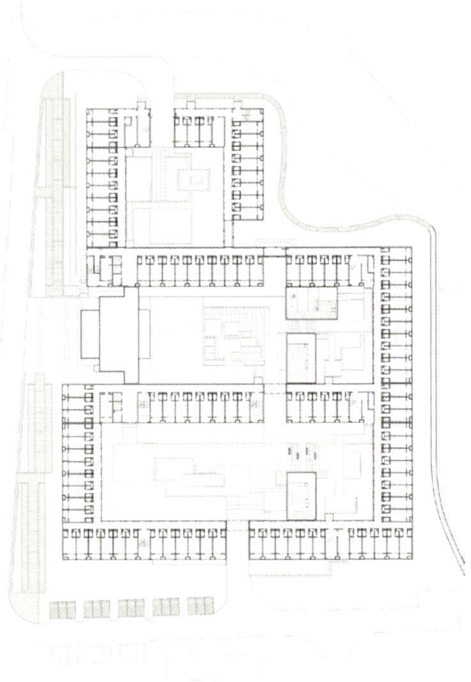

26、27幢宿舍标准层平面图

立面设计

立面设计采用南京大学校园主导色系，从南京大学鼓楼校区历史建筑立面提取色彩配置，深灰、浅灰局部点缀暗红，传承南京大学鼓楼校区金大宿舍的立面风貌和特色元素，结合立面功能，通过窗台窗楣、空调机位和女儿墙部位的细部设计，赋予宿舍建筑文化属性，对话周边建筑，融入整体校园风貌。宿舍朝向西侧校园主要道路的主入口，采用醒目的红墙、宽大的雨棚和两丛绿植，形成具有园林特质的入口空间。

户型设计

勇园学生公寓主要供博士生使用，户型采用两人间的设计，中间一条走道，两侧从门到阳台依次布置衣柜、书桌和床位。阳台采用封闭式设计，将储物柜和空调机位结合，提供更好的居住体验设计。

户型设计最大的亮点在于卫浴设施创新性地采用了干湿分区式设计，将湿区的淋浴设施和盥洗池置于左侧，干区的坐便器和洗衣池置于右侧。盥洗池和洗衣池分开的设计为两人同时洗漱提供了便利。580个房间的卫浴设施采用装配式设计和施工，综合考虑工期和造价，采用整体式卫浴产品能够获得较高的性价比。公寓启用后得到学生的好评。

标准单元面宽：3.6 m
标准单元进深：8.6 m
标准层生均建筑面积：24 m²(博士研究生)

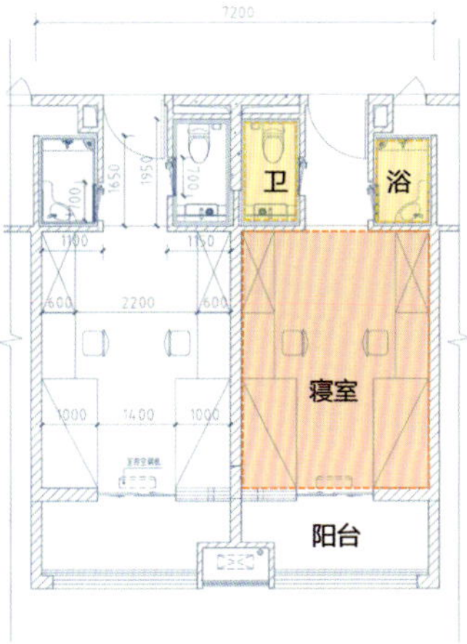

公寓户型平面图

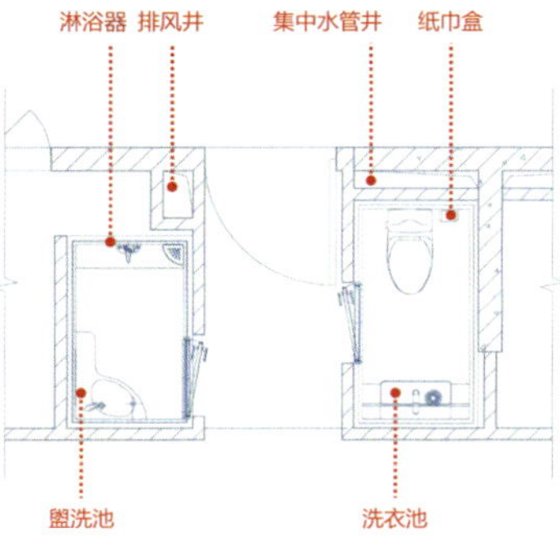

整体卫浴布置图

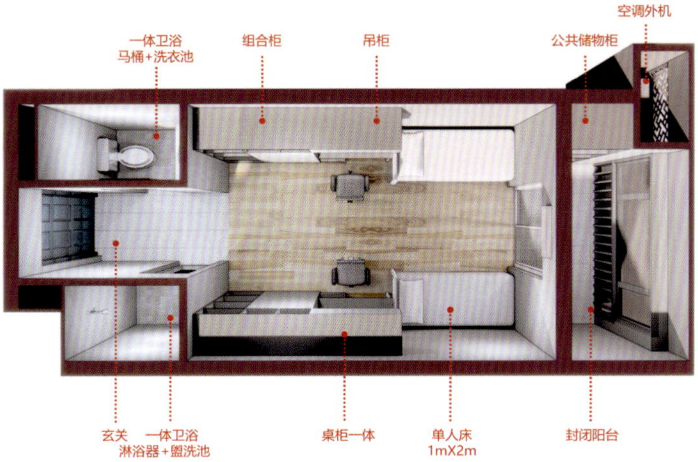

公寓户型顶视图

南京大学苏州校区东区宿舍组团

项目简介

南京大学苏州校区东区宿舍按照书院形式设计，突出以学生为本的理念，与南京大学“一核两端三元四维”的人才培养新体系珠联璧合。规划布局通过单元组合形成敦实厚重的整体，并通过单元细微的变化，形成层层递进的感觉，呼应山势，同时在内侧围合出共享庭院，通过绿化草坡等地景化的处理手法，打造灵活的庭院内界面，增加内院的趣味性，并使建筑和自然环境融为一体。

总平面图

项目概况

建设地点： 江苏省苏州市

建设时间： 2020-12—2023-05

建筑面积： 51 270 ㎡

建筑层数： 6~11层

设计单位： 中衡设计集团股份有限公司

结构形式： 框架剪力墙结构

遵循书院的建设理念，宿舍1层均为公共活动空间，设置共享客厅、活动室、心理驿站、健身房、舞蹈房、琴房、声乐室等活动用房，供学生共享交流使用，可以全时全面覆盖学生的生活学习活动需求。公共空间的家具形式多样，充分满足不同空间的使用需求。

整个宿舍组团后勤服务用房面积约为420 m²，学生生活服务用房面积约为540 m²，学生活动配套用房为2 315 m²。一层靠外侧预留配套商业用房，目前已入驻超市、理发店、打印店、快递驿站等服务网点，为学生日常生活学习提供支持。

1层平面图

功能布局示意图

宿舍标准层均为单廊式布局，使宿舍房间均具有良好的采光。标准楼层三人间生均面积17.2~18.4 m^2，四人间床均面积12.9~13.8 m^2。宿舍标准单元面宽3.6 m，室内进深7.2 m，阳台进深1.5 m。房间内均设有独立卫生间，且通过干湿分离的布局形式提高使用效率；卫生间内部采用整体卫浴，施工方便且有良好的防水性能，具有较高的性价比。开关插座的设置充分体现了人性化，床头设置电源插座，床侧设置灯光双控开关，便于学生使用。

宿舍房间内的家具充分考虑学生的日常生活需要，利用玄关柜、镜柜、储物柜最大化挖掘收纳空间；创新性地将上床和下桌垂直式布置，可为学生创造更加私密的空间，同时减少椅子对走道空间的占用。家具多以原木色为主，更加温馨且具有亲切感。

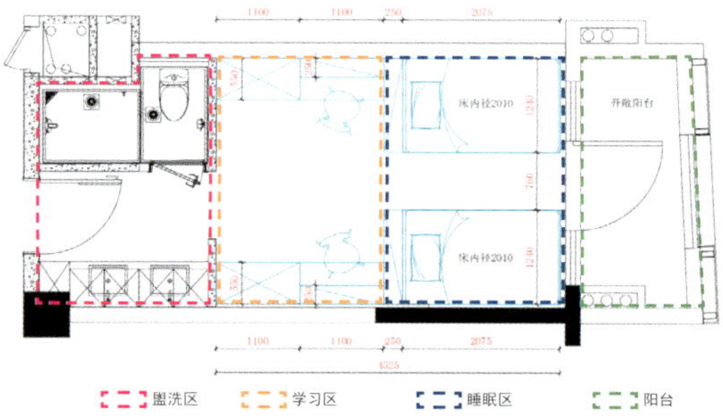

标准二人间宿舍平面图

对称布局 宽敞整洁

储物空间 镜柜收纳

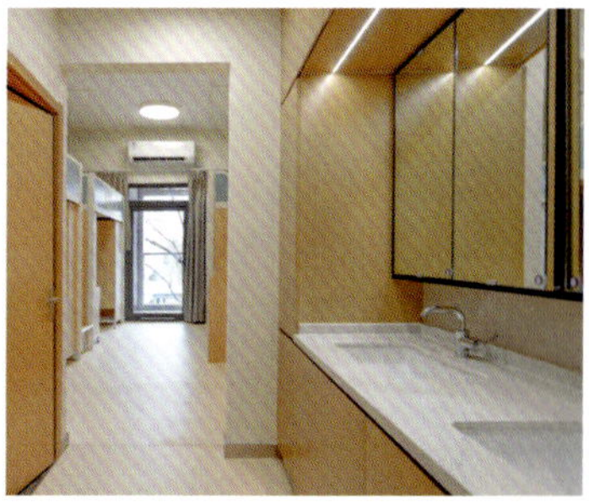

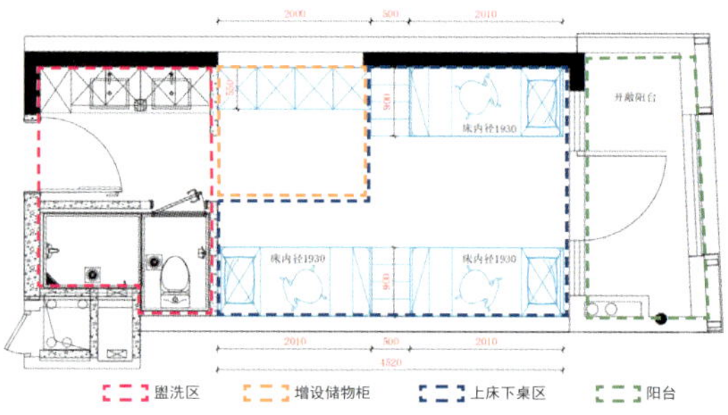

标准三人间宿舍平面图

上床下桌 增设衣柜

整体卫浴 干湿分离

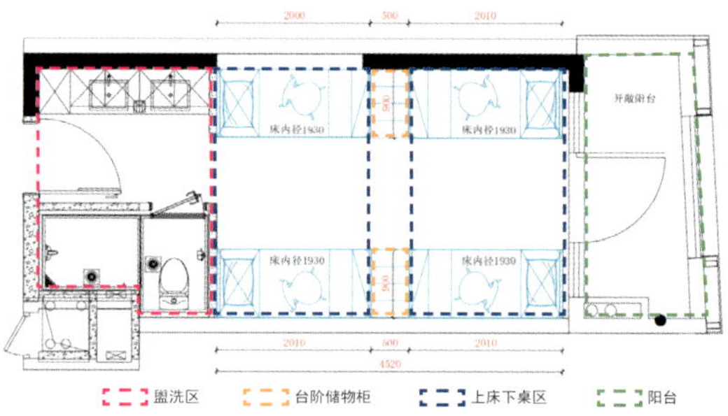

标准四人间宿舍平面图

床桌垂直 私密空间

双控开关 床头插座

东南大学无锡校区学生宿舍

项目简介

东南大学无锡校区的新建学生宿舍位于校园西北侧，占地约3.39 hm^2，建筑面积约67 794 m^2。本项目在其南侧原有的两栋学生公寓的基础上，向北侧延伸扩建，形成完整的学生生活区。其南侧为现有学生公寓与食堂，东侧为图书馆与教学组团。新建宿舍区盘活了校园西北角教学生活组团，极大缩短了学生通勤时间。

新建4组宿舍呈指状面向校园内部打开，核心区的水体及绿化景观被引入宿舍区内部，面向城市一侧采用围合形体，在遮挡冬季西北风进入校园的同时也阻挡了城市的噪声。

项目概况

建设地点：江苏省无锡市

建设时间：2021年11月—2023年4月

建筑面积：67 794 ㎡

建筑层数：7层

设计单位：东南大学建筑设计研究院有限公司

结构形式：钢筋混凝土框架结构

总平面图

新建宿舍区摒弃了传统学生宿舍的布局模式，将“学生街”植入进来，在宿舍各组团门厅附近布置书吧、超市、轻餐茶饮、烘焙、健身中心等生活与学习配套功能。学生们可以组成一个个小型的集体，通过集体生活的方式相互学习和照顾，形成相互信任和默契的关系，促进自主管理和自我教育，从而更好地适应学习和生活环境。同时，各学院老师也可以通过组织各种社交和学术活动，引导学生们积极参与，培养他们的领导力和社交能力。街道两旁设置了各种生活设施和便利设施，例如超市、书吧、健身房、快递中心等，满足学生们日常生活的各种需求，同时为当下流行的“书院制”办学理念留足调配的可能性。

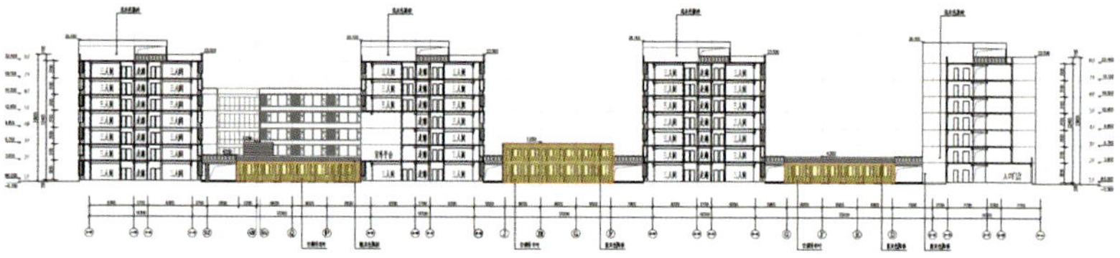

剖面图

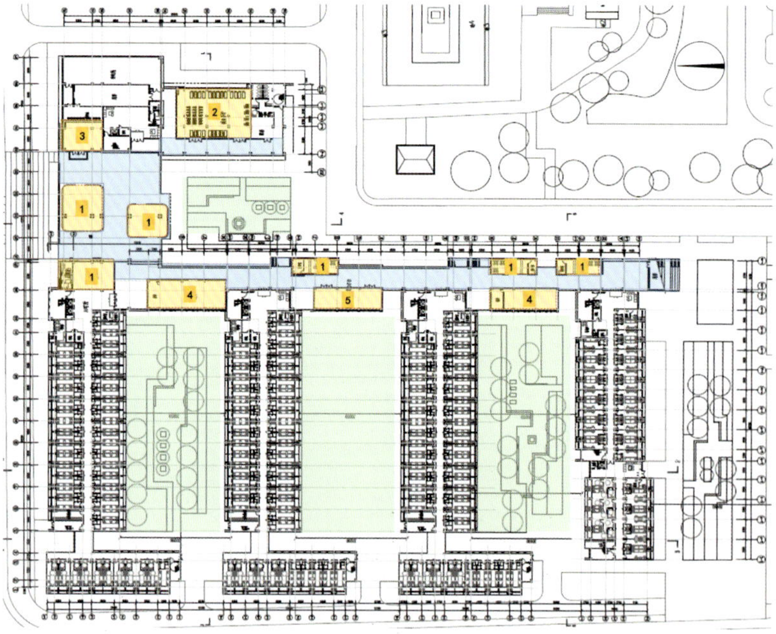

1.生活配套 2.健身房 3.快递中心 4.超市 5.书吧

宿舍区学生街平面图

通过以人为本的现代高校宿舍设计，学生可以享受到更好的居住体验，提高学习和生活的质量，同时促进社交互动和全面发展。这种设计理念将为学生提供一个温馨、安全和富有启发的家庭式环境，使他们在大学期间有幸福感、满足感和归属感。

四人间及三人间宿舍满足了不同学历或学科层级人群的需求。宿舍楼一层设置无障碍双人间，在满足品质的情况下，体现出现代校园的人文关怀。

典型的宿舍设置了学习、盥洗、储藏、晾晒等独立空间，内装设计呈现温馨的木色。其中，储藏空间利用垂直高度，尽可能满足学生日常生活与学习用品的存放要求。盥洗区的台盆设置有两个，缓解了学生在洗漱高峰时间的压力。

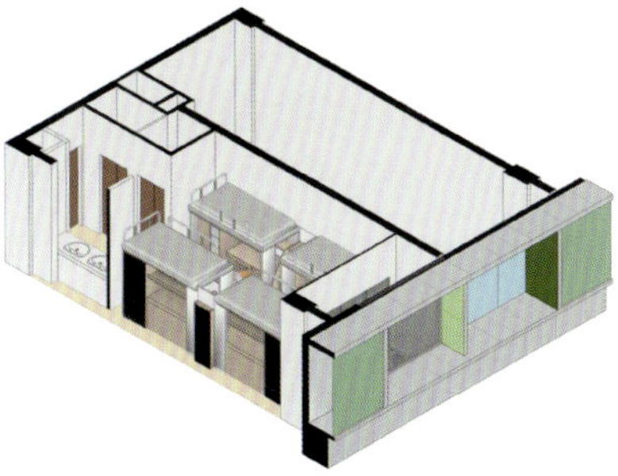

四人间

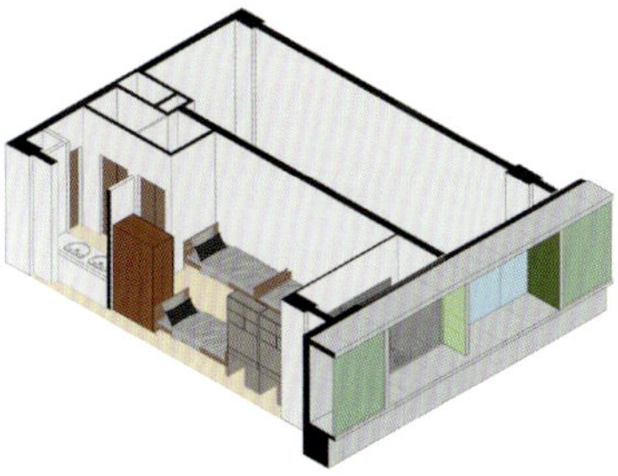

三人间

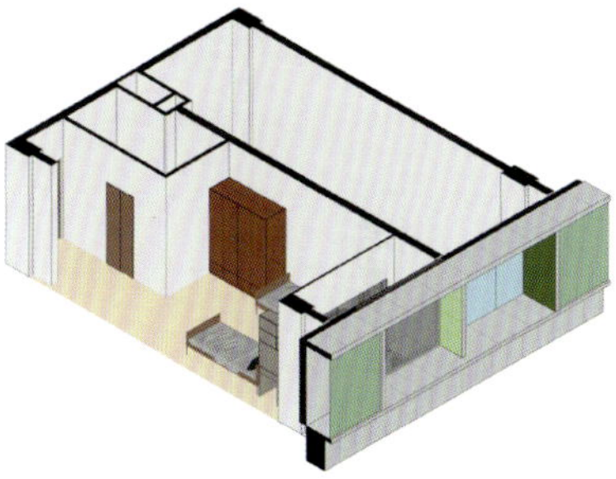

无障碍双人间

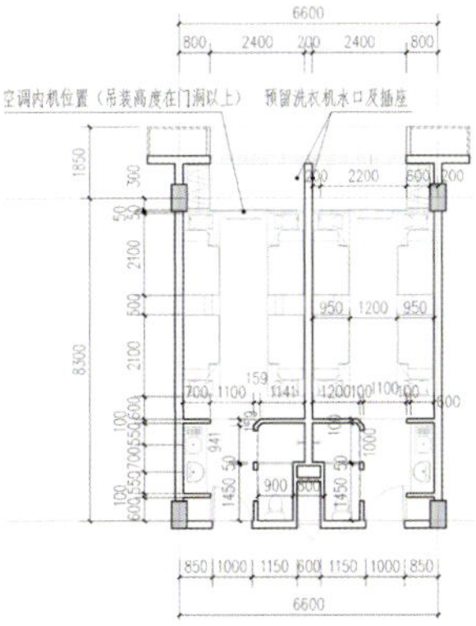

四人间平面图

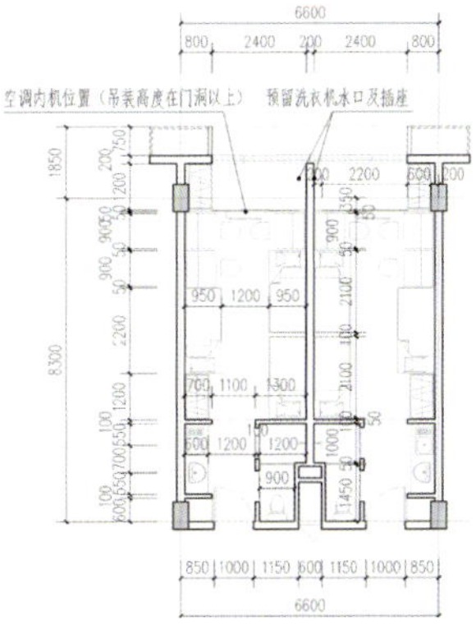

三人间平面图

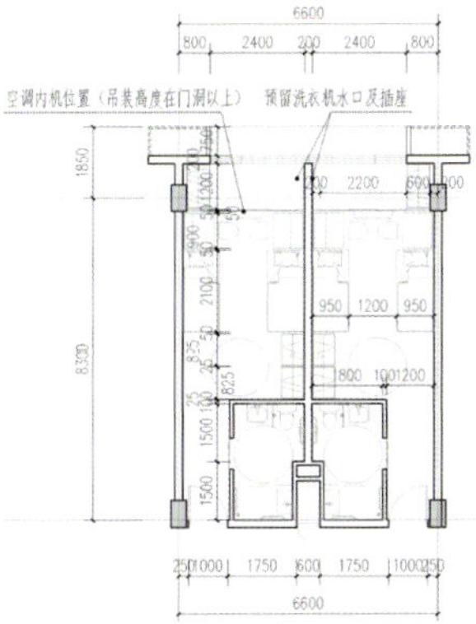

无障碍双人间平面图

南京理工大学学生生活区（南区）

项目简介

南京理工大学学生生活区（南区）基地位于原有校园南侧。设计充分考虑了项目与南京城市重要自然景观紫金山的空间关系及其校园空间关系，采用了“点板结合，西松东紧”的布局。规划根据地形分为两个区域，东区布置5幢板式高层宿舍，西区布置点式高层宿舍，减少宿舍对中山陵的遮挡，并保持校园中轴线适当通透，减少视线拥堵。食堂布置在东西两区的结合部分，方便两侧学生同时使用。商业综合服务中心布置在西区两幢高层之间，作为校园中轴线的对景。这种布局使得校园中轴线得到空间上的延续。

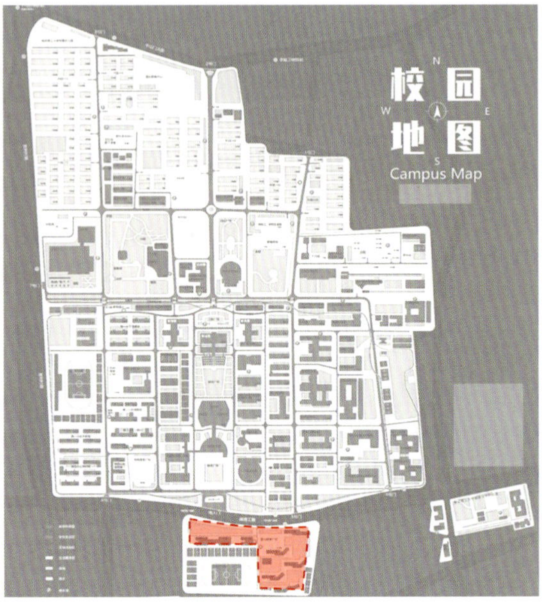

区位图

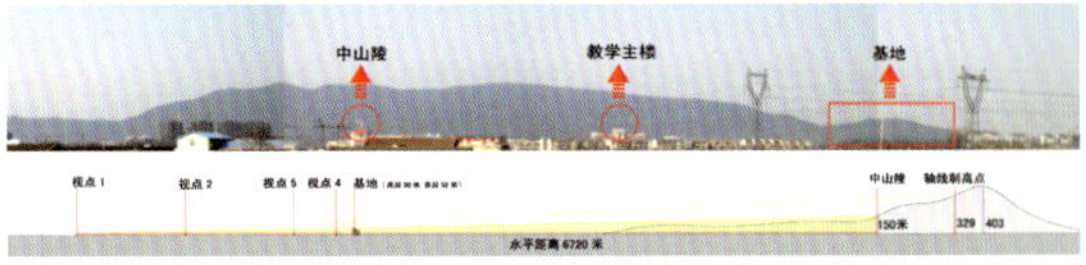

视线影响分析

项目概况

建设地点： 江苏省南京市

建设时间： 2007年

建筑面积： 120 510 m²

建筑层数： 14层

设计单位： 南京大学建筑规划设计研究院有限公司

结构形式： 钢筋混凝土框架-剪力墙结构

规划东区布置5幢板式高层宿舍，西区布置点式高层宿舍，保证大部分宿舍单元朝南、东南。建筑造型生动活泼，立面造型充分结合内部功能，统一中有变化。建筑语言简洁明快，反映新时代特征。建筑空间组合层次丰富，私密、半私密空间与公共空间相结合，内部空间与外部景观相协调，营造出校园建筑的空间氛围。绿化景观结合校园各空间广场布置，做到精致、高效、人性化。

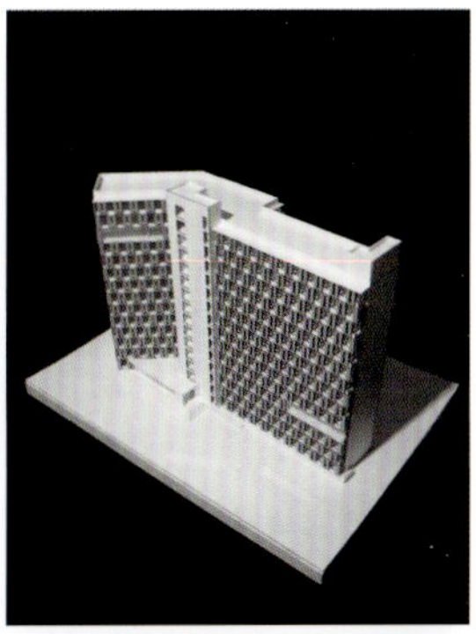

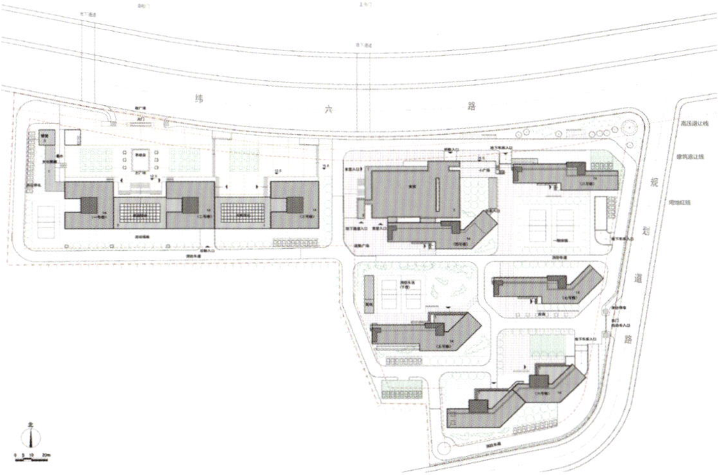

总平面图

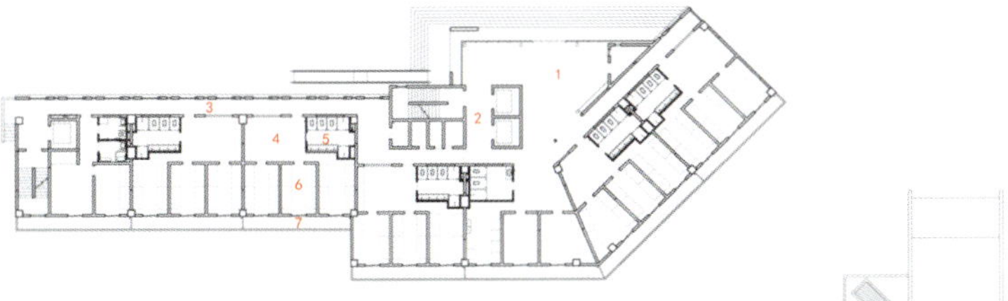

4、5号楼1层平面图

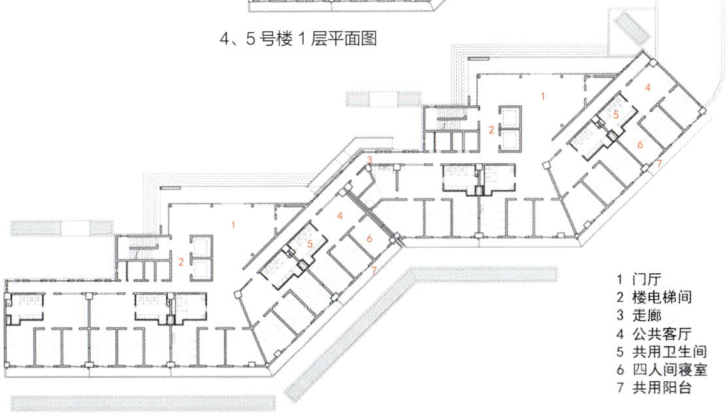

1 门厅
2 楼电梯间
3 走廊
4 公共客厅
5 共用卫生间
6 四人间寝室
7 共用阳台

6号楼1层平面图

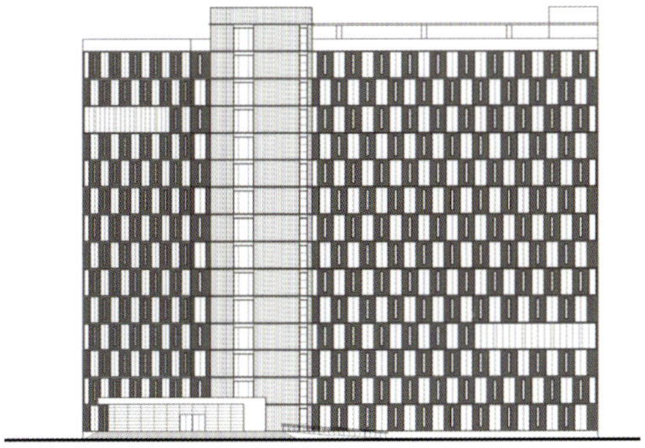

4、5号楼北立面图

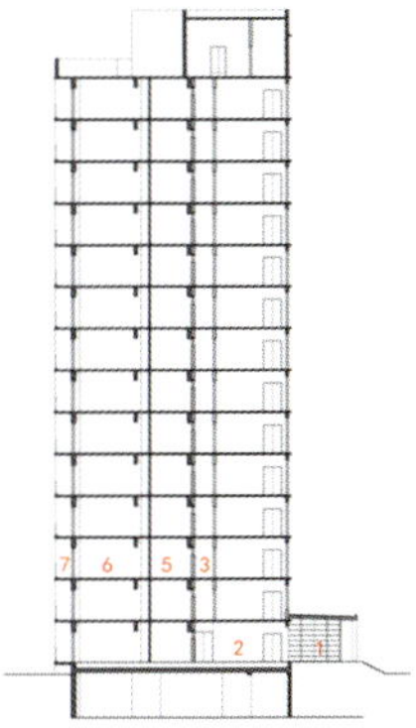

4、5号楼剖面图

宿舍采用了“外廊＋单元”式结构，每3间宿舍共用1套卫生间和客厅，所有宿舍拥有南向或东南向阳台。这种方式避免了宿舍间相互干扰，高标准满足了学生生活的需求。宿舍全部拥有自然通风采光，配套用房齐全，设施完备。

宿舍单元平面图

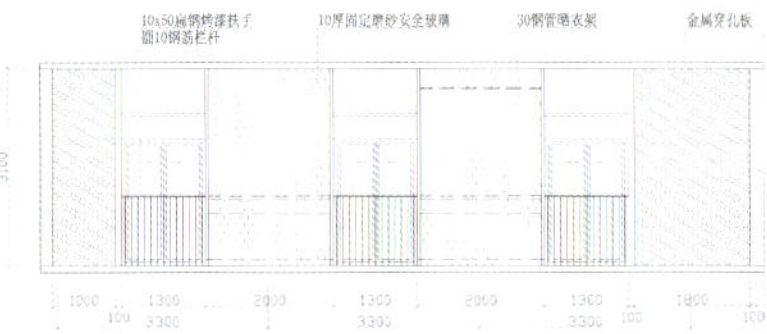

宿舍单元南立面图

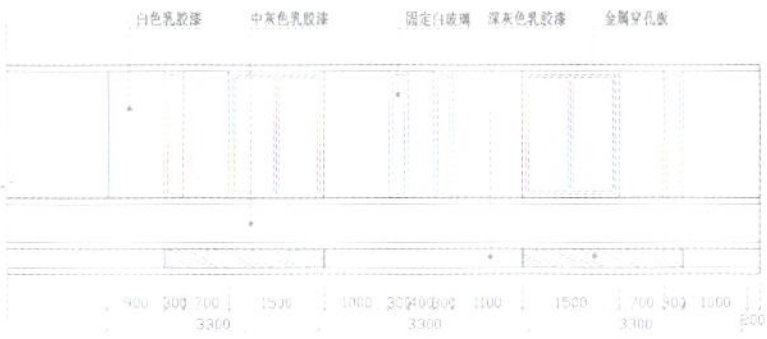

宿舍单元北立面图

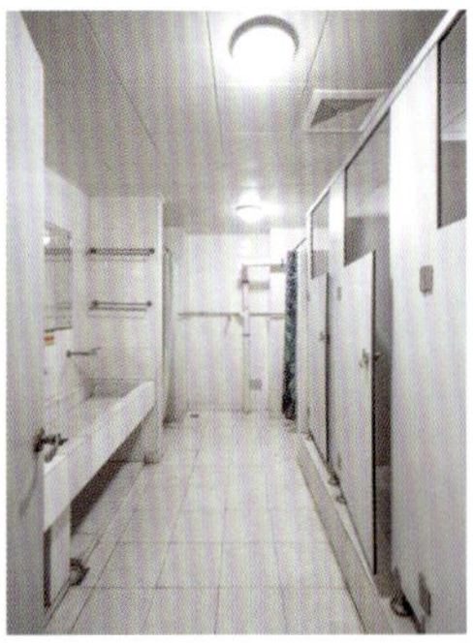

标准单元面宽：9.90 m
标准单元进深：10.38 m
标准层床均建筑面积：11.16 m² （本科生）

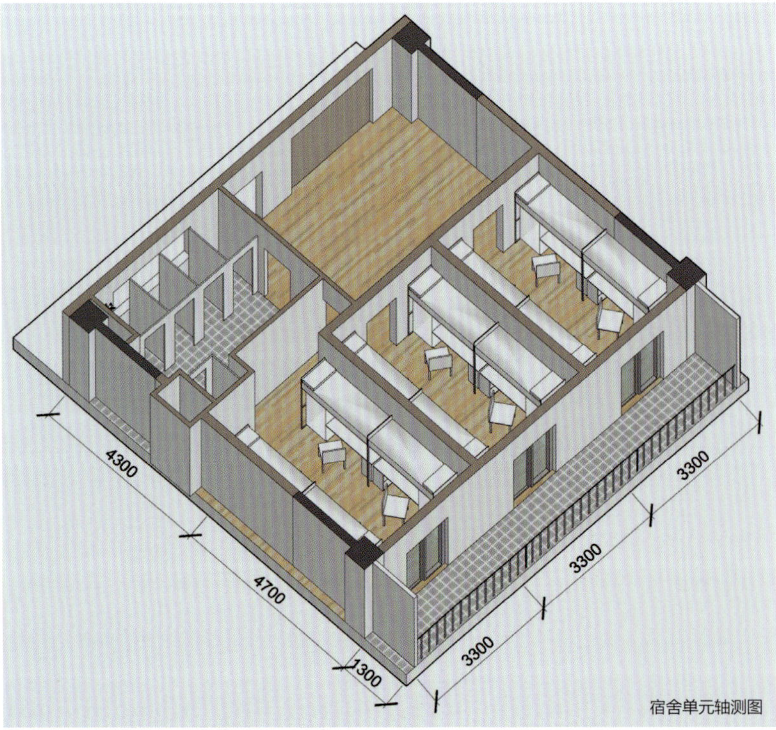

宿舍单元轴测图

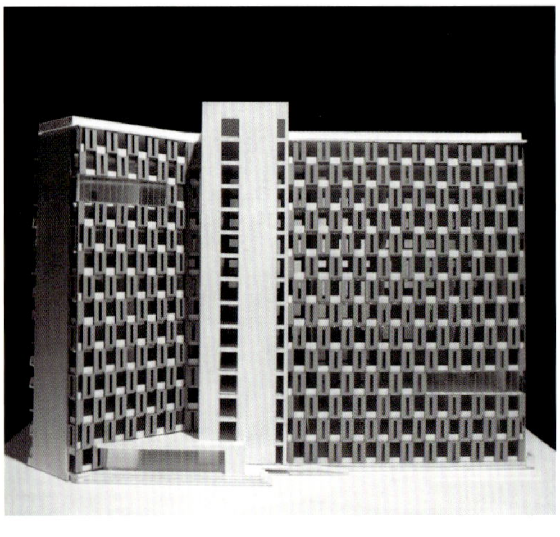

南京理工大学江阴校区宿舍

项目简介

南京理工大学江阴校区规划尊重场地特征，化渠为湖，堆山造林，以水景环抱核心建筑，在纵横轴线引导下，围合水、山、林构成的中央景观，展开南北书院聚落。整体规划大疏大密，建设公园中的校园、校园中的公园，与东侧滨水湿地公园连为一体。

南京理工大学江阴校区按照“书院聚落”的模式布局。每个书院都有各自的教学组团和生活组团。各书院间通过路径和景观相连。因此，宿舍分为3个组团，分别为西南角的中法工程师学院学生宿舍，北侧的研究生学院学生宿舍，东北角的江阴学院学生宿舍。宿舍总面积为81 135 m^2，共提供7 300个床位。宿舍组团与整体校园肌理统一，建立围合的聚落形态，同时在聚落之间形成“宿舍街”，打造学生平时生活、交流的轴线。

区位图

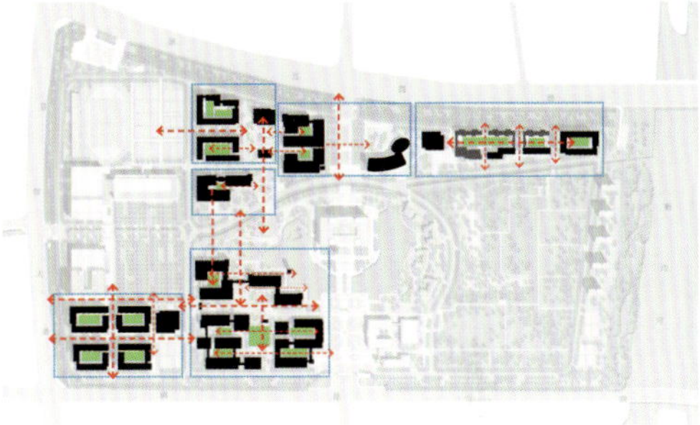

建立组团围合的书院聚落，促进师生之间的交往

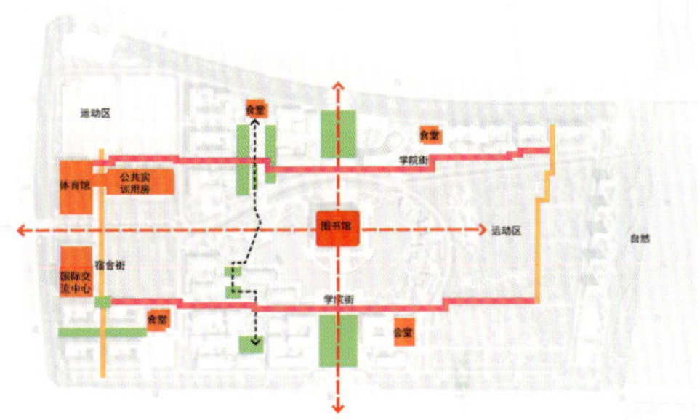

建立分区串联的步行路径

项目概况

建设地点：江苏省江阴市
建设时间：2018—2020年
建筑面积：81 135 ㎡（宿舍部分）
建筑层数：6层
设计单位：南京大学建筑规划设计研究院有限公司
结构形式：剪力墙结构

南京理工大学江阴校区宿舍与校区整体的设计语言统一，以合院式布局打造书院。宿舍大部分采用U形布局。北侧两栋江阴学院宿舍为了与保留建筑相呼应，采用S形布局，使新建建筑与保留建筑形成围合院落。所有院落东侧或西侧敞开，避免形成封闭院落，有利于采光和通风。宿舍与旁边的食堂、球场共同组成生活组团，方便学生的课余活动与生活。

立面设计传承地域传统及校园文化，以现代的造型手法和材料搭配体现理工科院校的特质。立面设计延续南京理工大学的校园建筑材质和经典语言，采用米色和咖啡色的材质搭配。三段式的新古典构图使整体风格雄浑厚重，细部简明统一。

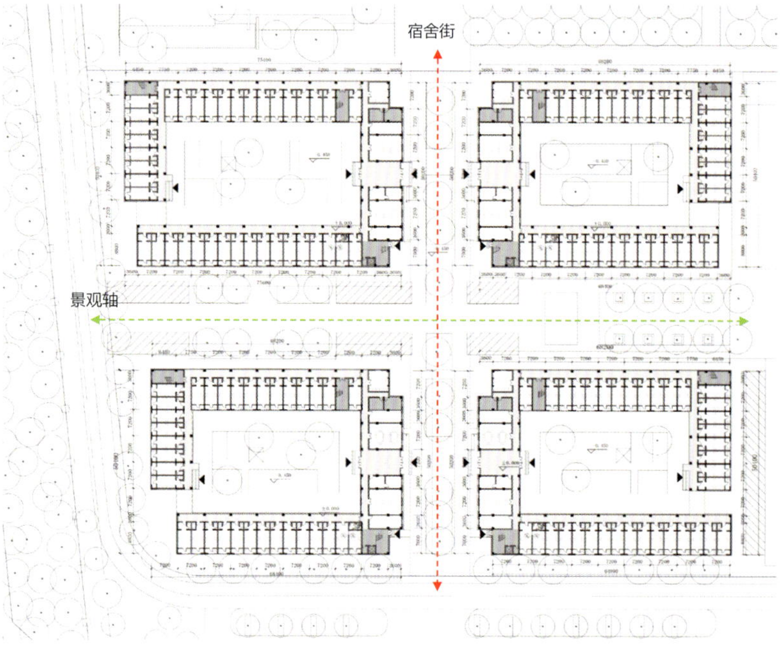

首层平面图

敞开的外廊和底层架空提供了良好的通风和景观视线，将自然引入建筑之中。各单体之间的连廊为学生提供了交流共享空间。

校区共有9栋宿舍，均采用外廊式布置。宿舍主入口分布在生活区主轴线的东西两侧，均朝向生活区轴线或活力环线。首层除学生宿舍外，另设洗衣房、值班室等辅助用房以及供学生交流活动的学生活动室、接待室等。此外，首层局部架空，既能使内院与周边开放空间贯通，又能提供非机动车停车位。2~6层全部布置学生宿舍，为标准四人间，楼层局部设置室外平台，提供交往空间。所有宿舍建筑均严格按照《无障碍设计规范》（GB 50763—2012）执行，在各主要入口设置无障碍坡道，每个单体均设置无障碍电梯。同时，每个单体均按照规范设置了无障碍宿舍。

每个宿舍单元为3.6 m×8.72 m，包含进深约1.5 m的阳台，层高3.6 m。宿舍除无障碍宿舍外均为四人间，每个单元均为上床下桌的形式，下层提供储物柜、书架、行李柜等储物空间，以及一张书桌作为学习空间，上层为床铺。宿舍干湿分离，卫生间布置在靠走廊一侧，通过敞开走廊实现自然通风。无障碍宿舍为开间7.2 m的四人间，其走道、卫生间、居住空间、阳台等均满足1.5 m的轮椅转弯半径。

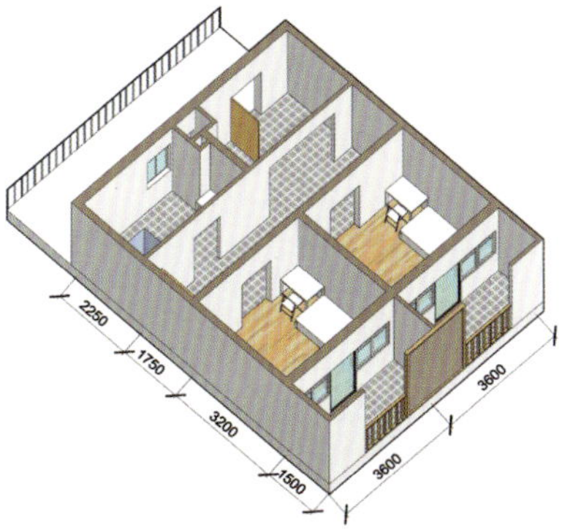

无障碍宿舍轴测图

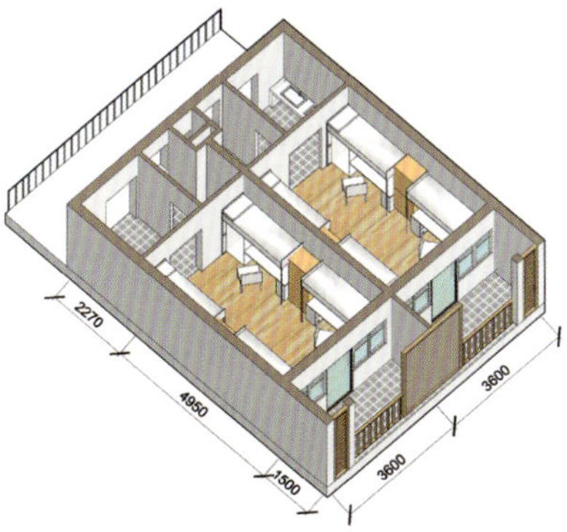

普通宿舍单元轴测图

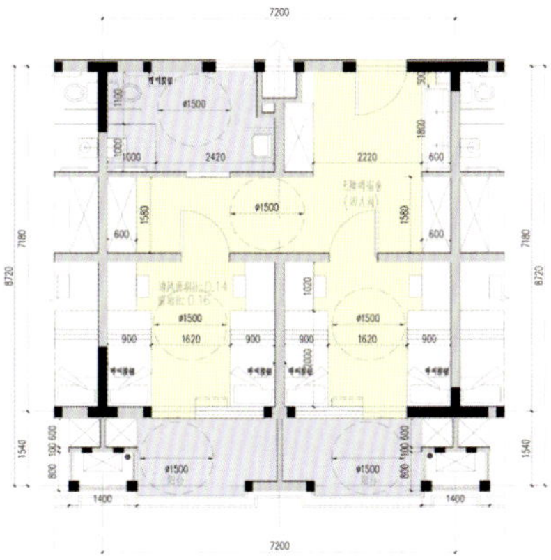

无障碍宿舍平面图

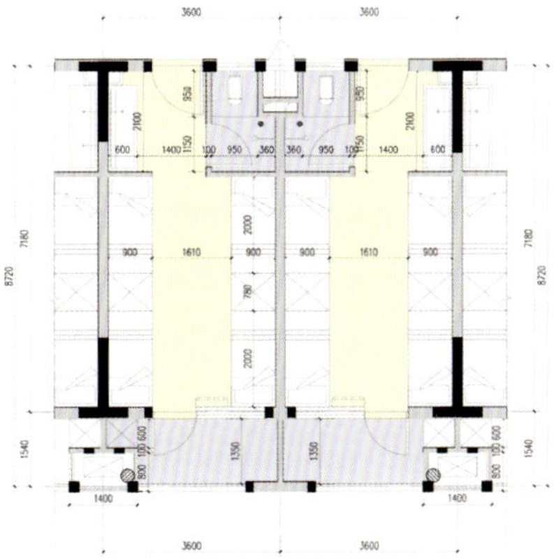

普通宿舍单元平面图

标准单元面宽：7.20 m
标准单元进深：8.72 m
标准层床均建筑面积：10.06 ㎡ (本科生)

南京邮电大学仙林校区宿舍（樱园）

项目简介

本项目建设用地位于南京邮电大学仙林校区北侧，场地北侧为青年教师公寓。场地内现状良好，整体较平整，自西向东呈降低趋势。用地面积为33 689.81 m^2，总建筑面积为27 609.03 m^2，其中地上建筑面积为26 860.43 m^2，建了6栋学生宿舍及相关附属用房，地下建筑面积为749 m^2。本项目总体布局平行于周边建筑，为两排各3栋的均衡布局。主入口位于东侧，连接教学区域。连廊及入口大厅将 3号楼、6号楼连接起来，形成整个宿舍群体的院落感。

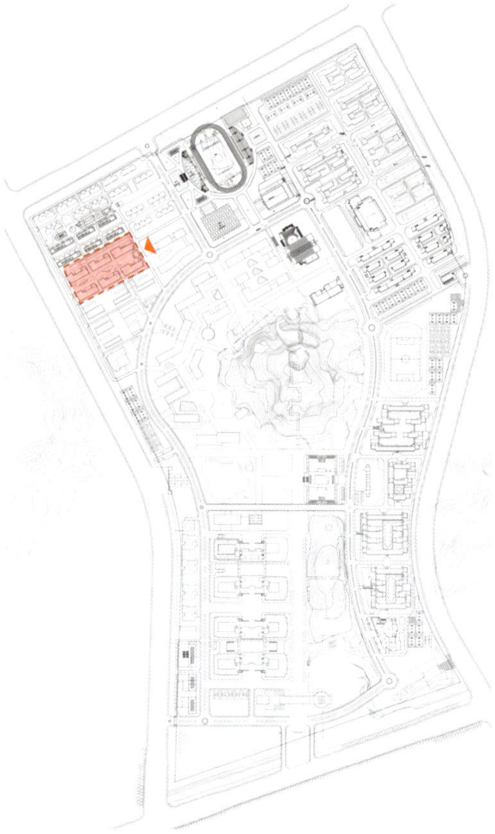

区位图

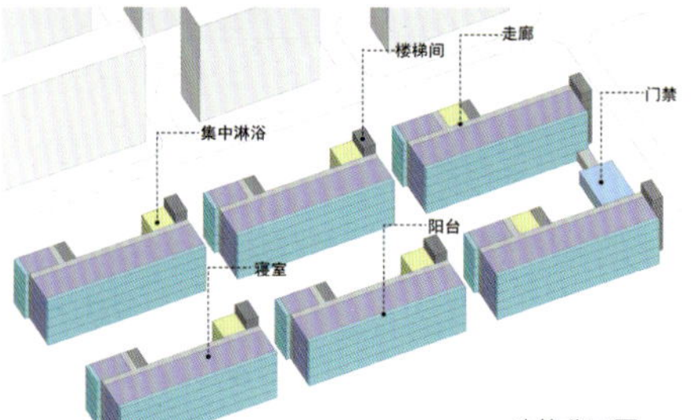

功能分区图

项目概况

建设地点：江苏省南京市

建设时间：2021年

建筑面积：27 609 ㎡（地上26 860 ㎡，地下749 ㎡）

建筑层数：5层

设计单位：南京大学建筑规划设计研究院有限公司

结构形式：钢筋混凝土框架结构

南京邮电大学仙林宿舍（樱园）由6栋板式多层宿舍组成，延续校园肌理南北两排布置，中间形成公共庭院，为学生提供了一个开阔宜人的室外环境。考虑校园内主要人流来向为东侧，宿舍组团主入口及公共空间设于东侧首层，学生刷卡进入宿舍楼，首层设有无障碍宿舍、值班室、会客大厅等公共配套用房，为学生提供了一个友好、舒适的环境，加强了学生彼此之间的联系，营造更加融洽的宿舍氛围。宿舍楼采用单廊式布局，主要朝向南、西方向，使每间宿舍均有日照。宿舍楼每层设一处集中淋浴区，并配有更衣室、开水间、洗衣机等公用设施。

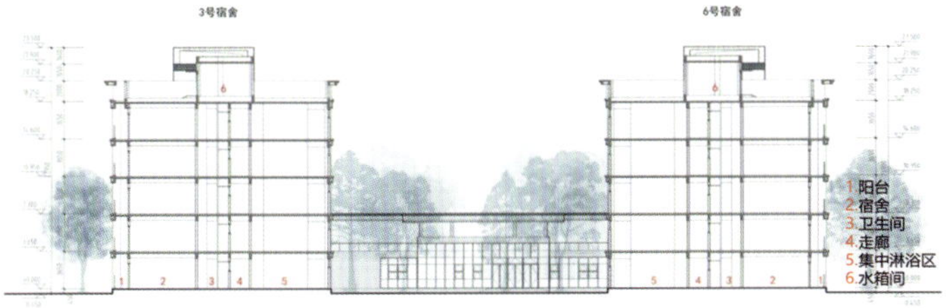

3、6号宿舍剖面图

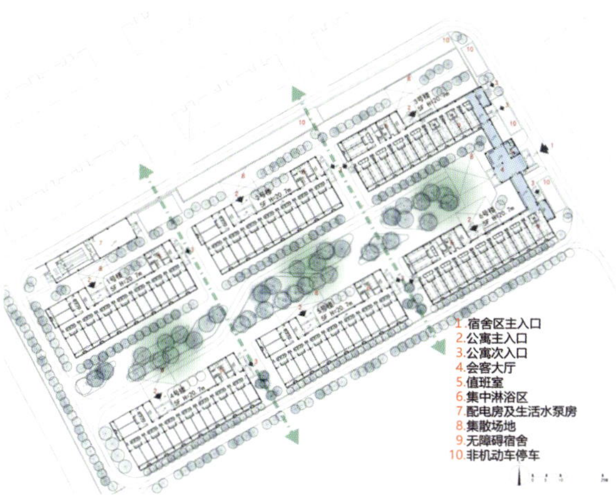

首层平面图

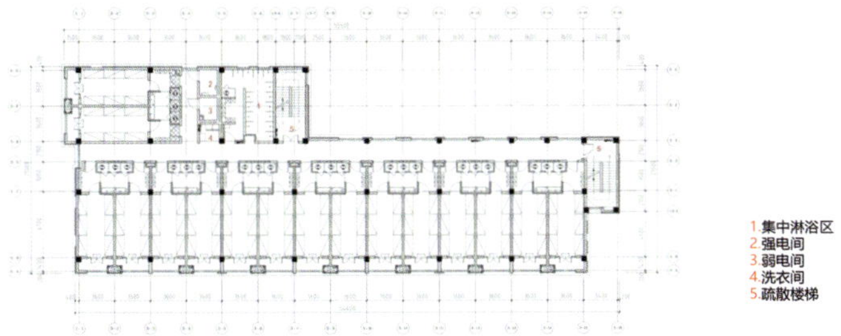

3、6号宿舍标准层平面图

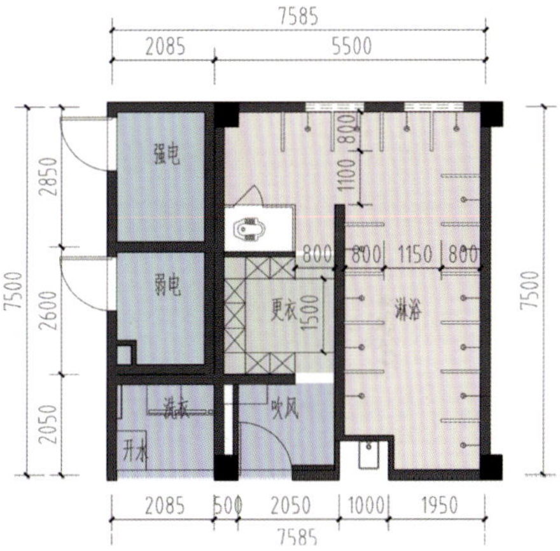

淋浴单元平面图

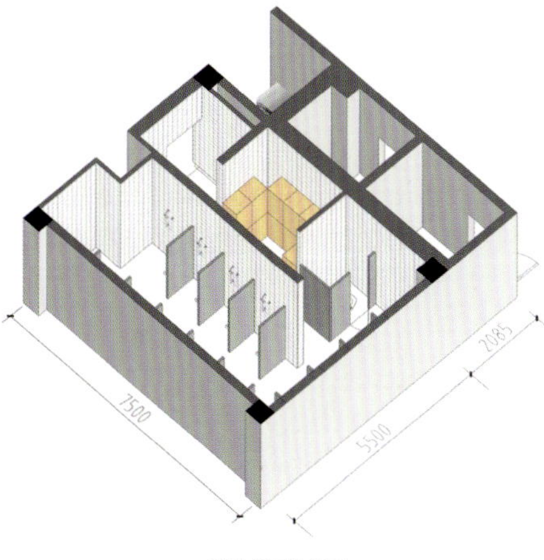

淋浴单元轴测图

每个宿舍开间3.6 m，层高3.65 m，两间宿舍设为一跨，两间宿舍共用3个蹲位、3个盥洗水龙头，便于错峰使用。居室外设有储物柜与鞋架，居室内采用上床下桌模式。每间宿舍设独立开敞的阳台，阳台上配有晾衣架，每两间宿舍共用一个空调外机位。

在居住单元室内，木质书柜和白色金属以及白色涂料相互搭配，形成和谐统一的整体风格。木质书柜为宿舍注入自然温暖的氛围，既实用，又富有质感，为学生提供了储物和展示空间。而白色金属则为室内增添了现代感和清爽感，使空间更加明亮通透。简约的设计理念体现在家具布局的合理性和色彩搭配的统一性上，使得整个宿舍空间既宽敞又井然有序。这种简洁温馨的室内风格旨在为学生提供舒适、安静的学习场所，同时也为他们的日常生活注入了一份温馨与轻松。

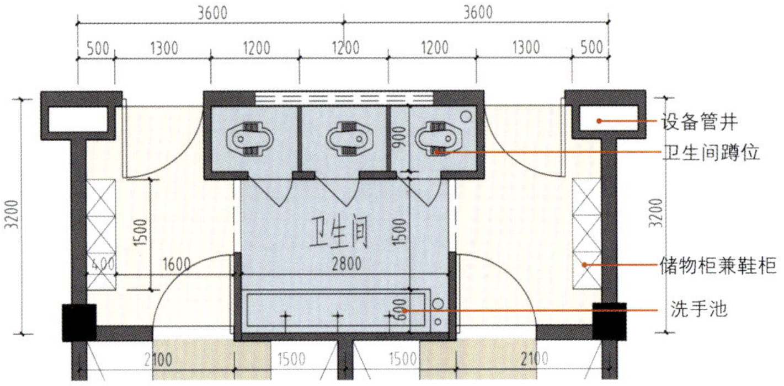

盥洗区平面图

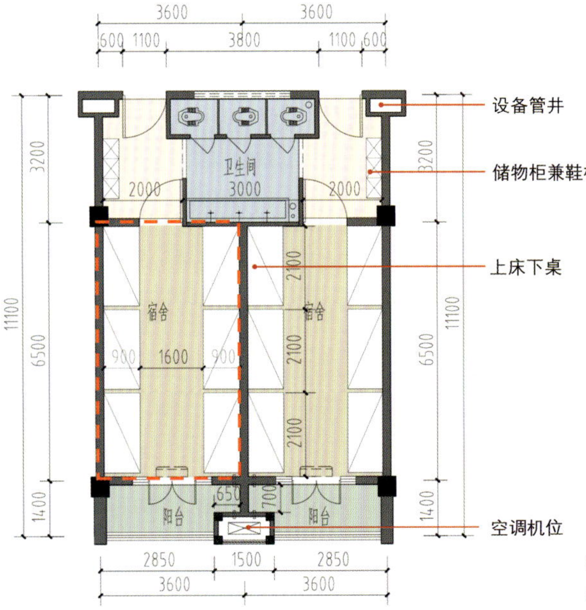

宿舍单元平面图

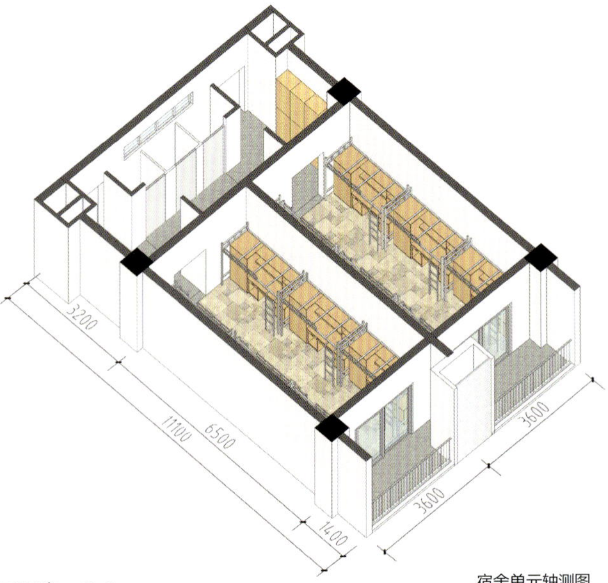

宿舍单元轴测图

标准单元面宽：3.6 m

标准单元进深：6.5 m

标准层生均建筑面积：9.4 ㎡（本科生）

南京农业大学卫岗校区牌楼学生公寓1号楼、2号楼

项目简介

南京农业大学卫岗校区（含牌楼片区）占地约61 hm^2，各类校舍52.86万m^2，是学校目前办学的主校区，容纳21 700余名全日制在校生以及32 700余名继续教育学生。牌楼学生公寓1号楼、2号楼项目位于光华路北侧南京农业大学卫岗校区牌楼片区内，处于规划地块内西南角区域，南临城市主干市政道路光华路，西临规划市政道路。整个用地略呈梯形，地势开阔平坦，区域环境良好，交通方便。

区位图

卫岗校区牌楼片区平面图

项目概况

建设地点：江苏省南京市

建设时间：2020年12月—2022年8月

建筑面积：21 799 ㎡（地上18 882 ㎡，地下2 916 ㎡）

建筑层数：9层

设计单位：江苏省建筑设计研究院股份有限公司

合作设计：江苏省建筑园林设计院有限公司（施工图）

结构形式：钢筋混凝土框架结构

设计依托于场地原有形状，将整体划分为两个L形体量，形成空间上的廊道，增加建筑的开放性。沿街建筑呼应城市街道的方向，成功解决两条道路成一定夹角的问题。建筑虚实对比，设计团队细化造型体量，注重沿光华路和规划道路的建筑形象的塑造，并在底部插入一个“盒子”作为公共区域，进行居住单元与交往空间、公共空间的层级组合，在呼应场地、思考人群活动的同时，形成严谨有序的空间组织结构。中心景观绿地保证交通流线的通畅、宿舍与微气候的互相调节以及平衡采光和噪声的过滤。在内部单元组织上，采取单廊组团式“3+2+3”的八人套间户型，在立面上呈现阵列的模式，来控制床位数量和楼的进深。立面以横线线条为主，点缀了鲜亮的橘色，丰富了城市界面，又不失高校社区的青春感。

在居住单元的设计中，项目将学生的使用空间分为公共空间（公共）和个人空间（私人），形成“外界—阳台—私人空间—公共空间—半开敞交通空间—外界”的空间序列。多功能间满足学生交际的需要，同时增进公寓内团结合作的气氛。L形的布局形式创造出中部天井用于拔风，双层阳台玻璃窗用于隔热、保温、过滤东边的光照。卫生间区域通过高窗，解决了黑房间的通风与采光问题。

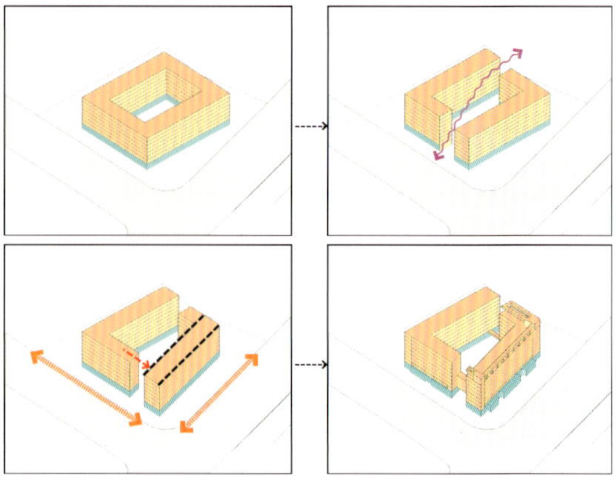

体块生成示意图

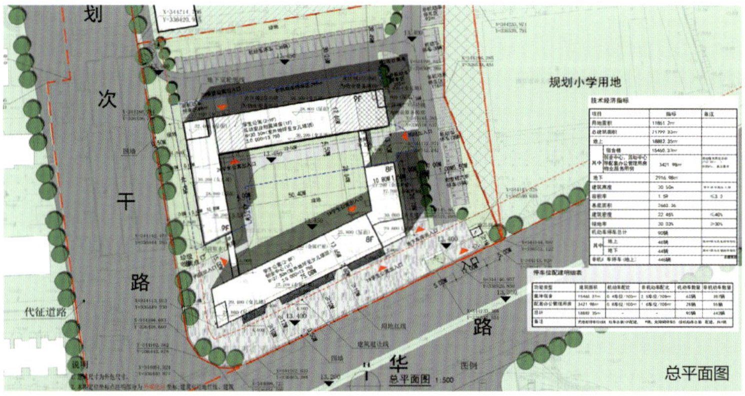

项目充分采用人性化设计理念。宿舍按照套房的布局进行设计，每户均设置客厅、寝室、独立卫浴及生活阳台，并确保每个寝室独享生活阳台，在满足共性设计的同时，兼顾个体的差异性。项目设计了两套无障碍宿舍，为了提供适合残疾和行动不便的学生居住的环境，入口设有无障碍斜坡，方便使用轮椅的人士进出。卧室中安装可以调节高度的床，以适应不同身高和坐起来困难的人。床旁设置扶手，为学生起床时提供支持，并留有足够的空间，以便于轮椅活动。无障碍卫生间设置安装抓手、防滑地板。浴室门足够宽敞，可以方便轮椅进出。宿舍内的显眼位置设置紧急按钮或呼叫装置，方便学生在紧急情况下快速寻求帮助。公区合理安排明确的标志和指示牌，方便有需要的学生和访客快速找到所需的设施和房间。

在节能和绿色建筑方面，设计结合项目自身条件，打造绿色、节能、环保和舒适的居住体验，力求最大限度地做到“四节一环保”，实现人与自然、建筑与环境共生。在满足基本指标的基础上，本项目对主要内墙增设了保温板，在阳台与寝室间增设了卷帘遮阳设施，以减少能源和资源浪费。本项目突出被动式的节能设计手法，强调绿色技术的适宜性、成熟性与可靠性，在尽可能较低的成本下实现绿色建筑的目标。

标准单元的面宽为10.2 m，进深为10 m，由2个三人间、1个双人间、1个多人卫生间和客厅组成。标准层床均面积约为20 ㎡。学校和设计院充分利用宿舍的有限空间，采用巧妙的空间规划和多功能转换设计，以最大限度地满足学生的需求，同时保障了学生睡眠安全与使用便捷。保证每个学生都有自己的私人空间，包括床、书桌和储物空间。此外，宿舍还建有共享的公共空间，如客厅和洗浴间。合理的空间布局充分利用了有限的空间，使宿舍既能满足个人的隐私需求，又能促进学生社交和互动。

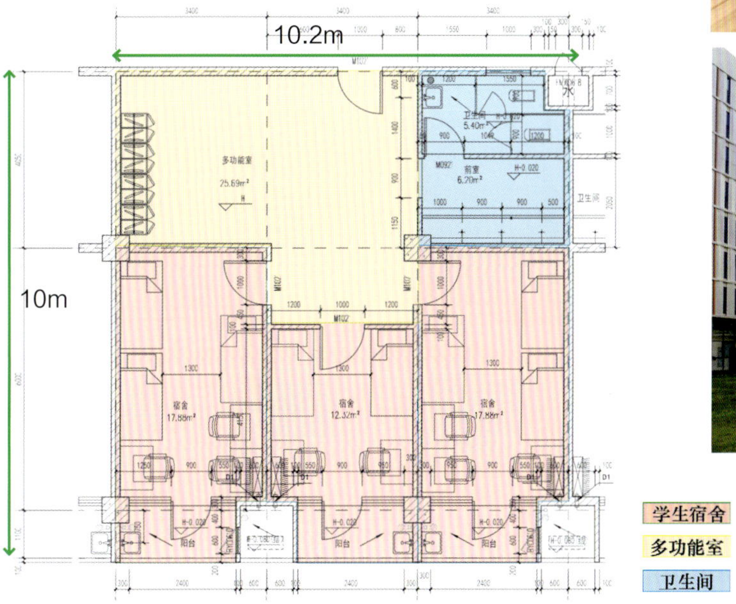

标准单元平面图

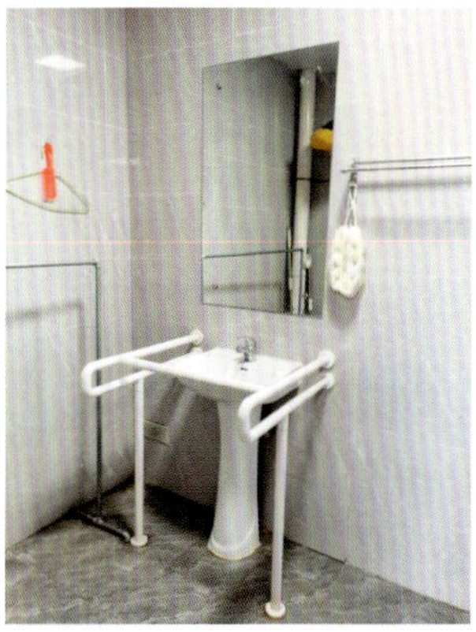

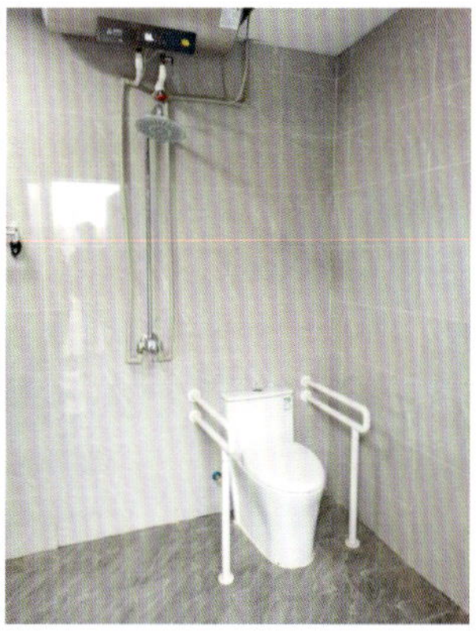

中国药科大学研究生公寓（二期）

项目简介

中国药科大学研究生公寓(二期)项目位于中国药科大学江宁校区东侧，项目基地配套设施齐全、交通便捷，建设条件良好。项目设计目标在于弥补江宁校区内研究生公寓的短缺，同时也起到提升校园空间环境和沿路城市形象的重要作用。

项目建设用地21 053 m^2，总建筑面积24 816 m^2，其中地上建筑面积24 624 m^2，地下建筑面积192 m^2，为3幢6层中廊式公寓及1层生活配套用房。1至6层均为学生公寓，每幢公寓楼均配置一部电梯，公寓套间设置独立太阳能卫浴、封闭式阳台。室内装修环保、简约、时尚，可满足四人居住使用。

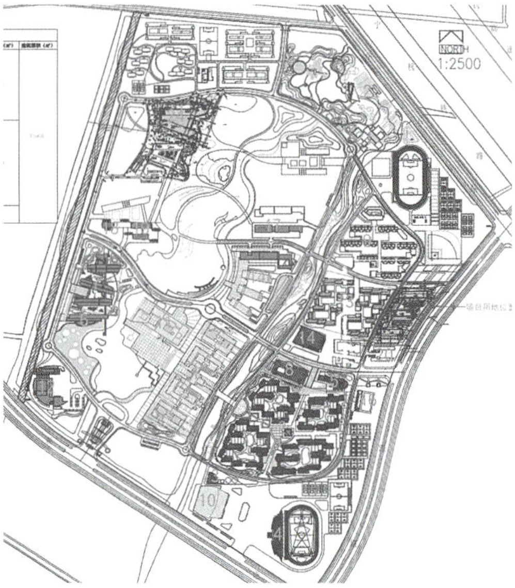

区位图

研究生公寓总平面图

项目概况

建设地点： 江苏省南京市

建设时间： 2019年

建筑面积： 24 816 m²（地上24 624 m²，地下192 m²）

建筑层数： 6层

设计单位： 南京大学建筑规划设计研究院有限公司

合作设计： 江苏邗建集团有限公司（施工图）

结构形式： 钢筋混凝土框架结构

尊重场地，提升校园微环境

3幢公寓楼依据地形排布，均为中廊式南北朝向。公寓间的半开放式空间呼应原有宿舍区内庭院的做法，令公寓住户享受到外向活泼的草坪和通视通风的蓝天。

以人为本，创造积极的生活空间

底层结合公寓门厅，沿校园环路布置生活配套，用生活街道的形式令原先偏僻的校园一角成为一处积极的生活交流场所，激发校园活力。

实用经济，展现高校的城市形象

项目经济实用，展现高校城市形象。设计用简练的建筑语言、简便的建造方式表达出理性的高校气质，塑造和谐融洽的城市形象。

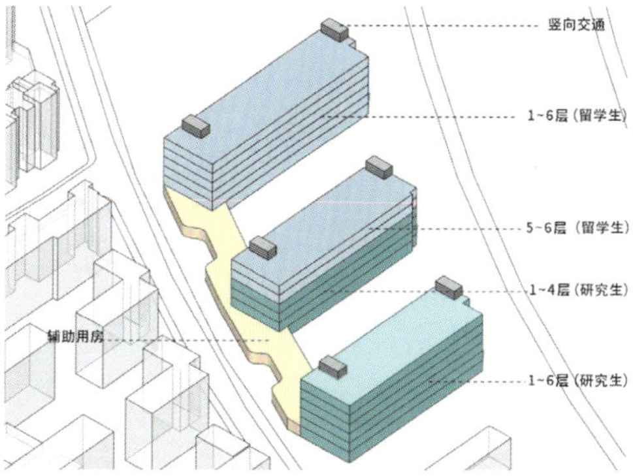

功能分区图

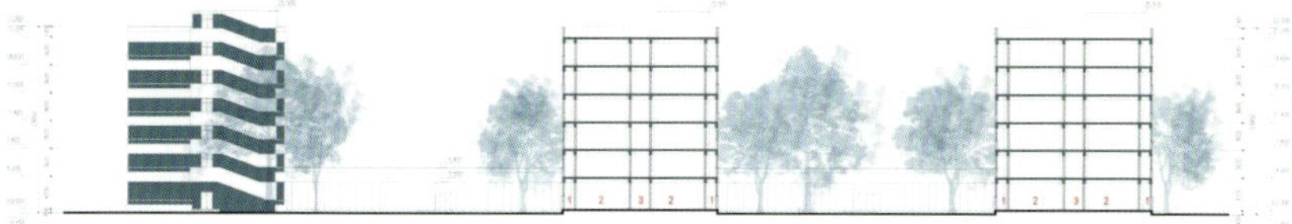

剖面图

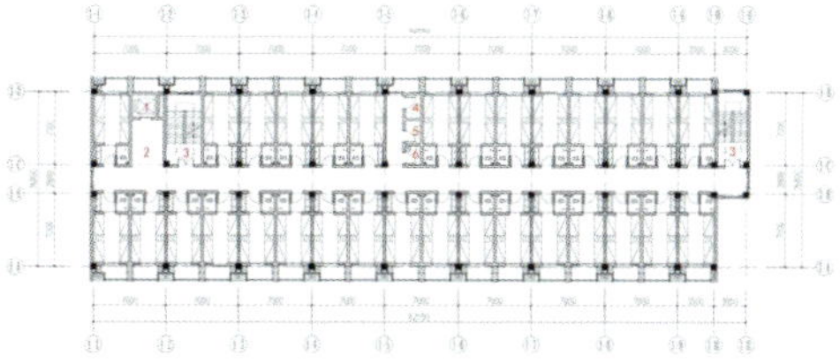

标准层平面图

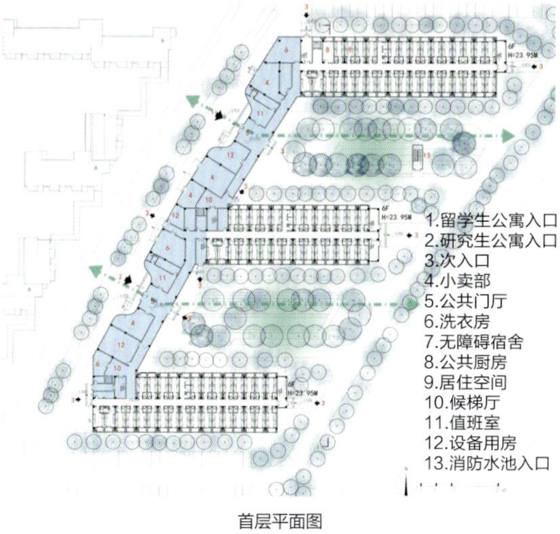

首层平面图

在宿舍单元的设计中，每间宿舍为四人间，开间为3.6 m，设置居住空间、卫生间以及独立阳台。床铺采取上床下桌的模式，在床铺之前设置兼具储物功能的安全阶梯。卫生间采用盥厕分离的方式，配置2个盥洗龙头、1个蹲便器、1个淋浴龙头，其中蹲便与淋浴龙头共同设置于一间。阳台为封闭式独立阳台，在配置常规晒衣架以及预留空调室外机机位的同时，充分利用空调机位与阳台形成的狭小空间布置储物柜以增加学生的储物空间。

在居住空间的设计上，设计团队采用木质书柜、白色金属、白色涂料以及暖色地砖作为主要的材料，营造温馨、舒适的居住空间，同时为学生提供安静、舒适的学习场所。

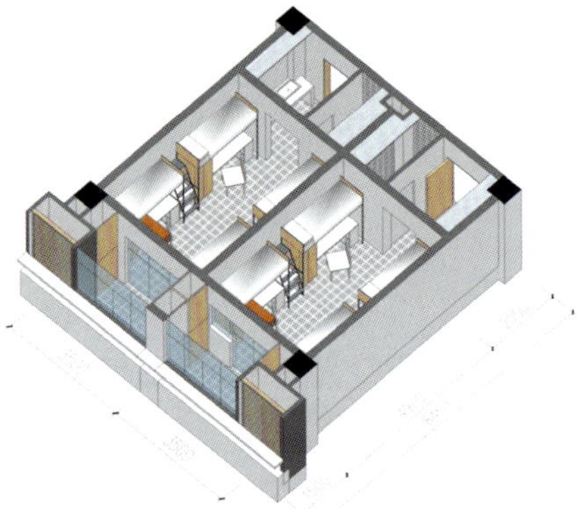

宿舍单元轴测图

标准单元面宽：3.5 m
标准单元进深：4.9 m
标准层生均建筑面积：10.26 m^2（硕士研究生）

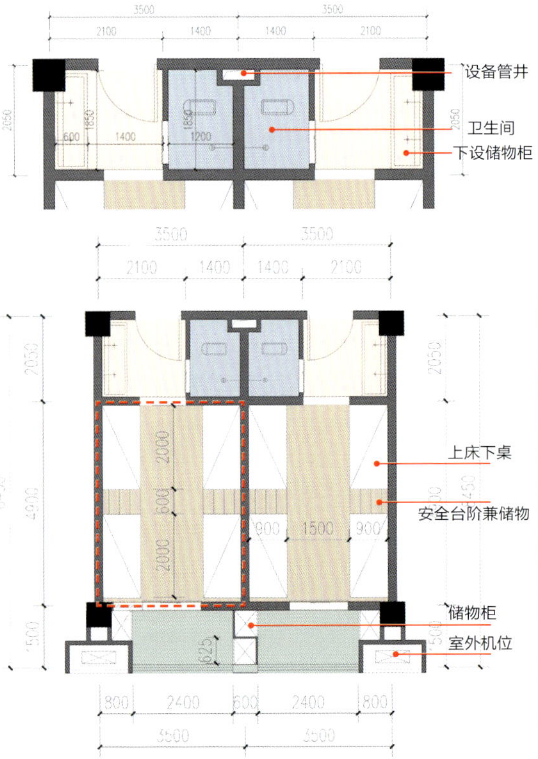

宿舍单元平面图

淮阴师范学院学生宿舍

项目简介

淮阴师范学院学生宿舍楼项目位于淮阴师范学院长江路校区北园内，淮河路以北地块西北角。本项目为二栋容纳约2 176人的学生宿舍楼(25、26号楼)、一栋后勤及附属用房以及室外道路绿化等。总建筑面积约25 976 m^2，其中地上建筑面积24 177 m^2；地下建筑面积17 99 m^2。建筑共6层，用地面积为16 560 m^2，项目总投资额为约12 997.04万元，所需资金由淮阴师范学院自筹解决。项目于2023年4月启动方案设计，2024年3月开工，建设工期约19个月。

宿舍楼虽然是一种功能相对简单的建筑类型，但却是学生在校期间停留最多的场所。设计从实际功能出发，让学生具有强烈的归属感。

区位图

总平面图

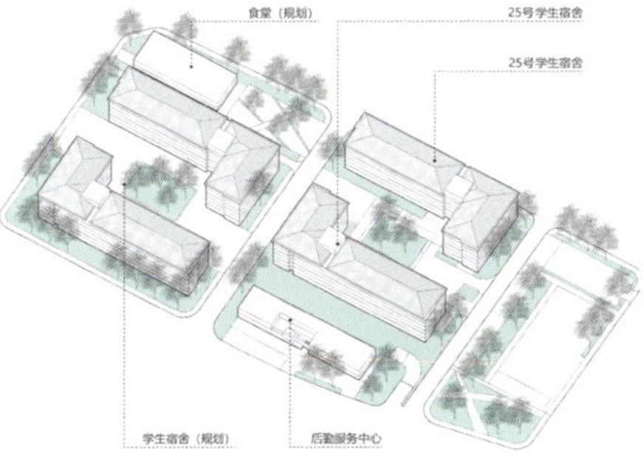

分析图

项目概况

建设地点： 江苏省淮安市

建设时间： 2023年4月—2023年12月

建筑面积： 25 976 m^2

（地上24 177 m^2，地下1 799 m^2）

建筑层数： 6层

设计单位： 江苏省建筑设计研究院股份有限公司

结构形式： 钢筋混凝土剪力墙结构

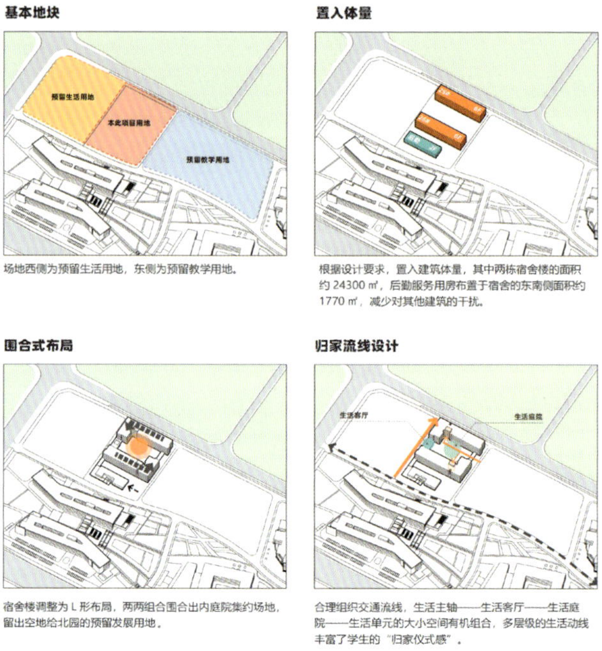

体块生成图

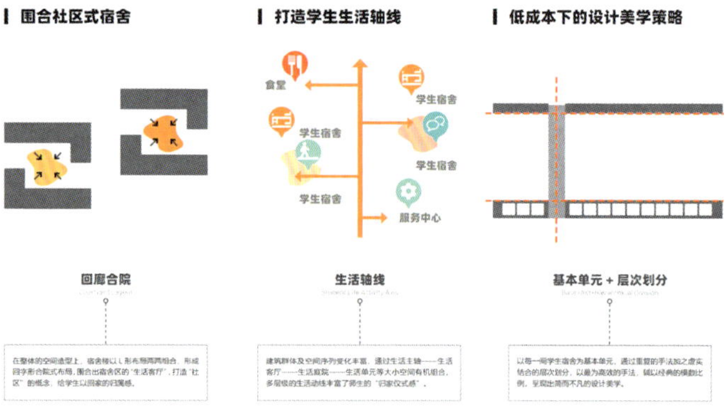

分析图一

剖面图

设计理念

围合社区式宿舍

传统的行列式宿舍追求日照朝向的最大化，仅提供基础的住宿功能，缺乏对人文关怀和建筑空间的思考。在整体的空间造型上，本项目宿舍楼以L形布局两两组合，形成“回”字形合院式布局，围合出宿舍区的“生活客厅”,通过宜人的尺度、便捷的交通、舒适的环境，打造“社区”的概念，给学生以回家的归属感，重新定义校园生活区。

打造学生生活轴线

针对宿舍组织模式问题，项目集中设置一条“生活轴线”，沿“生活轴线”组织后勤服务中心、25#学生宿舍、26#学生宿舍、27#学生宿舍(远期)、28#学生宿舍(远期)和食堂(远期)，在高效组织交通的同时，激发生活区的场所活力，营造丰富的互动社交空间。建筑群体及空间序列变化丰富，通过生活主轴——生活客厅——生活庭院——生活单元等大小空间有机组合。多层级的生活动线丰富了师生的“归家仪式感”。

首层平面图

低成本下的设计美学策略

造价控制的要求限制了材料选择的自由，因此在设计时，设计团队将关注点投向如何在有限的成本下提升建筑的整体品质。本设计以每一间学生宿舍为基本单元，通过重复的手法加之虚实结合的层次划分，以最高效的手法辅以经典的模数比例，呈现出简而不凡的设计美学。阳光照射下产生的光影效果赋予建筑一种韵律美。

宿舍单元优化

每个宿舍单元为一个独立的模块，在进行单元组合时不会受限于奇偶的组合限制。宿舍户型为四人间，为了最大化居室的采光条件，尽可能压缩户型进深，同时家具紧凑集约布置。居室内由4组上床下桌的家具以及一组收纳柜组成，两床之间为斜梯兼收纳柜，避免了直梯的危险性，同时增加了收纳空间。应对学生活动时间统一集中的特点，独立设置淋浴间、卫生间和洗漱间，保证了干湿分离，同时可以应对高峰时段的使用。空调机位设于阳台设备管井、洗衣机的上方，充分利用空间，最大化开窗面积，同时减少设备的外露。

景观设计

项目增设景观视觉通廊，依据主次关系及空间的节奏感、韵律感进行景观装置、雕塑、小品及构筑物等元素的相应布局，对入口景观广场进行空间营造，利于场地导流和空间识别。核心景观设置书香小屋及特色树池，动静相宜，突出生活性、共享性和景观性。

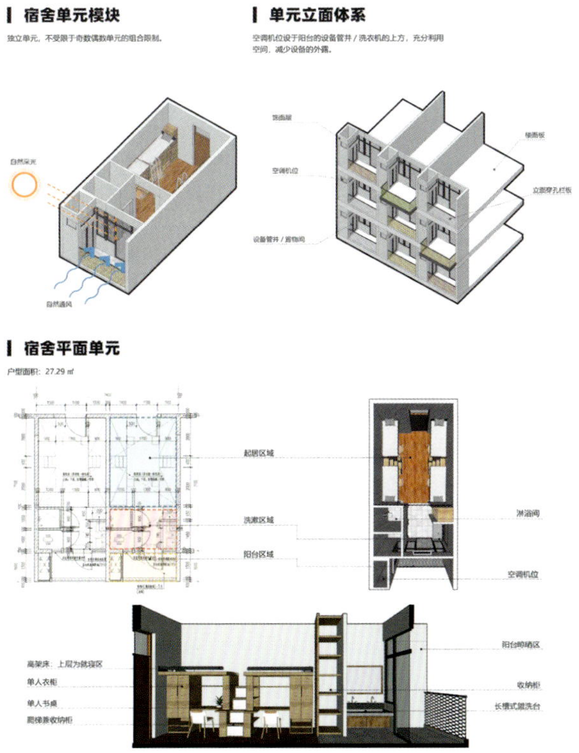

分析图二

景观总平面图

西交利物浦大学太仓校区生活区

项目简介

西交利物浦大学太仓校区是2019年江苏省重大投资项目，是由西安交大和英国利物浦大学合作创立的全日制高校。项目位于太仓市科教创新区，是一座以“未来大学的样板”为蓝图的综合性校园。

西交利物浦大学太仓校区以 “融合共生”为核心设计理念。开放和封闭空间的组合形式被灵活运用在建筑中，充分激发教师和学生的主动性和创造力，形成开放多元、充满活力的学习型社区。

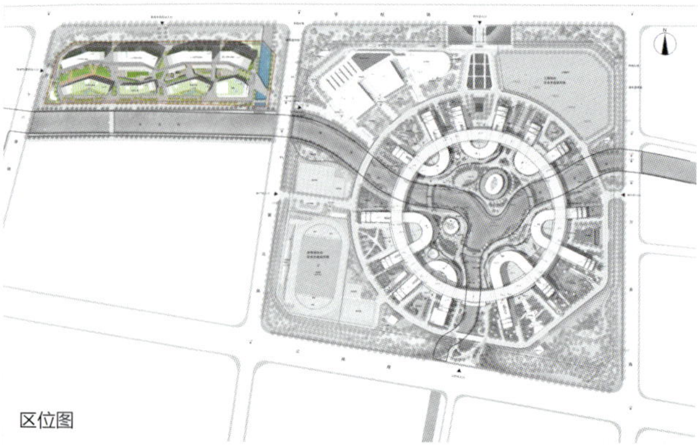

区位图

项目概况

建设地点： 江苏省太仓市

建设时间： 2019年9月—2021年11月

建筑面积： 154 021 m^2（地上124 276 m^2，地下29 745 m^2）

建筑层数： 7~21层

设计单位： 同济大学建筑设计研究院（集团）有限公司

合作设计： 亨派建筑设计咨询（上海）有限公司（HPP）

结构形式： 钢筋混凝土框架剪力墙结构

建筑布局

基地临洙泾河，滨水区的自然灵动以及大学生宿舍的活力和朝气，共同形成宿舍区的设计基调。顺应南侧水系，建筑借景而筑，南低北高，共享南侧的滨河景观资源，营造更好的通风和日照环境。建筑形体适当弯折，身处其间宛如游走在蜿蜒的峡谷，步移景异。转折的建筑形体结合底层架空区、屋面的层层退台，营造开放自由的空间氛围。

公建配套

各栋首层和下沉庭院周边设置食堂、品牌餐饮、小型商铺、生活服务等功能区，形成立体化的活力生活园区。从2层开始设置宿舍，有效避免地面人员活动对住宿空间的干扰。下沉庭院、景观阶梯、室外楼梯、观光电梯和首层连桥共同交织成趣味空间，为校园生活多样化提供了可能。

外部环境

宿舍立面以仿石涂料为主，结合空调机位的拼色铝合金扩张网，形成肌理自由，内含逻辑的立面韵律。建筑、景观一体化设计，以便捷的交通组织和共享的空间形态提高流动性，塑造出充满活力的校园环境。南侧多层屋面采用屋面绿化，北侧高层屋面设置太阳能热水器，打造充满科技感的第五立面。

单元设计

学生宿舍提供单人间、两人间、四人间等多种单元，室内空间紧凑实用，储物充足。各栋内置茶水间及挑高共享空间，立面对应形成嵌入的绿色体量，展望远方。

能源利用

生活区采用分散集热、集中供热热水系统。太阳能均设置于单体屋面，屋面分别设置集热水箱，预热后补充地下室集中热水供热水箱。其余热量由市政高压蒸汽通过汽水半即热式换热器提供。各宿舍单元设置分体空调。

智能化

本项目实现多种情况下的智能化管控。宿舍门厅实施闸机管控，保障宿舍安全。消防电梯平时仅联系首层地面及地下，结合两部户外观光电梯形成无障碍的底层开放空间。在开学季和应急消防时，各层可以联通，便于家具行李搬运和消防员使用。

高品质的居住单元、惬意的共享空间、便捷的商业配套和绿意盎然的景观，融合成宜居、创意、共享的生活环境，激发学生无穷的创造力。

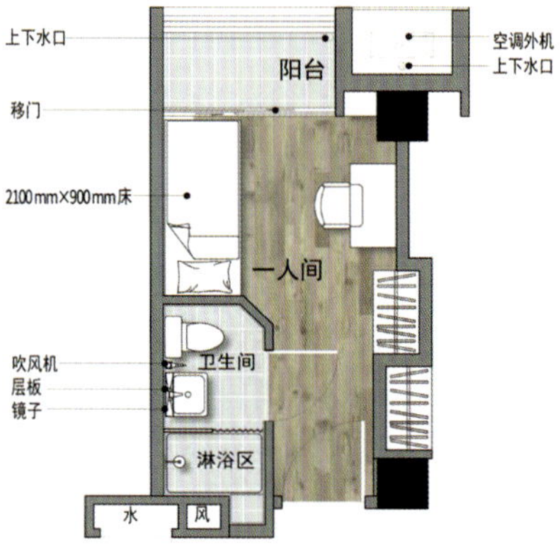

一人间宿舍单元平面图

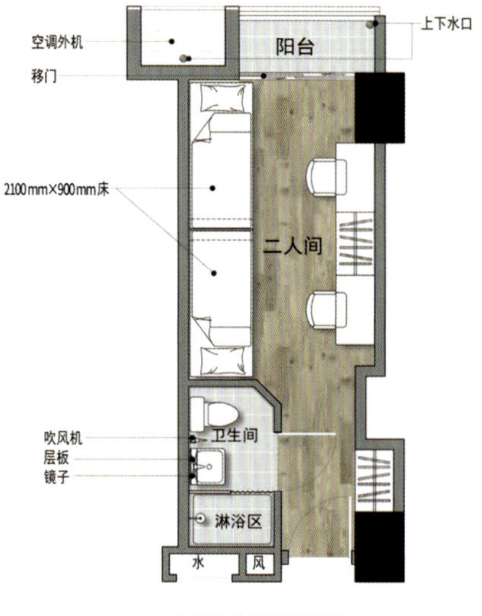

二人间宿舍单元平面图

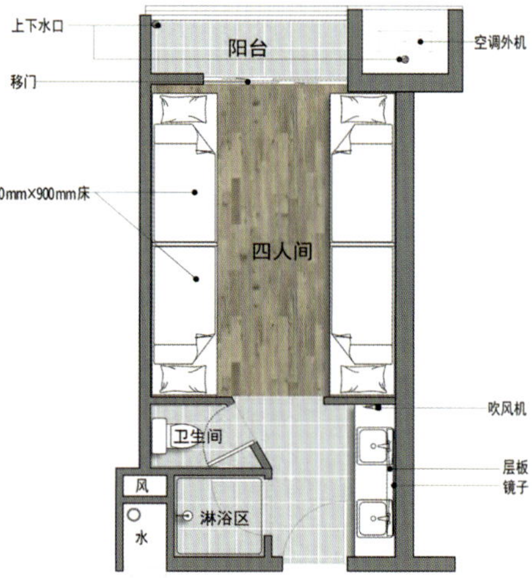

四人间宿舍单元平面图

昆山杜克大学本科生宿舍

项目简介

昆山杜克大学二期校园的本科生宿舍区占地4.1 hm^2，地处校园南北轴线的北端，与运动场、体育馆、社区中心相邻，生活便利。宿舍区由8栋宿舍楼环绕着4个庭院空间组成。庭院不仅将校园的不同功能区隔开，更为学生提供了心理上的归属感。在景观设计方面，每个庭院都以不同的季节为主题，巧妙地融合了江南水乡的自然肌理，呈现出四季更替、生机勃勃的景象，为宿舍区增添了生命力。此外，这些庭院相互连接，鼓励学生之间的互动与交流，也促进了各种集体活动和社交需求的满足。这一设计理念与昆山杜克大学倡导的通识博雅教育理念相契合，成功地打造出一个充满活力的社区型校园。

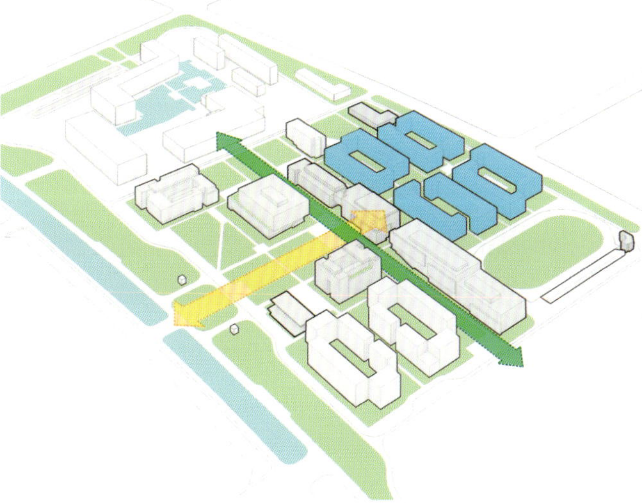

空间布局示意图

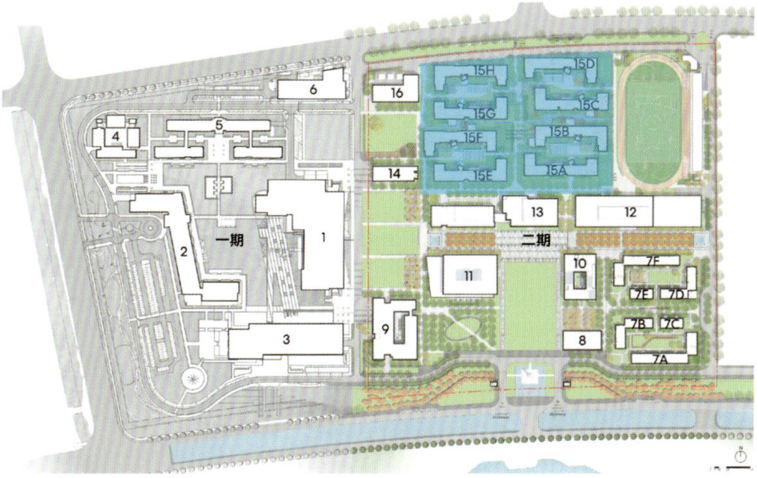

区位图

项目概况

建设地点： 江苏省昆山市

建设时间： 2019年10月—2023年4月

建筑面积： 39 685 m^2

建筑层数： 5层

设计单位： Perkins&Will

合作设计： 中衡设计集团股份有限公司

结构形式： 钢筋混凝土框架结构

昆山杜克大学二期校园的本科生宿舍区别具匠心。每座宿舍楼都以独特的体量呈现，山墙逐层后退，内部高低错落，巧妙围合出别样的氛围。

首层巧设局部架空，构建起与庭院空间融合的开放式景观区，不仅延续了庭院的魅力，更为户外社交增添了便捷性。这一层的室内空间则设计有门厅、中庭、社交休息室、储藏室、洗衣房等公共区域，以及舍管办公室、休息室，为学生提供了丰富的社区服务。

每栋宿舍楼均配备两部无障碍电梯及一个开放式楼梯，方便学生出行。为了节能环保，公共空间采用充足的自然采光，随处可见室外景观，尤其是位于中心区域的玻璃中庭空间内的开放式楼梯，更是鼓励学生步行穿梭于楼层之间。

4个宿舍组团分别以艺术、健康、领导力和公民参与为主题，每个主题均以独特的主题色彩为特征，无论是墙面、地毯还是家具，都与主题相得益彰，为校园增添了活力与魅力。

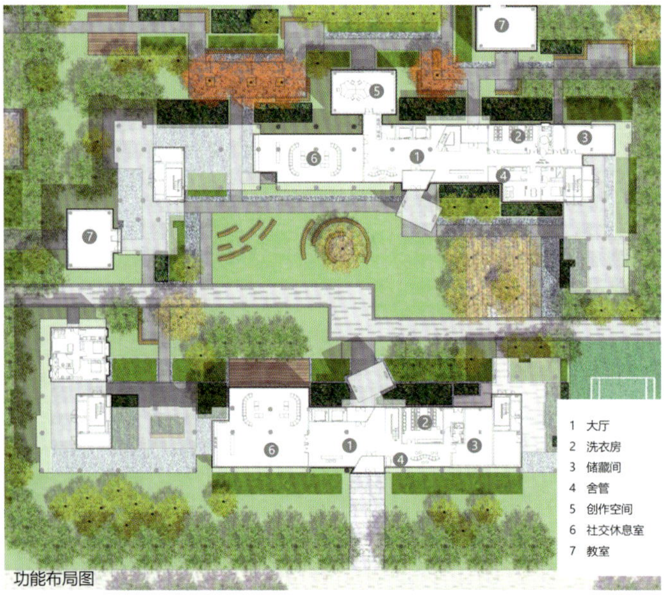

功能布局图

昆山杜克大学二期校园的本科生宿舍设计别具匠心。立面设计与功能布局紧密呼应，首层局部架空，打造出开放式社交空间，增添了活力与互动。主要垂直流线采用透明玻璃立面，营造明亮开放的氛围。标准层生活区域采用实墙、局部石材和真石漆相结合，为学生提供舒适的居住环境。宿舍采用凸窗设计，为学生提供私密舒适的居住空间。特殊空间如自习室采用红色铝板装饰，与周围区域区分开来，提供专注学习的环境。机电设备集中设置于屋顶，采用百叶进行遮挡，保证了校园整体美观和环境的协调性。宿舍为二人间布置，共有床位2 100张。学生宿舍均布置在二层及以上楼层，最大限度地保证了学生的隐私和安全。

昆山杜克大学二期校园的本科生宿舍秉承着“书院”理念，将学习、生活、交流有机融合。为满足学生“随时随地学习”的需求，每层公寓都设有24小时独立和团体学习室。而在首层更特别配置了教室，为学生提供更便捷的学习场所。

昆山杜克大学二期校园的本科生宿舍采用了沿中央内廊两侧布置的设计，标准的二人间宿舍面积仅为13 m^2，净高达3.4 m，配置上床下桌的家具形式，并提供充足的储物空间。宿舍为学生提供了基本的休息空间。此外在校园内充足的学习、活动和社交资源的基础上，宿舍鼓励学生更多地走出去，激发他们的社交、学习和活动欲望。16间无障碍宿舍的设置确保了校园的包容性和便利性。

昆山杜克大学二期校园的本科生宿舍在公共区域均匀设置了卫生间和浴室，确保了约1：4.5（人）的马桶和淋浴设施比例。这种布局不仅有效隔离了潮湿对宿舍的影响，还通过由物业团队负责的保洁维护工作，消除了许多卫生和健康隐患。此举还有助于减少因生活习惯不同而引发的矛盾，为学生提供了更为舒适和和谐的居住环境。

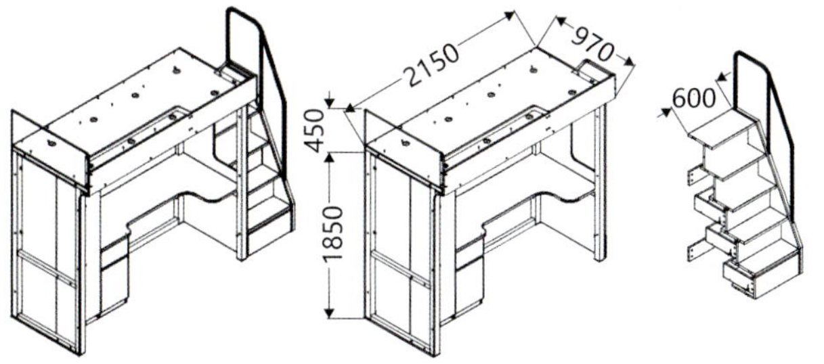

家具一体化设计图

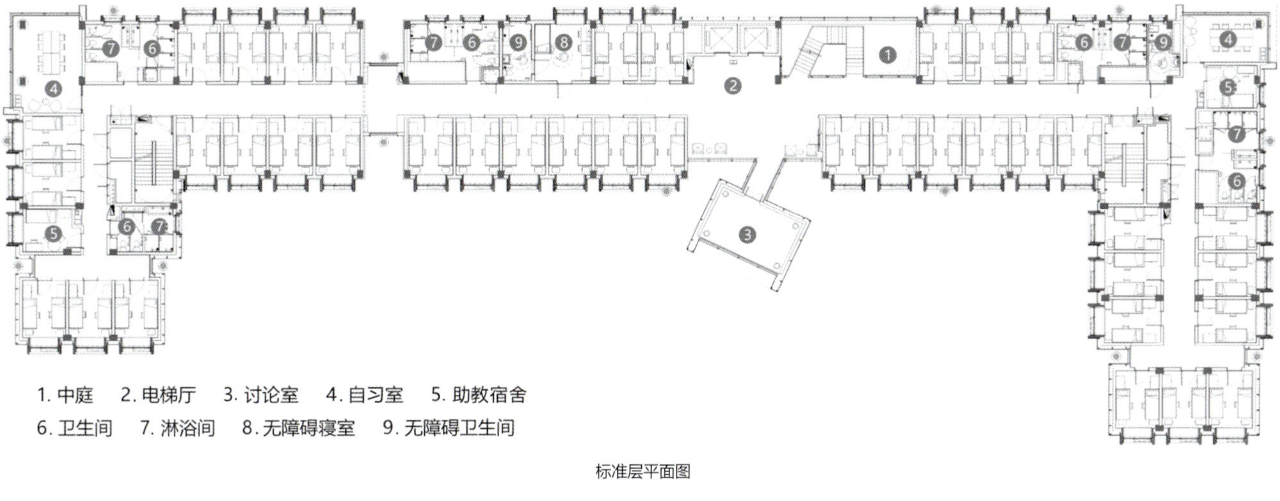

1. 中庭　2. 电梯厅　3. 讨论室　4. 自习室　5. 助教宿舍
6. 卫生间　7. 淋浴间　8. 无障碍寝室　9. 无障碍卫生间

标准层平面图

昆山杜克大学二期校园的研究生宿舍楼位于本科生宿舍组团西侧，是一座5层高的建筑，更注重提供独立感，为高阶段学习提供安静、私密的空间。首层主要设有门厅、社交休息厅和其他配套服务设施，为研究生提供了丰富的公共空间。

每层设有两间朝向东侧校园轴线的自习室，通过中庭的开放楼梯将自然光引入建筑内部，为学生创造了舒适的学习环境。

研究生宿舍采用套间形式，每套包括4个独立的宿舍和共享设施，如一个客厅、一个开放式厨房、两个卫生间和两个淋浴间，总共有25套100间宿舍，其中还设置了5间无障碍宿舍，以满足不同学生的需求。

南京城市职业学院溧水新校区宿舍

项目简介

南京城市职业学院溧水新校区学生公寓组团沿基地东北侧展开，围合学生食堂与生活服务中心，并与南侧大学生活动中心通过景观平台相联系，最终形成校园生活区。学生可以通过穿插于其中的步行道，也可以通过外环道路便捷地到达各座建筑。校园建筑的整体风格呈现出现代感的院落形态。围合性的院落成为系科、宿舍等布局的主题。由此，整体校园表现出传统与现代结合的书院式特点。每个宿舍组团由两个L形建筑围合，形成了内部良好的自然通风环境，同时周边实现视线沟通。楼梯设置在内院一侧，并在节点处适当扩大，形成了小尺度的交往空间。底层形成一个由回廊围绕的景观内院，每层宿舍的外廊均朝向内院、充满阳光，方便学生交流。

区位图

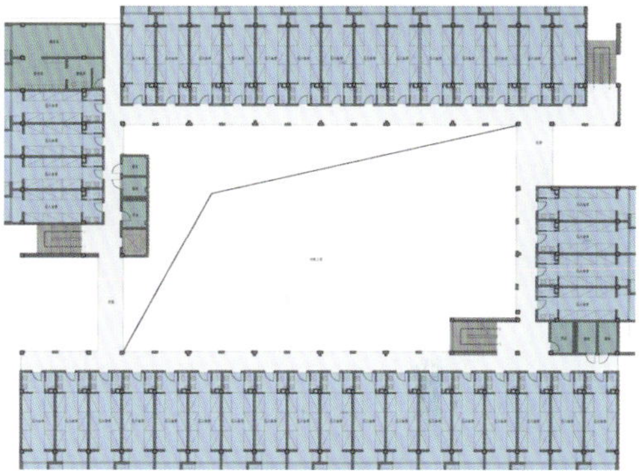
标准层平面图

项目概况

建设地点： 江苏省南京市

建设时间： 2014年8月—2019年6月

建筑面积： 14.7万 m^2（地上14万 m^2，地下7 000 m^2）

建筑层数： 6层

设计单位： 东南大学建筑设计研究院有限公司

结构形式： 钢筋混凝土框架结构

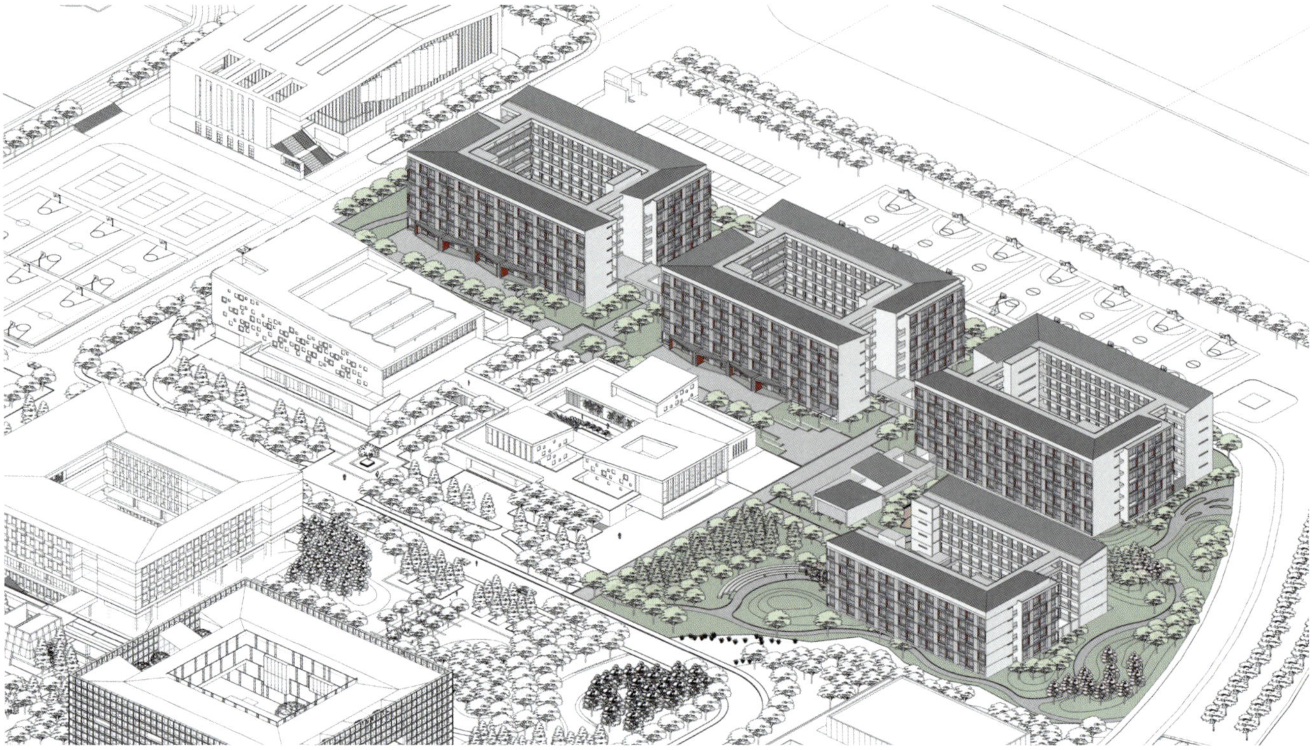

轴测图

出于学校集约发展的需求，宿舍楼高6层，层高3.6 m，采用六人间的设计。每间宿舍设置一个独立卫生间、两个洗手池，方便学生平时使用。每层角部设置了一个公共淋浴间。单坡屋顶的形态满足了屋面隔热防水等的技术要求，同时又可兼顾立面，表现出现代简洁的风格特征。立面设计考虑造价与建造因素，以土建做法为主，对空调机位设置与立面形式变化进行统一考虑。

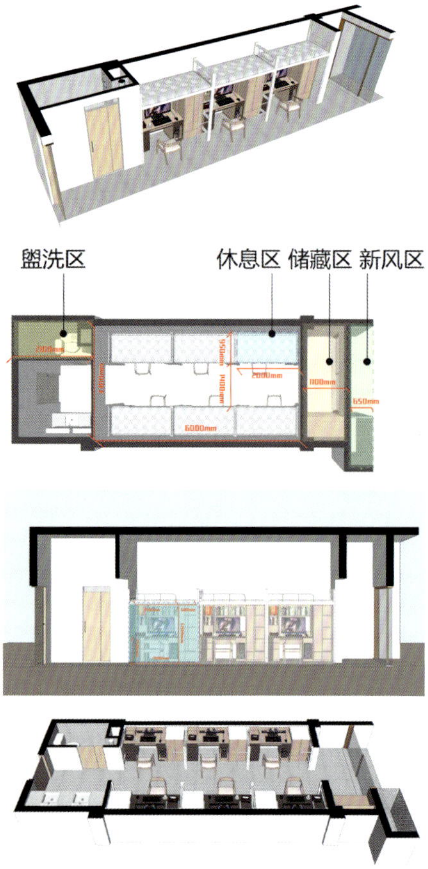

标准单元配置图

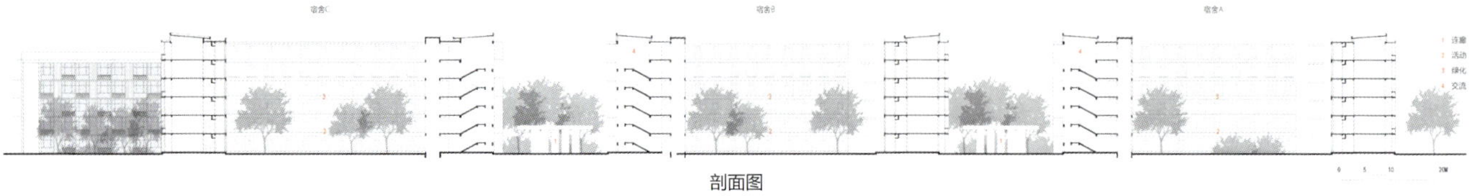

剖面图

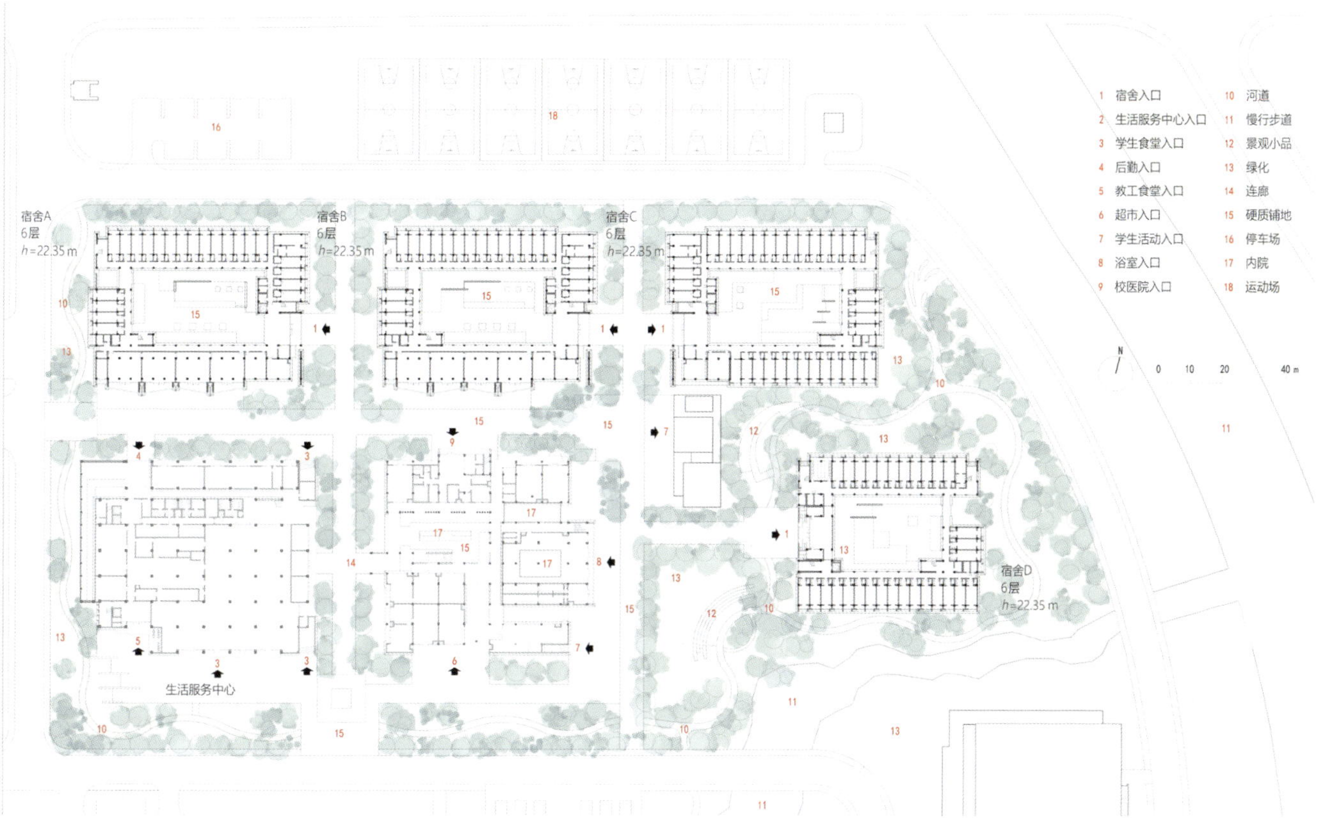
宿舍A
6层
h=22.35 m
宿舍B
6层
h=22.35 m
宿舍C
6层
h=22.35 m
宿舍D
6层
h=22.35 m
生活服务中心
1 宿舍入口
2 生活服务中心入口
3 学生食堂入口
4 后勤入口
5 教工食堂入口
6 超市入口
7 学生活动入口
8 浴室入口
9 校医院入口
10 河道
11 慢行步道
12 景观小品
13 绿化
14 连廊
15 硬质铺地
16 停车场
17 内院
18 运动场
N
0 10 20 40 m

首层平面图

浙江大学国际联合学院（海宁国际校区）东区书院

项目简介

东区书院位于浙江大学国际联合学院（海宁国际校区）东侧，北临体育馆，西靠湖东综合体，场地地势平坦，东、南侧有小河环绕。书院外立面色彩以砖红色及暖灰色为主，采用坡顶设计。平面布局规整之中带有灵动，与学校整体风格相协调。

项目概况

建设地点：浙江省海宁市

建设时间：2014—2016年、2020—2022年

建筑面积：115 837 m²（地上108 003 m²，地下7 834 m²）

建筑层数：5、10层

设计单位：浙江大学建筑设计研究院有限公司

结构形式：钢筋混凝土框架结构

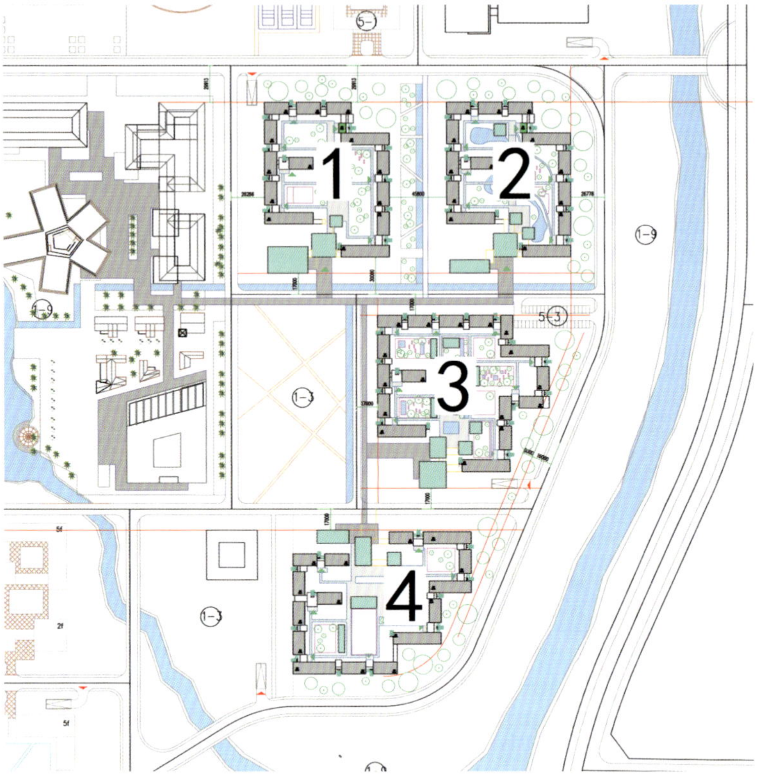

组团布局图

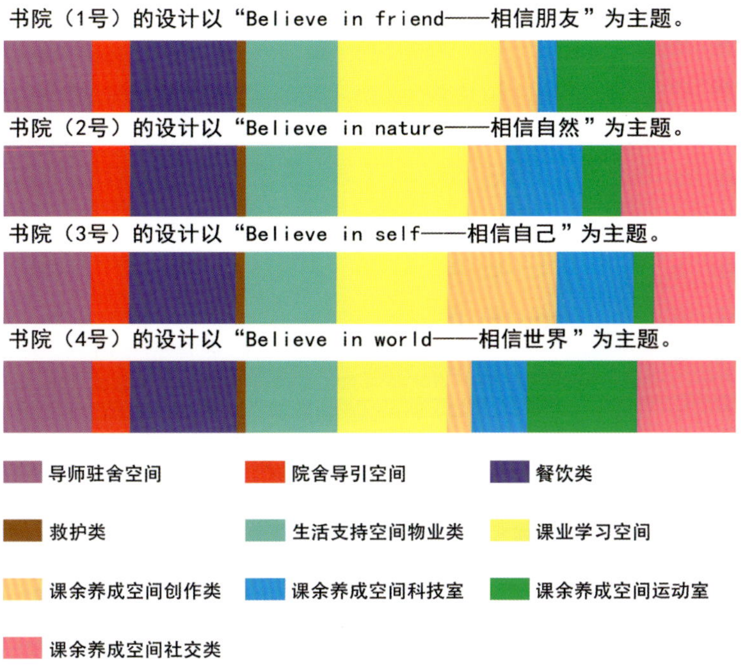

浙江大学国际联合学院东区书院汲取中西优秀传统，是综合的书院，是中西合璧的书院，是兼具“统一、共享”和“个性、独立”特质的书院。

每个书院都有共性和个性。除学生宿舍以外的不同空间功能配比不同，形成各自的特色，都有自己独特的价值取向。它们共同构成了浙江大学国际联合学院的精神面貌。每个书院都有自己专属的标识，并结合标识设计了专属的空调格栅，体现其核心价值。

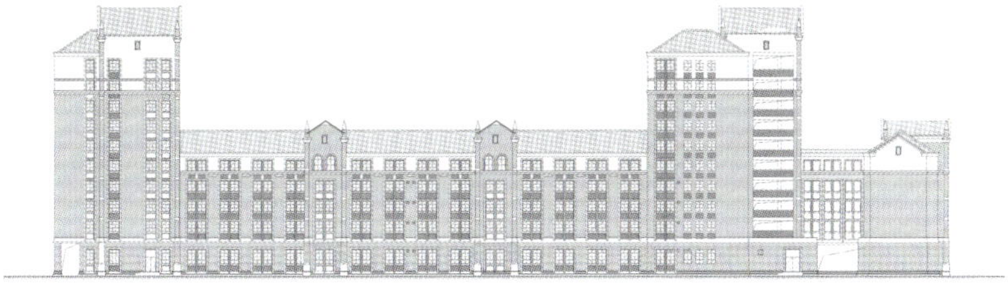
东立面图

西立面图

设计以不同的书院精神来统领各个书院空间布局和细节。书院四分之一的面积作为特色公共空间，包括院舍引导空间、课业学习空间、课余养成空间、生活支持空间、导师驻舍空间等。特色空间之间的面积分配根据不同的书院精神各有侧重。书院强调养成教育，更像一个家庭，建筑与师生一起成长。

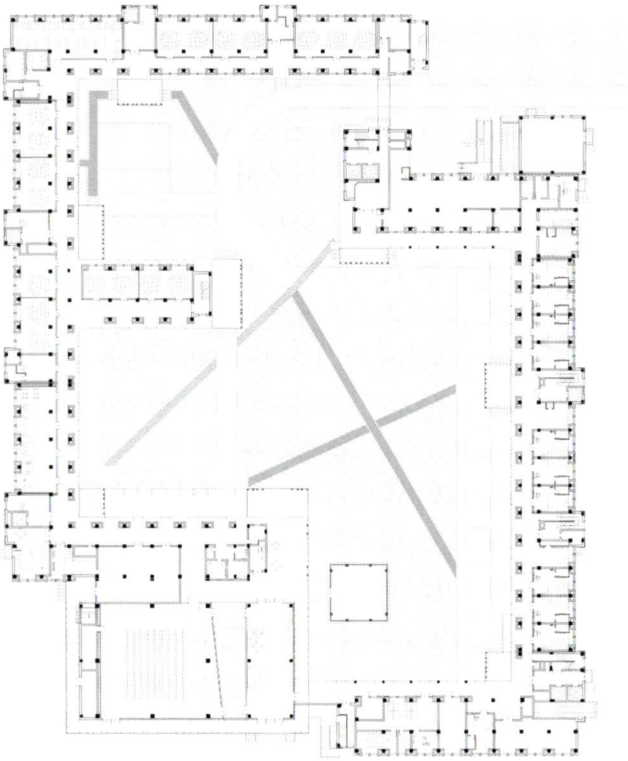

2号书院底层平面图

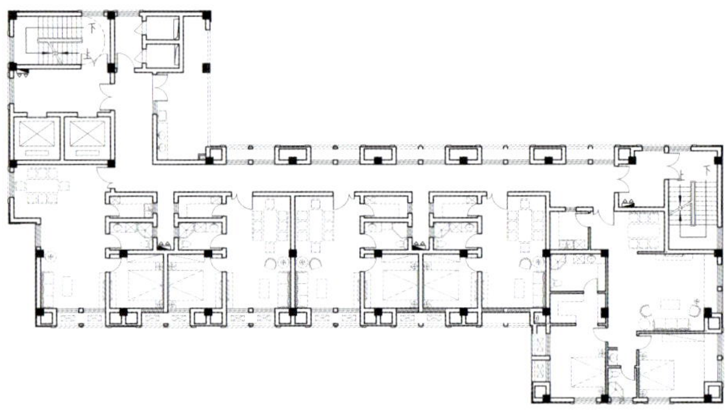

北楼9层平面图（驻舍导师宿舍）

一期宿舍主要为单人间，采用4.8 m×3.6（3.3）m柱网，宿舍居住空间采用2.4 m×3.6（3.3）m单人间，12间一组设置公共卫生间。每个单元设置公共起居室、公共晾晒台。居室内定制家具，空间集约，公共区设施完善，鼓励交流融合。后期改造增加2人间，采用房间1+2、1+1合用卫生间型宿舍，提供更多户型选择。

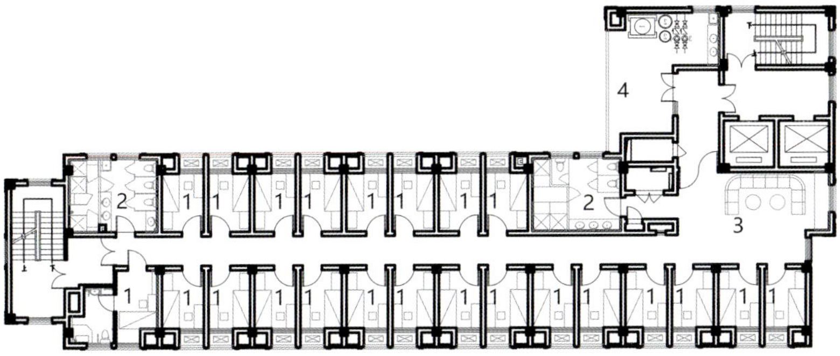

一期宿舍平面图

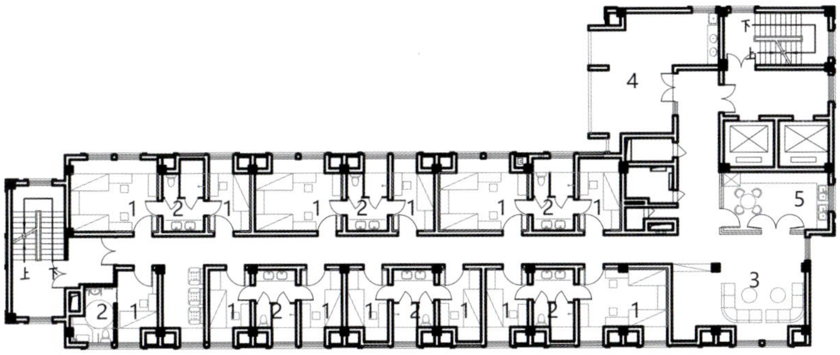

1宿舍　2卫生间　3起居厅　4晾晒台　5茶水间

二期宿舍平面图

浙江大学紫金港校区西区学生生活区组团

项目简介

本项目位于紫金港校区西区校园西侧，北临主体育场，南临艺术博物馆，东临理学院教学组团，场地内地势平坦，北侧与西侧有小河环绕。根据浙江大学紫金港校区（西区）风貌设计导则，设计努力体现浙江大学办学底蕴和办学特色。本地块处于学院风貌延展带。该风貌带建筑控制以坡顶为主，要求平面布局相对规整，外立面色彩以砖红色及暖灰色为主。设计严格遵循相关导则的要求。

区位图

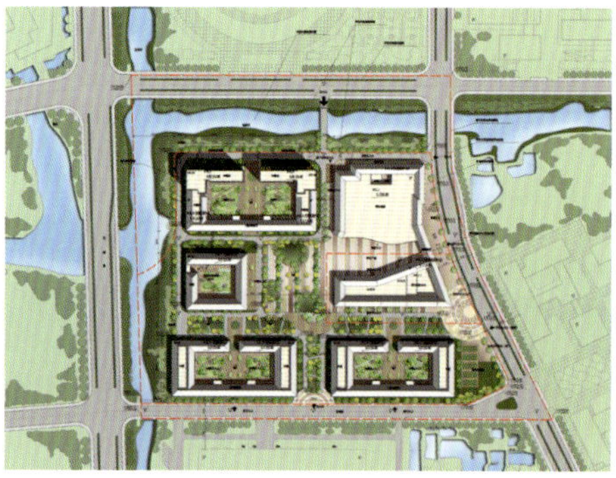

项目概况

建设地点： 浙江省杭州市

建设时间： 2013年12月—2019年9月

建筑面积： 111 600 m^2

（地上99 996 m^2，地下11 604 m^2）

建筑层数： 17层

设计单位： 浙江大学建筑设计研究院有限公司

结构形式： 钢筋混凝土框架结构

本项目的主体是80 000 m^{2}学生宿舍，考虑到高校学生生活起居的规律，以多层宿舍为主。两栋高层宿舍含部分二人间，布置在宿舍区北侧，争取最佳日照。总图布局将各10 000 m^{2}食堂与学生服务中心集中布置，形成一个学生生活综合体，体现了先进的设计理念。“学生中心”布置在地块东北侧，学生活动中心在南，食堂在北，既能辐射周边理科教学组团、管理学院及对外交流中心，又能避免厨房等后勤辅助设施对教学区、生活区的干扰。

整体布局外紧内松，在地块核心留出了中心花园，其成为整个组团的“绿心”。方案的突出特点是在“学生中心”综合体内置了一个2 000 m^{2}的学生广场，西侧与组团“绿心”相连。广场向组团内部开放，是目前流行的“学生街”模式的变体，满足了高校学生课余生活多样化的需求，形成充满生活氛围的公共活动空间；同时，内广场的做法使之与教学区相对独立，避免了氛围上的冲突。

学生宿舍室内设计展示了极简主义美学和功能主义的和谐融合。空间布局巧妙运用了简洁的线条和柔和的色彩，营造出一种安静的学习环境。每一处细节都透露出对生活品质的追求，如定制的家具既节约了空间，又提供了足够的储物功能，完美地满足了学生的日常需求。自然木材的广泛使用增添了温暖而亲切的氛围。充足的自然光线通过巧妙设计的窗户洒入室内，强化了室内与自然的连接。整体设计不仅体现了对美的追求，还考虑到了功能性和舒适性，使得这个学生宿舍不仅是休息的场所，也是灵感

和创意碰撞的空间。

经调查，90%的学生喜欢南向宿舍，无人喜欢北向宿舍，而东西向由于有日照，大多数同学可接受。因此，本设计从学生诉求出发，杜绝北向宿舍，以南向为主，东西向为辅，南北向采用单廊式，东西向采用内廊式，100%的宿舍能晒到太阳，75%以上的宿舍大寒日日照可达3小时以上，远远超过传统宿舍50%和2小时的标准。

宿舍分为两人间与四人间两种，分别采用3.3 m×4.2 m、3.6 m×4.8 m开间进深，单走道宽1.8 m（四人间2.1 m）,内走道宽2.1 m(四人间2.4 m)，尺寸控制精细化。四人间设置独立卫生间，两人间设置两两合用的卫生间，既方便管理，又节约建造与使用成本，同时能有效提高设备利用率，并增大储物空间，挖掘两人间的空间优势。项目精心设计了饮水台、储物柜、晒衣架等功能性装置，并结合立面造型设置隐蔽的空调机位。东西向宿舍还配置了活动外遮阳设施，着力为学生提供舒适的起居场所。

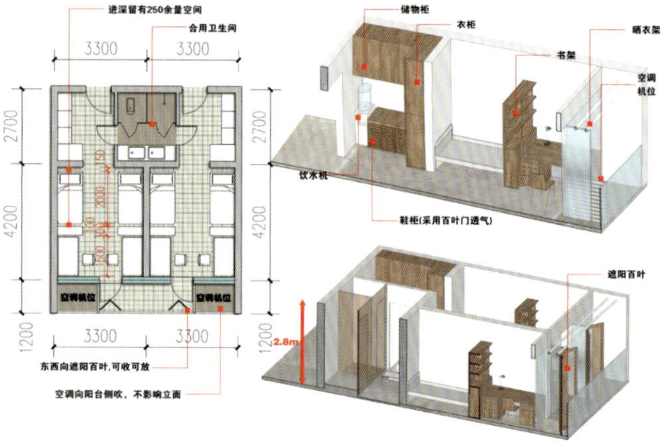

双人间宿舍分析图

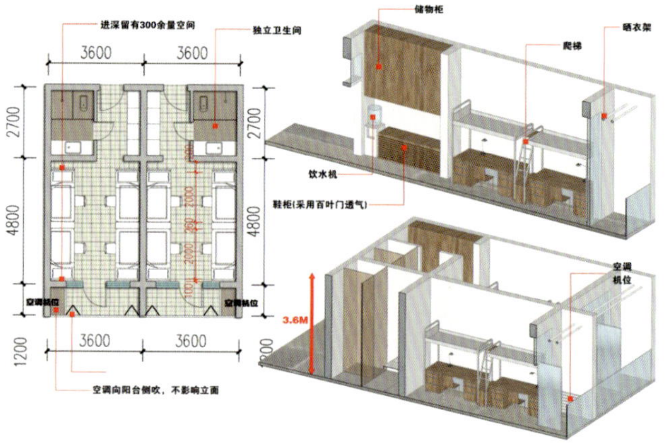

四人间宿舍分析图

浙江大学紫金港校区银泉学园

项目简介

银泉学园位于浙江大学紫金港校区西区西北角，由6栋多层宿舍(1、2、3、4、7、8号楼)、2栋高层宿舍（5、6号楼）、1座食堂、1座服务中心以及体育运动场地组成。车行道围绕基地周边布置，内部以人行为主，实行人车分流。2号楼是单人间宿舍，其他均为双人间宿舍，共可容纳7 500名学生。

校区平面图

项目概况

建设地点： 浙江省杭州市
建设时间： 2020年4月—2022年9月
建筑面积： 地上145 837 m^2，地下18 923 m^2
建筑层数： 3、4、6、18层
设计单位： 杭州市建筑设计研究院有限公司
结构形式： 装配整体式钢筋混凝土框架-剪力墙结构、装配整体式钢筋混凝土剪力墙结构

本项目在东西向轴线两侧的宿舍楼架空层，与学生服务中心以及学生食堂等一层沿街面共同形成一个以休闲生活为主的 “学生街”，为学生提供便捷的生活共享服务空间。

本项目力求做到动静结合，生活便利，提高学生生活、学习质量，首先，将噪声干扰较大的露天运动场设置于地块最东边；在运动场与宿舍之间，用学生食堂和学生服务中心隔开。为方便教学区与宿舍区师生就餐，将食堂设置于用地东南侧，而将学生服务中心结合看台设置于足球场边。

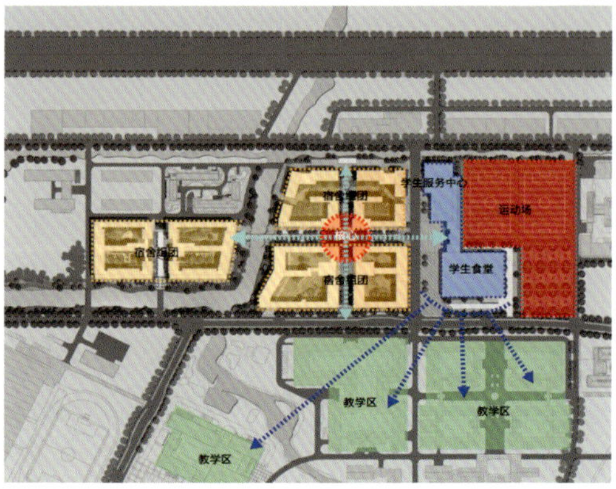

功能布局图

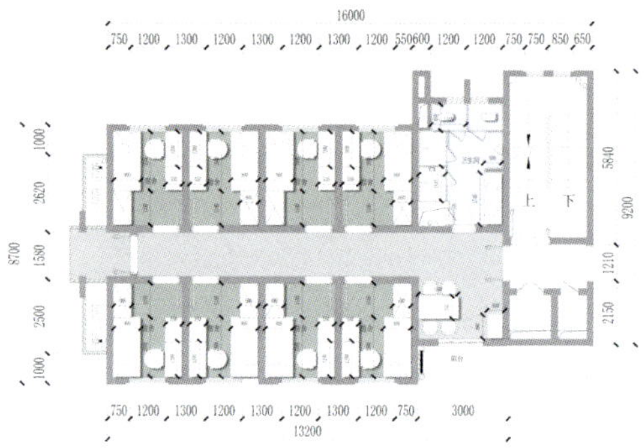

单人间平面图

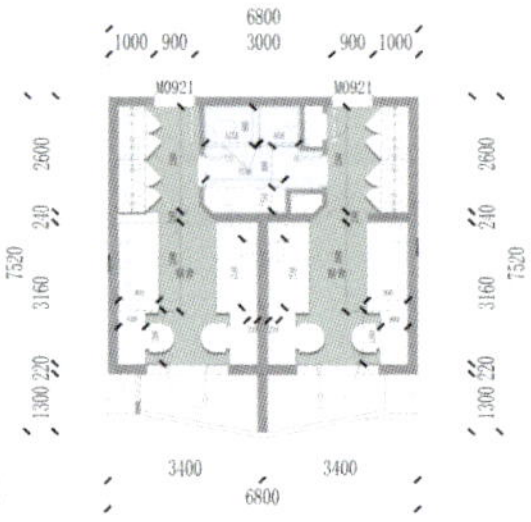

双人间平面图

在最大化布置南向宿舍的同时，在端头位置适当设置东西朝向的房间，以两个小组团结合成一个大组团，一共分为三个大组团，以轴线串联布置。总平面布局形成“一核心，两轴线，三组团，四区块”的布局设置。

本项目设计建筑体块以红砖、黑顶为主要色彩，在呼应规划色彩的基础上，在宿舍阳台栏板、空调机位、架空层等细部上，以明快的浅色点缀打破整体色彩的沉闷，体现朝气蓬勃的学生生活气息。本项目还在传统坡屋顶的基础上进行了创新——舍弃了传统的山形坡屋顶形式，采用了一种更加活泼、现代的折线形坡屋顶形式。这种设计不仅增添了屋顶的美观度和艺术性，还能够更好地适应现代建筑的实际需求。

在宿舍立面设计方面，底部采用架空的异形柱，宿舍单元分户墙采用折线墙与空调机位交错设置。阳台栏板折线形上下错开设置，使原本单调的单元式宿舍立面富有节奏感与韵律感。

在室内设计方面，设计团队多方面综合考虑空间定位、语言提炼、材质选择和技术应用；学习与休憩并重，提供多元个性可能性；与校园建筑风格和环境规范统一，使室内设计成为建筑设计的延续和有机部分；传承浙大紫金港校区的建筑特色，营造具有人文精神和特色的校园环境。

学生宿舍采用床桌分离形式，成品家具现场组装，固定、活动家具由专业厂家定制安装，避免施工现场产生有毒废气与粉尘对师生产生不良影响。走廊地面选用环保型PVC地胶板以减少噪声。宿舍内采用防滑砖，干湿分区，剔除烦琐的装饰元素，营造通透、舒适的空间感受。

宿舍大厅公共服务区域根据学生需求，在不同楼栋设置不同功能的服务用房，例如毕至居（公共厨房）、时光影舍（影音室）、惊鸿舞室（舞蹈瑜伽房）、头号玩家（桌游室），向全校学生免费开放。

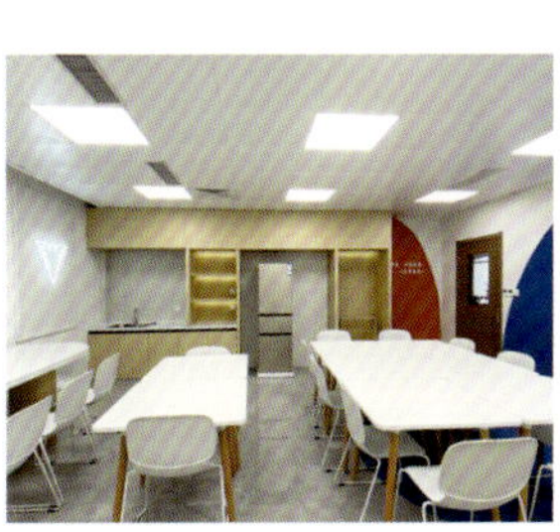

在景观设计方面，学校打造“三轴四区两岸一广场”。主轴为东西贯通宿舍区的主要轴线，以春为主题，从两侧堆坡而起。次轴为南北方向两条景观次轴，连接已建成的校区四区。整个宿舍区分为四季景观4个区域，春季的为景观主要轴线，夏季的为西侧宿舍群，秋冬季的分别为北和南两个宿舍群。两岸为宿舍区周围滨水景观带，一处广场为入口广场活动区主广场。

景观桥作为东西两侧的主要人行通道，需兼顾通行和美观，延续宿舍区整体设计元素，使整个项目东西两侧保持紧密的联系。连接东西的人行景观桥延续建筑物屋顶的形式，采用金属结构，在桥梁中间打造遮阴构架，形成过渡空间。

在绿色建筑设计方面，本项目的节地与室外环境、节能与能源利用、节水与水资源利用、节材与材料资源利用、室内环境质量这5类评价指标均达到40分。本项目公建部分（学生食堂和学生服务中心）总得分82.20分，居建部分（宿舍）总得分85.29分，满足绿色建筑三星级标准。食堂热水采用太阳能热水系统辅助空气源热泵制备，宿舍热水采用空气源热泵热水机组电辅助加热。在无障碍设计方面，设计范围包括建筑入口、平台、走道、候梯厅、电梯轿厢、厕所。各主次入口的地面平缓防滑，均做缓坡处理。入口、走道、电梯厅、轿厢的空间尺寸和设施按规范要求设置。场地与城市道路部分有高差的连接处采用坡道过渡。

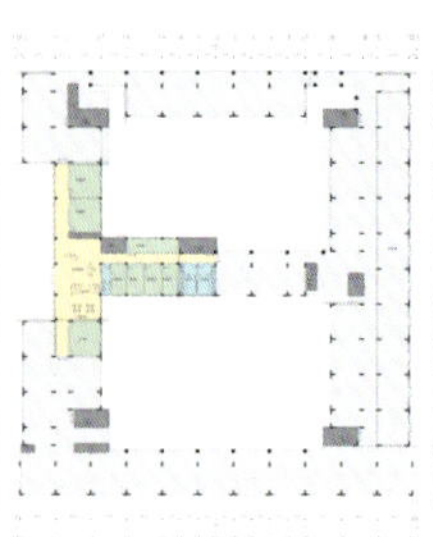

银泉1舍1层平面图

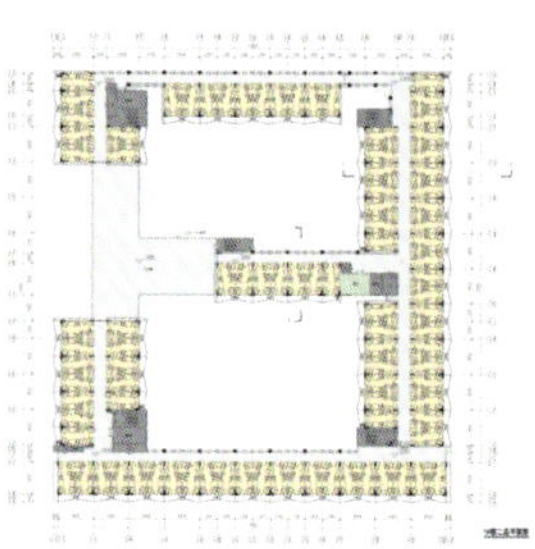

银泉1舍2层平面图

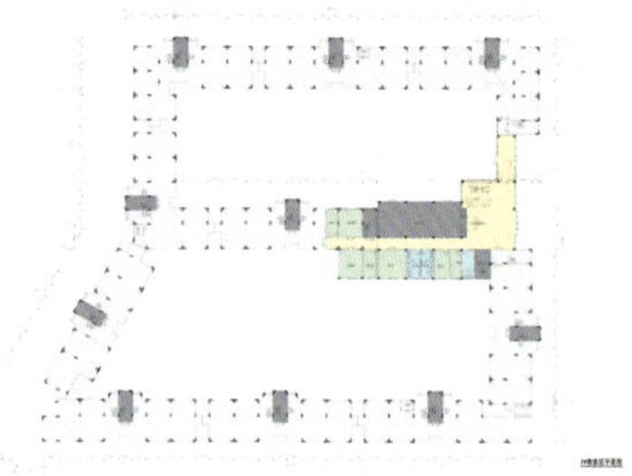

银泉2舍1层平面图

银泉2舍2层平面图

浙江大学国际医学院生活区

项目简介

浙江大学国际医学院宿舍区域包括学生宿舍01~04号楼及周转公寓。项目采用书院式布局，主要功能包括居室、卫生间、活动区、辅导员及管理人员用房、垃圾收集间等。公寓底层部分采用架空形式。架空层内设置住宿服务、咖啡吧、健身室、活动室、会客室、辅导员室等生活服务设施。

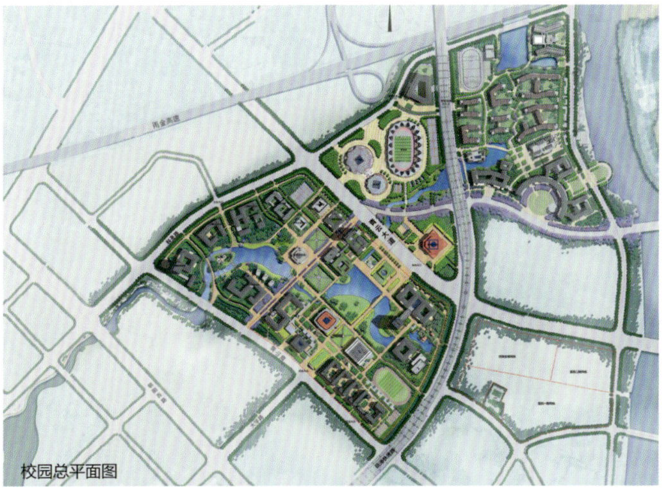
校园总平面图

项目概况

建设地点： 浙江省义乌市

建设时间： 2021年3月—2023年9月

建筑面积： 120 665 ㎡（地上105 374 ㎡，地下15 291㎡）

建筑层数： 12层

设计单位： 浙江大学建筑设计研究院有限公司

结构形式： 钢筋混凝土框架剪力墙结构

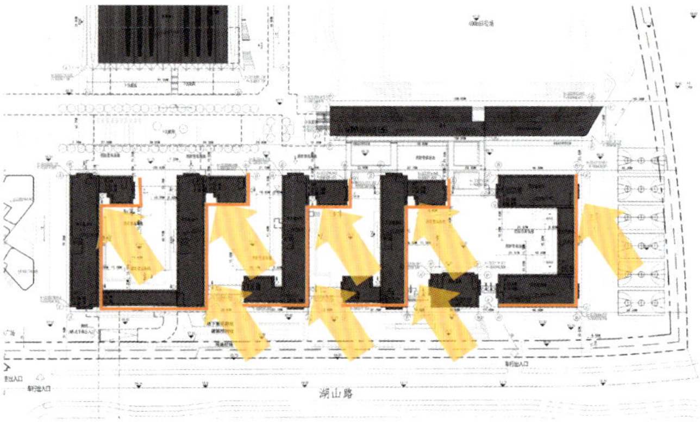

日照影响示意图

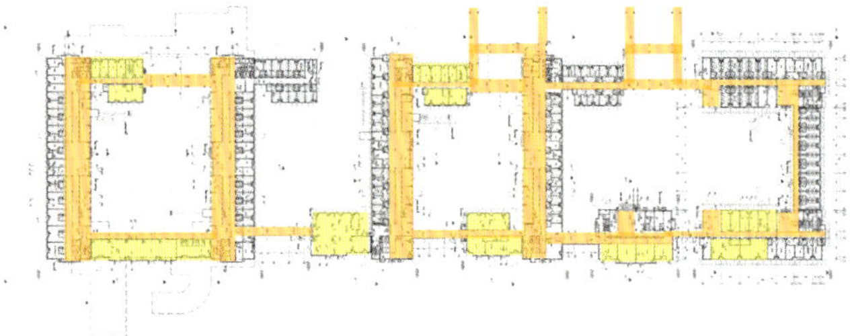
底层平面图

学生宿舍04位于最东侧，地上8层，以四人间为主。学生宿舍01位于组团西侧，靠近校区南入口。地上8层，地下1层，满足1 750名学生的住宿需求，以二人间为主。学生宿舍02~03位于组团中间。学生宿舍02地上11层，地下1层。学生宿舍03地上12层。宿舍02~03满足1 750名学生住宿需求，以单人间为主。周转公寓位于宿舍03与04之间，地上5层。50间公寓用于短期来访学者和教师的临时公寓。为了与校园整体国际化氛围及风格契合，特别是优化从南侧城市界面及南入口视角的观感，宿舍取消了外露的晾晒阳台，将立面上透光部分统一为丰富而不杂乱的大玻璃窗。3个公寓组团分别由两个“凹”字形和两个Z形建筑组成，使得阳光能从精心布置的角度照射进组团院落，这在最紧凑的用地中解决了最棘手的日照问题。

每个组团院落内布置各自的洗衣房、琴房、艺术室、必至居等丰富的配套功能和架空活动空间。架空活动空间通过建筑间的连廊延伸至附近院落及体育看台，进而与校区地下环道相通。无论是江南的绵长雨季，还是灼灼烈日，都能给人步移景易的舒适体验。

电子科大长三角研究院（衢州）生活中心

项目简介

研究院选址于衢州高铁新城，因场地局限，户外体育设施不足，周边也尚未形成成熟的商业服务配套。作为一期重要工程，20 000 m^2 的生活中心将在很长一段时间内为自给自足的研究院提供住宿、社交、活动、餐饮、学习和娱乐等多种功能，是名副其实的综合体。

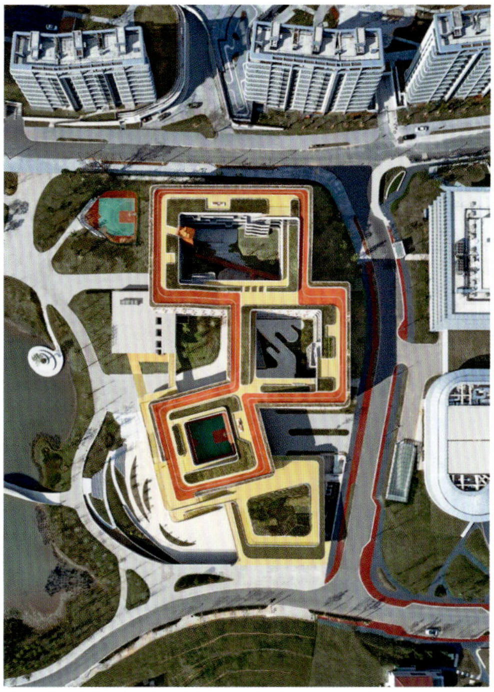

顶视图

项目概况

建设地点： 浙江省衢州市

建设时间： 2021年1月—2022年4月

建筑面积： 19 488 ㎡（地上15 312 ㎡，地下4 176 ㎡）

建筑层数： 5层

设计单位： 同济大学建筑设计研究院（集团）有限公司

结构形式： 钢筋混凝土框架结构

叠台

生活中心场地北高南低，高差有10余米，体现了衢州山缓水柔的地貌特征。建筑在布局上将功能体量拆分，以常规尺度重新组合形成聚落。北区住宿区、自习室及南区活动中心、学生餐厅几个不同的生活场景被整合到一个由同一母题重复形成的复杂综合体中。5个盒子的高度、体积乃至院落的大小变化体现了个体的差异，增加了整体的丰富度。除了水平延展，生活中心同样采用了常见的在建筑垂直方向上进行多种功能连续叠加的复合化设计。这种功能的聚合具备了传统生活区行列式排布所不能达到的可感体量。坐在下沉庭院西面的斜坡绿地上，看着夕阳抹去最后一丝余晖，这里更像是生活的断面一幕幕浮现。

院落

研究院没有硬性的校园规范限制，规模也较小，功能布置紧凑，为生活中心合院模式的产生提供了前提。在这里，内向的庭院反映了强烈的“家园”情结，体量的水平延展又使得院与院之间联系紧密。环环相扣的内院形式各异。宿舍大院长36 m、宽24 m，以自然为主题。宿舍中院24 m^2见方，雕塑感的清水楼梯凸显在院中；南区运动小院以半场篮球为核心，四面“板、廊一体”的走道成为看台。健身房、羽毛球室、桌球室、乒乓球室等均以“玻璃盒子”的形式夹在清水楼板之间。自习室则将建筑剖切拉开，通过两片剪力墙挤压出静谧的“缝之院”，生活中心从而能够随时随地将师生带入更为真实的生活场景。

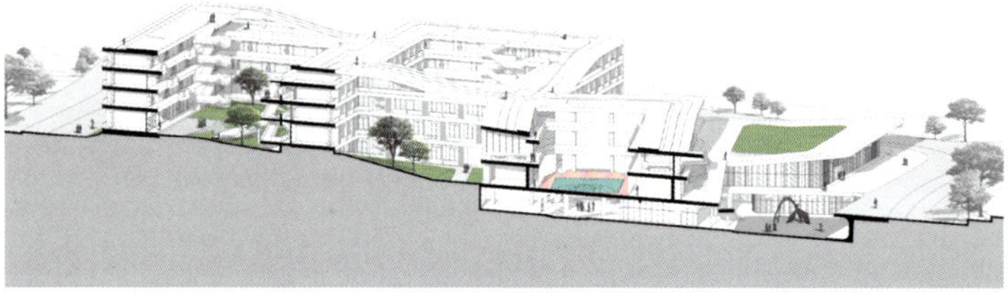

剖透视图

漫步

建筑师将路径一分为二，产生了“内径”与“外径”，二者共同编织了一个立体网络。在北区入口处，路径向上卷起、放大，形成了开放包容的自习室；在活动中心入口处，结合“伞形”的清水混凝土柱又成为遮风避雨的挑檐；南面则以“剪纸”般的形式连接下沉庭院的商业空间、两层餐厅以及运动中心，呈现出向上生长的姿态。走向任何一个盒子，都可走上这个循环，都可随路径漫游到任何地点。红色的环形塑胶跑道是外径的核心，由活动中心出发延伸到北区宿舍。粗粝的黄色丙烯酸，从素雅的清水混凝土中凸显出来，伴随着两旁的绿化，形成了最具活力的顶层屋面。

近年来，我国的高校生活区已逐步完成了从学生宿舍与食堂等生活设施行列排布到公共空间与学生宿舍整合设计的过渡。生活中心试图突破功能限制，将公共生活与居住功能完美融合，积极尝试高校生活区新模式。叠台实现了不同场景的叠加。环环相扣的院落让建筑有了将师生随时拉入真实生活的能力。可漫步的核心顶层屋面则描绘了人们对原生场地的想象，产生了新的场所精神。在设计过程中，建筑师一直在试图努力回应人们对场地、生活、未来的期待。站在生活中心的屋面上，欣赏着低矮的群山和动人的夕阳，夏夜与星空开始在连续的屋面上流动起来。

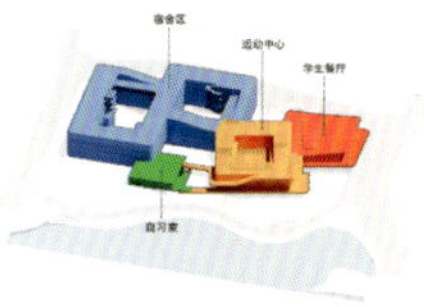

母题

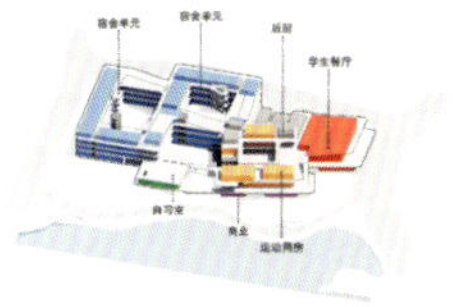

功能

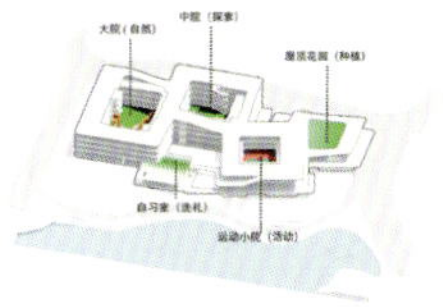

景观

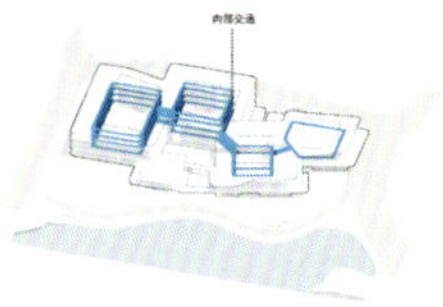

内径

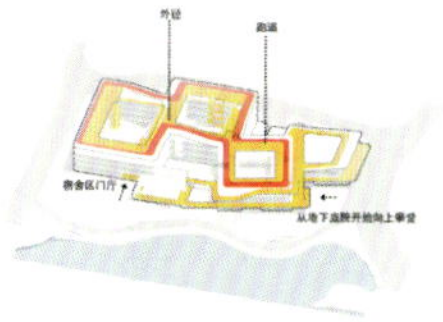

外径

1.宿舍单元
2.内庭院
3.门厅
4.学生超市
5.室外篮球场
6.健身房
7.室外活动场地
8.精细加工区
9.餐厅
10.斜坡绿地
11.二层入口门厅
12.自习室
13.攀岩区
14.乒乓球室
15.室外篮球场上空
16.室外羽毛球场地
17.蹦床区
18.种植屋面
19.粗加工区
20.包间
21.绿地
22.室外多功能场地
23.商业用房

负1层平面图

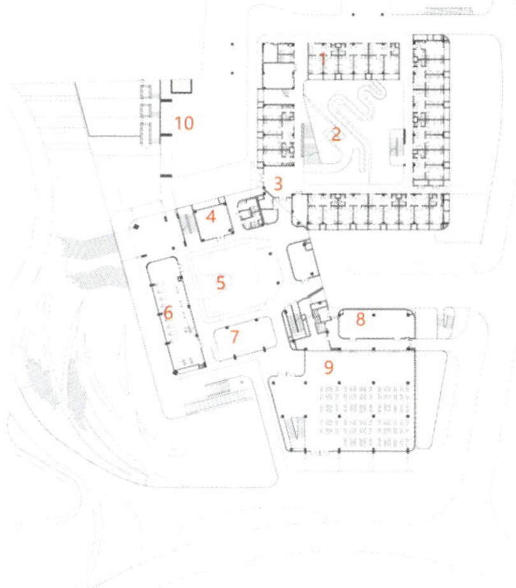

1层平面图

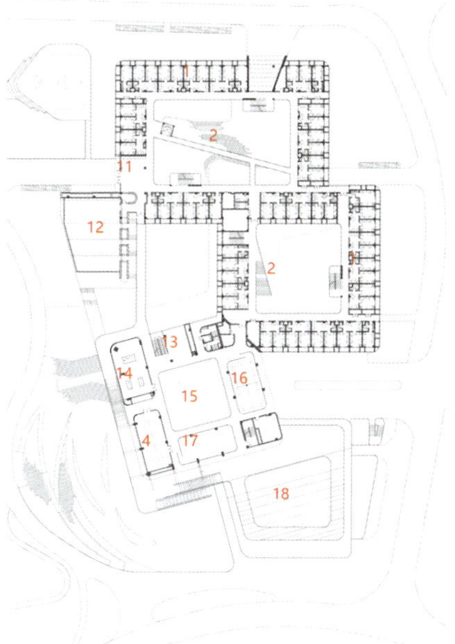

2层平面图

浙江农林大学学生宿舍（B11、B12）

项目简介

浙江农林大学B11、B12号学生宿舍位于学校东北角，场地原为预留建设用地，东侧及北侧为国家级青山湖森林公园，南侧为已建成的东湖校区学生宿舍，西侧为官塘湿地和浙江新农科教育教学中心。

项目概况

建设地点： 浙江省杭州市

建设时间： 2023年1月—2023年9月

建筑面积： 32 998 m^2（地上29 999 m^2，地下2 999 m^2）

建筑层数： 6层

设计单位： 清华大学建筑设计研究院有限公司，浙江大学建筑设计研究院有限公司

结构形式： 装配整体式剪力墙结构

浙江农林大学B11、B12号宿舍建设遵循学校“崇尚自然、优化环境，因地制宜、以人为本”的规划理念和“两园合一”的建设特点，采用半围合建筑打造“森林中的宿舍”。砖红色外墙与周边绿色森林交相辉映，搭配红白相间的栏杆格栅，虚实结合，打破实墙隔离的模式。斑驳日影间，学生们充分享受阳光和山风。

方案深化和施工图设计过程采用正向BIM设计，建立建筑信息模型。装配式建筑，绿色建筑二星级标准、标准化单元设计为后续项目实施进度打下了良好基础。本项目搭建协同平台，项目设计、构件生产及施工建造等环节实施信息共享、有效传递和协同工作，攻坚百日顺利结顶，确保学生如期入住新宿舍，在山水间享受美好的大学生活。

根据浙江省《装配式建筑评价标准》(DB 33/T 1165—2019），B11号学生宿舍装配率为52.66%，B12号学生宿舍装配率为50.53%。项目采用装配式混凝土结构。PC构件类型采用叠合楼板和预制楼梯。内隔墙除卫生间、洗衣房、设备间外均采用200厚B06预制蒸压加气混凝土条板墙。非砌筑比例达50%。围护墙采用保温材料50厚无机轻集料保温板Ⅰ型+仿红砖涂料饰面，保温装饰一体板比例达到80% 。

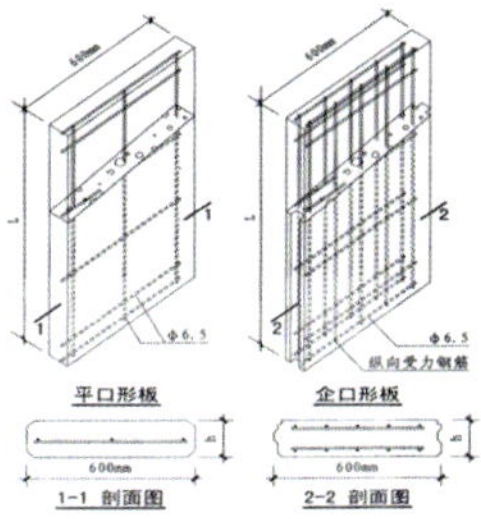

剖面图

中国美术学院良渚校区学生宿舍

项目简介

项目占地8 946 m^2，由8栋宿舍楼组成，位于中国美术学院良渚校区一期组团（包含教学楼、宿舍楼、体育馆、行政综合楼、报告厅和师生服务中心等建筑）。

项目建成后将容纳美院全部设计学科，并设有4个学院：创意设计学院、艺术管理学院、基础教育学院和继续教育学院。良渚校区将容纳3 000名全时学生和1 000名继续教育学生，并建立4个教研方向——发展跨学科创新人才、推动设计与信息经济、融入人工智能技术、建立当代设计教育新标杆。

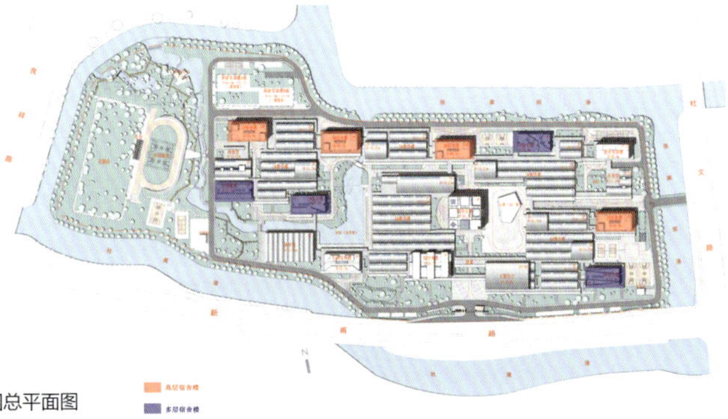

校园总平面图

项目概况

建设地点：浙江省杭州市

建设时间：2019年6月—2023年9月

建筑面积：57 481 m^2

建筑层数：5、10层

设计单位：同济大学建筑设计研究院（集团）有限公司

合作设计：Atelier FCJZ Inc.（非常建筑）

结构形式：钢筋混凝土框架结构

“居学”——生活即教育，用心亦用手；学院即社区，处处皆课堂；对于美术学习不仅仅是动脑，也是动身体，特别是动手。这种鲜活的育人方式叫作“居学”。良渚校区建成后将容纳中国美术学院全部的设计学科，而未来设计教育必然具有跨界属性，因此，“绵延”——交流无界，空间无界，是我们希望塑造的育人场所性格。本项目通过坊、市、馆、舍、所、院、园、道，构建绵延多义的工坊空间、居学一体的学院生活、诗性精神的山水校园；进一步强化了有别于传统教学的，面向自主学习和终身学习的“软教学”氛围，将传统校园垂直集中的教学空间转化成水平的绵延工坊，既打开了空间边界，又促进了学科交流；将传统校园集中布置的宿舍区转化成分散学舍，工坊绵延至宿舍的一、二层，设置兴趣社，学生“下楼”即可“上课”。

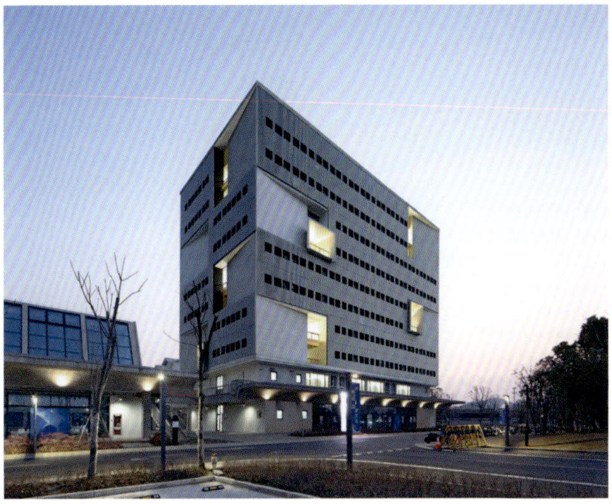

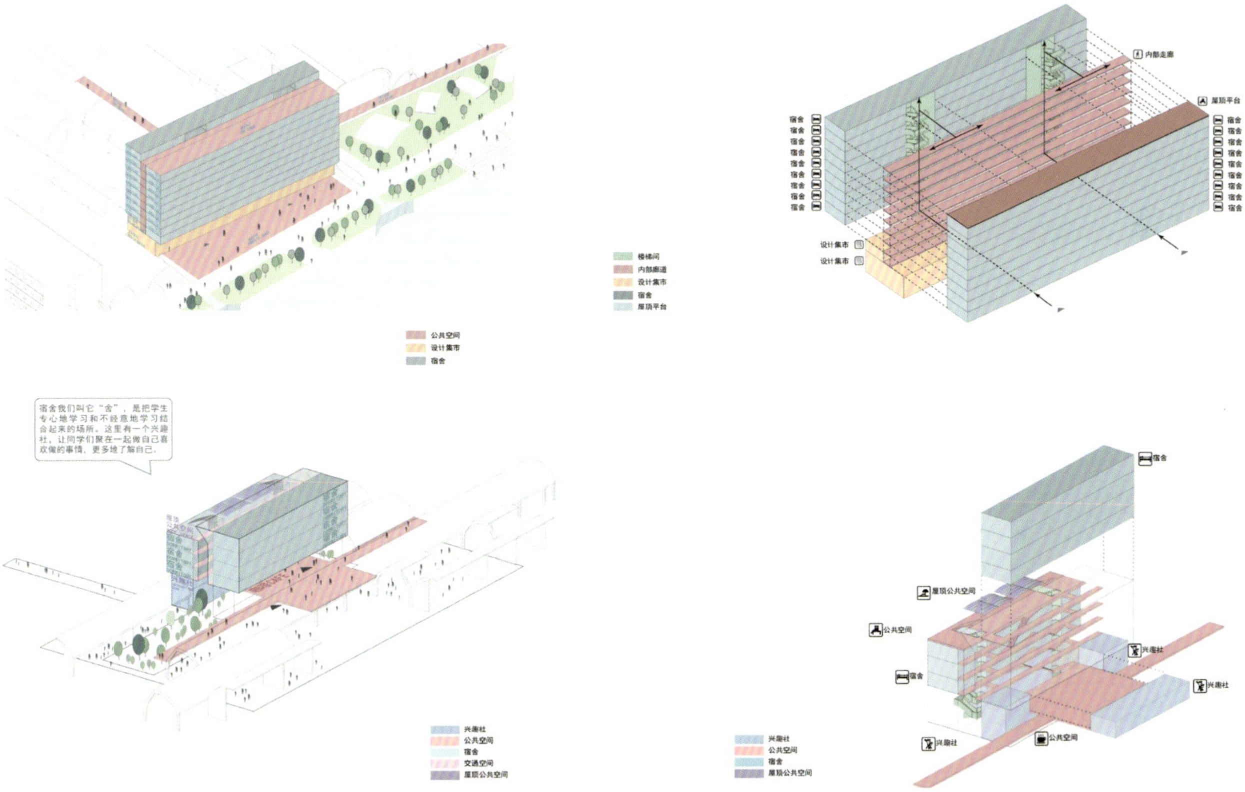

项目分析图

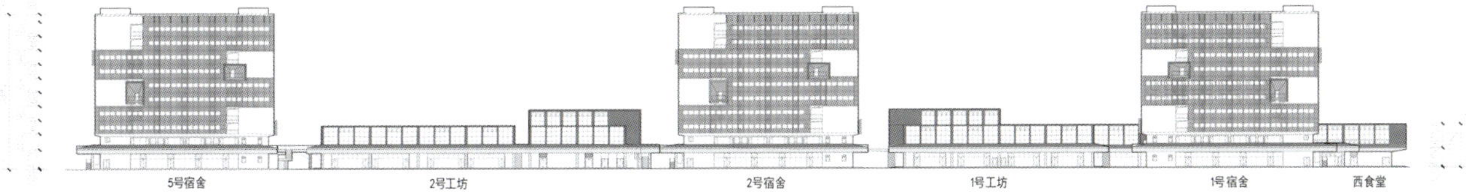

组合北立面图

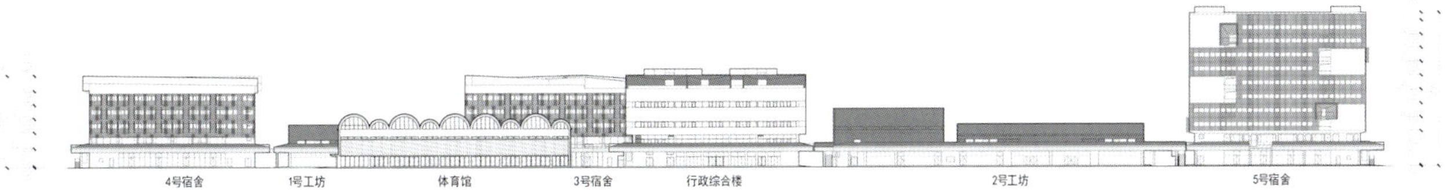

组合南立面图

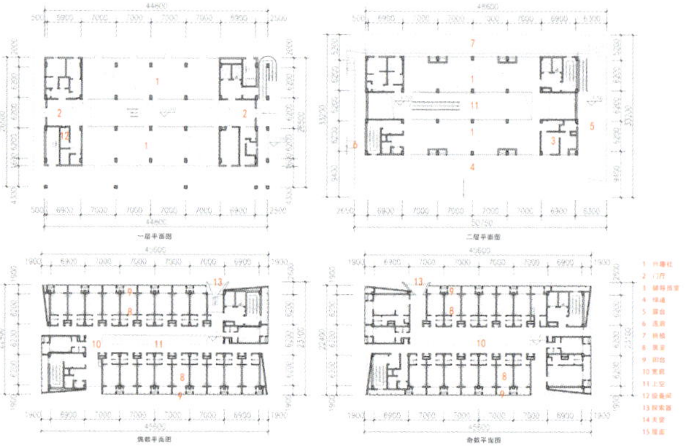

高层宿舍平面图

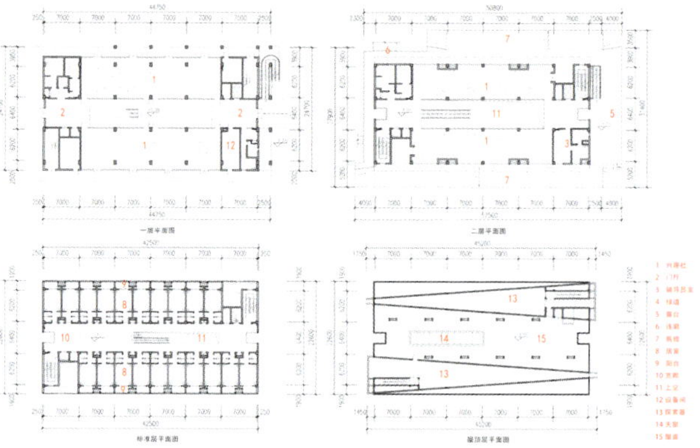

多层宿舍平面图

四人标准单元面宽3.5 m，进深8.2 m，其中居室部分进深4.45 m，阳台进深1.5 m。标准层建筑面积885 m^2，每层有80个床位，层床均面积11.06 m^2。四人间宿舍居室区域使用面积14.17 m^2，卫生间区域使用面积2.85 m^2，盥洗区使用面积3.03 m^2，阳台使用面积3.12 m^2。

六人间标准单元面宽6.65 m，进深8.75 m，其中居室部分进深7.25 m，阳台进深1.5 m。六人间仅布置在高层宿舍东西两侧。六人间宿舍居室区域使用面积29.94 m^2，卫生间区域使用面积4.55 m^2，盥洗区使用面积8 m^2，阳台使用面积6.5 m^2。

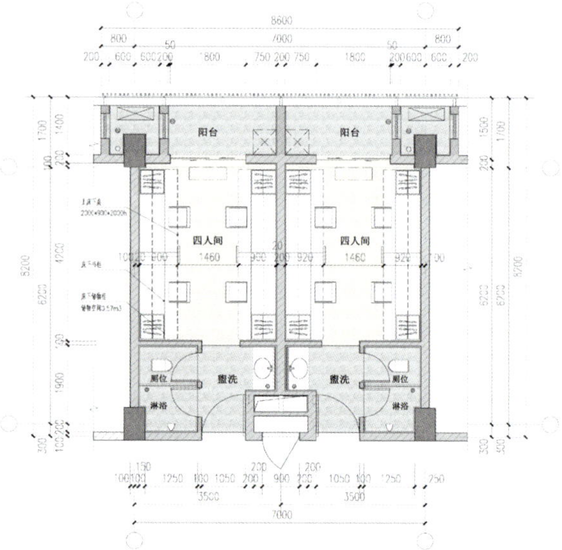

四人间平面图

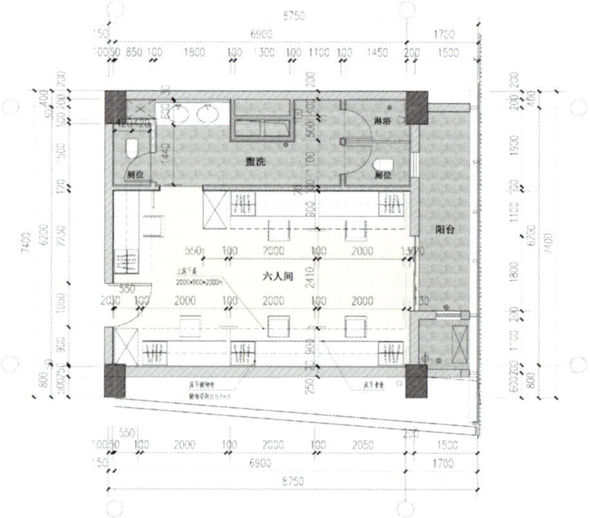

六人间平面图

西湖大学本科生公寓

项目简介

西湖大学本科生公寓位于校园东北角，以书院围合制形式设置。4栋书院分别引入“现代”“自然”“古典”“浪漫”四大主题，为居住其间的本科生打造了别样的归属感。

本科生公寓南临校园水环，西侧为学生活动中心及食堂，北侧、东侧临城市道路。本科生公寓均为单人间，采用每4个单间+卫生间及活动室组合的单元基本形式，共设有普通宿舍2 194间（单人间）、无障碍宿舍22间（单人间）、辅导员宿舍12间（单人间）。

4栋书院地上规划建筑面积65 095 m^2，地下建筑面积4 820 m^2，可满足2 200名本科生住宿及学习需求。建筑共7层，相应建筑高度为23.90 m。底层层高4.4m，主要为门厅、书吧咖啡区、健身房、多功能厅、共享厨房、学生阅览及交流会客区、院长及院务办公室、会议室、学生自治委员会用房、舍监、无障碍宿舍、辅导员宿舍等功能。2至7层层高3.2 m，均为居住单元（四人间单元和五人间单元），具有研讨室、洗衣房等配套功能区，结合退台局部，自然形成屋顶花园。地下一层层高3.3 m，为各书院配套的地下非机动车车库和活动室。

区位图

项目概况

建设地点： 浙江省杭州市

建设时间： 2021年9月—2024年1月

建筑面积： 69 915 m^2

（地上65 095 m^2，地下4 820 m^2）

建筑层数： 7层

设计单位： 浙江大学建筑设计研究院有限公司

合作设计： HENN（海茵建筑）

结构形式： 钢筋混凝土框架结构

现代|本科生公寓A

平面设计

平面大体成“回”字形，书院出入口或结合通高架空区域，或结合庭院转角部位差异化设计，体现每栋书院的不同风格与特色。

造型设计

学生公寓以现代与抽象为设计理念。鲜明的色彩、现代的材料搭配突显了该书院明快的空间性格。

景观设计

建筑理念为现代与抽象性，景观设计灵感来源于包豪斯的现代主义风格。

项目采用简捷的几何造型结合趣味性的边界处理、不规则斜线交叉等手法，铺装采用透水混凝土，营造符合现代气质的庭院草坪空间。

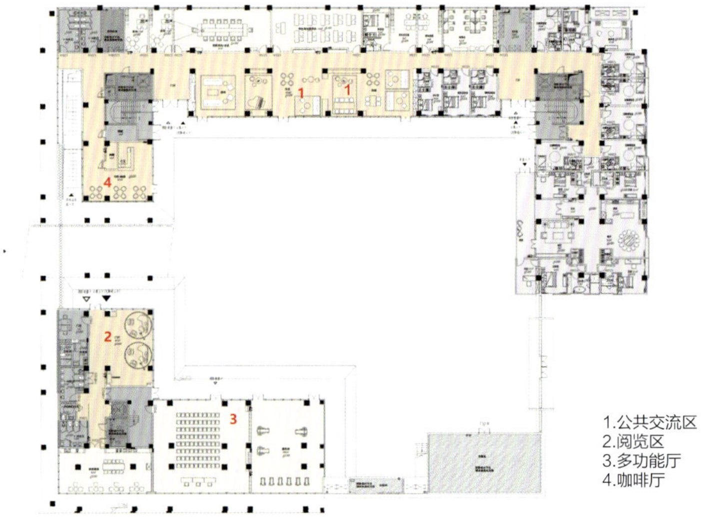

底层平面图

底层公共空间突出建筑原生自然的特色，爬满室外的植物延伸进来，结合轻松的竹编家具和秋千座椅，学生们在阳光午后坐在木质的大台阶上看看书，听听音乐，三两讨论。

自然|本科生公寓B

平面设计

各书院平面大体成“回”字形，建筑和院墙围合出的中心共享庭院尺度适宜。该庭院及周边的室内外空间为本书院师生创造了多元化交流及活动场所，同时可供消防车进入，满足规范要求。

造型设计

设计以自然为主题，引入垂直绿化系统。更具人文气息的生活环境为该学院本科生营造出具有强烈归属感的居住、学习综合空间。

景观设计

建筑和院墙围合出的中心共享庭院尺度适宜。该庭院及周边的室内外空间设计为本书院师生创造出多元化交流及活动场所。建筑理念为“自然与生命力”。景观设计理念来源于细胞，将其的结构肌理融合到庭院的平面布局中。自然丛生的乌桕、植被观赏草、草坪、无规则的园路（材质为生态黄土路）营造出自然与生命力主题。

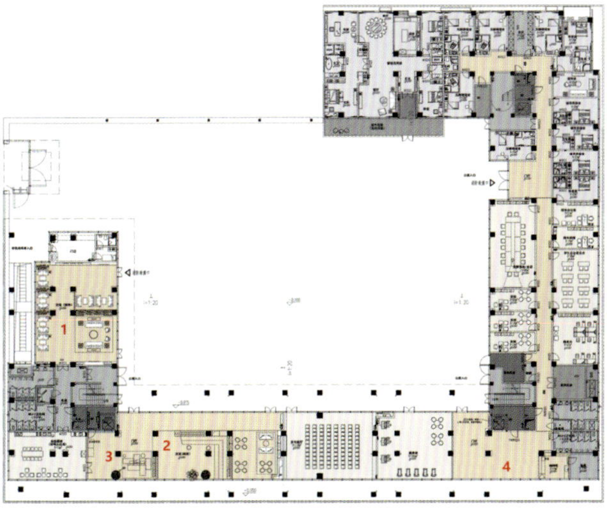

1.公共交流区
2.阅览区
3.门厅
4.咖啡厅

底层平面图

自然|本科生公寓C

平面设计

书院内部交通、视线围绕中心共享庭院设计，结合平面布局设计3组电梯，垂直交通分布均匀且可达各层。

造型设计

本科生公寓C是古典与艺术主题的学生公寓。建筑采用古典拱券元素，搭配室内沉稳且富有装饰的特色设计，营造出书院理性、优美的古典气息。

景观设计

建筑理念为古典与艺术感。景观设计灵感来源于耶鲁大学，纯净、方正的草坪结合中心点的古典风格主题雕塑，铺装采用方形的石板密铺，打造庄重的古典氛围。

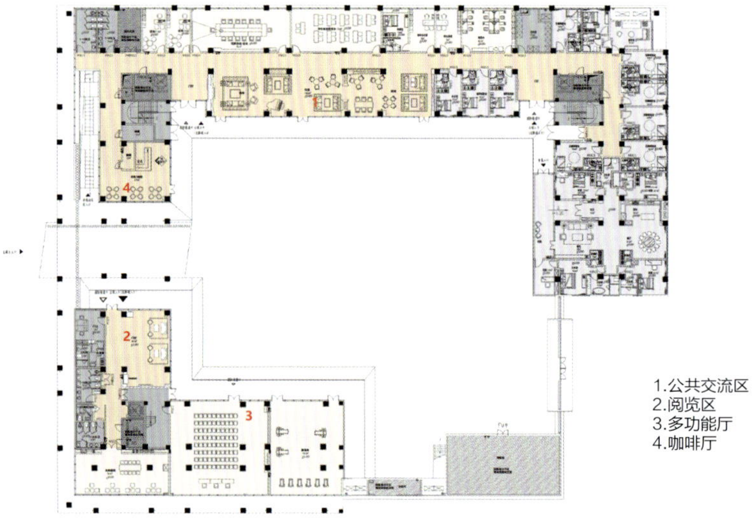

底层平面图

在本科生公寓C的空间里，柔和的深木色调、复古的家具与整个空间彼此映衬，每个细节都温润又富有情感。在这里，翻开一本古典名著，仿佛坐在耶鲁的图书馆，耳边飘来悠扬的钢琴声，沉浸在壁灯散发的光晕里，徜徉在知识的海洋，激发出同学们对知识的渴望与探索。

自然|本科生公寓D

平面设计

本科生公寓利用交错的布局组合。退台的形体处理形成连续、变化的视觉和空间界面。底层结合局部架空形成可停留边界。

造型设计

建筑是浪漫与戏剧主题的学生公寓，采用浅色系外立面搭配具有戏剧性冲突的橘色，营造出浪漫的整体氛围。

景观设计

建筑风格为浪漫与戏剧性。景观设计提取弧线元素，中心草坪为曲线造型，月牙形的设施结合开花植物营造浪漫花园。

经过了现代、自然、古典，最后来到夸张的后现代主义风格的本科生单元D，空间中运用冲突、对比强烈的色彩，通过重新组合营造多彩浓郁的浪漫主义氛围。各种元素的组合演变犹如当今学生各种思想的碰撞。在这个空间里，你可能想到某张画作、某部电影以及更多的可能性。这里会打开你的思维，带来更多的想象空间,表达学生时代关于青春的一切……

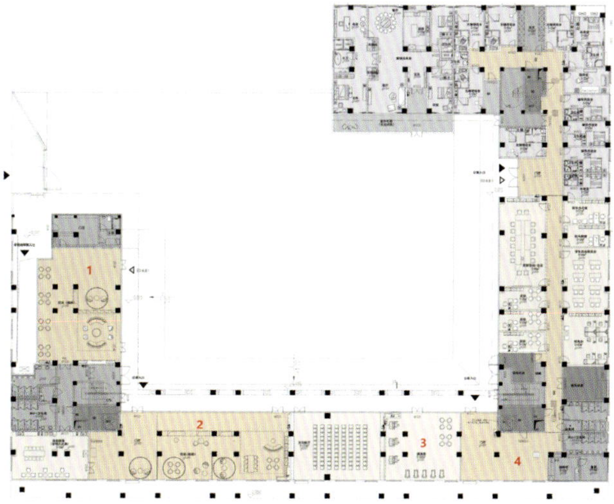

底层平面图

宿舍单元

书院在管理模式上倡导导师制，导师、辅导员与学生入住书院。楼层内部的公共空间设置研讨室等，可以为学生之间的交流提供场所。该部分空间是开放的。

宿舍单元采用五人间套房、四人间套房组合的形式。宿舍内部采用单人间，是一个相对安静和宽敞的空间，学生的居住质量得到提高。单人间配备床，书桌靠窗放置。在此基础上，相邻的四人间（五人间）共用一处公共客厅、洗手间及盥洗室，又产生了相邻宿舍之间的室内共享区域。

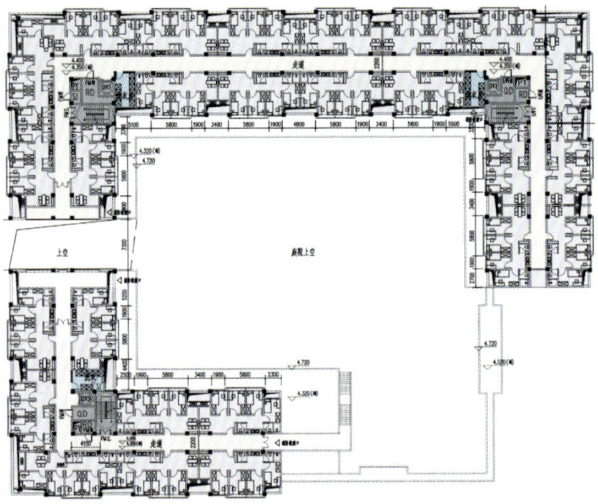

标准层平面图

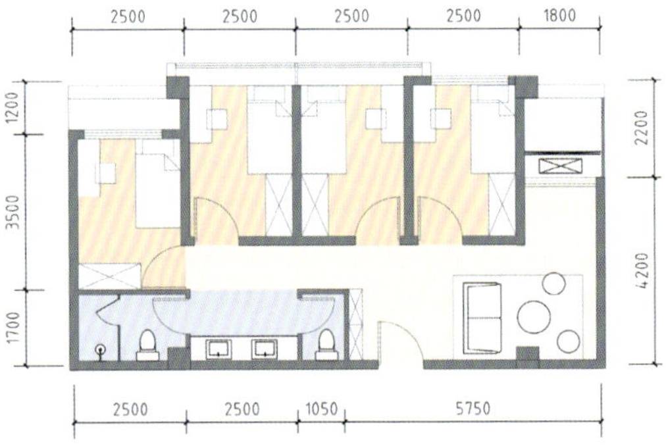

标准宿舍单元平面图（四人间）

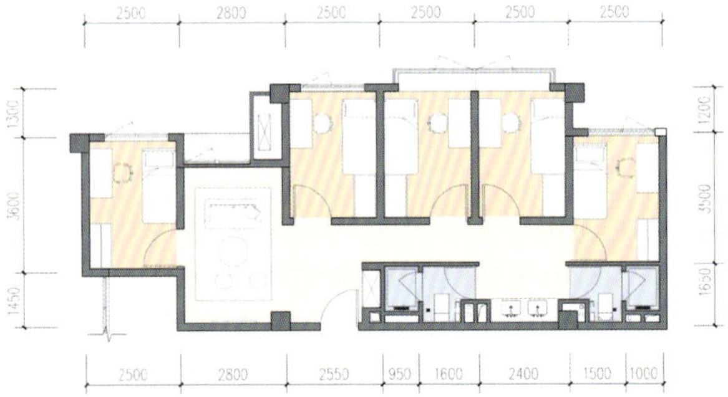

标准宿舍单元平面图（五人间）

温州肯恩大学学生宿舍二区

项目简介

温州肯恩大学学生宿舍采用书院式管理模式，300~500生为一个书院，书院之间既独立又相互联系。建筑采用组团式布局，有效组织空间，体现独立与共享，充分为学生提供沟通协作、偶遇交流、思想碰撞的空间场所。作为学生住宿场所，其同时满足学生生活、学习、交流的需要，体现书院式生活特点。

校园总平面图

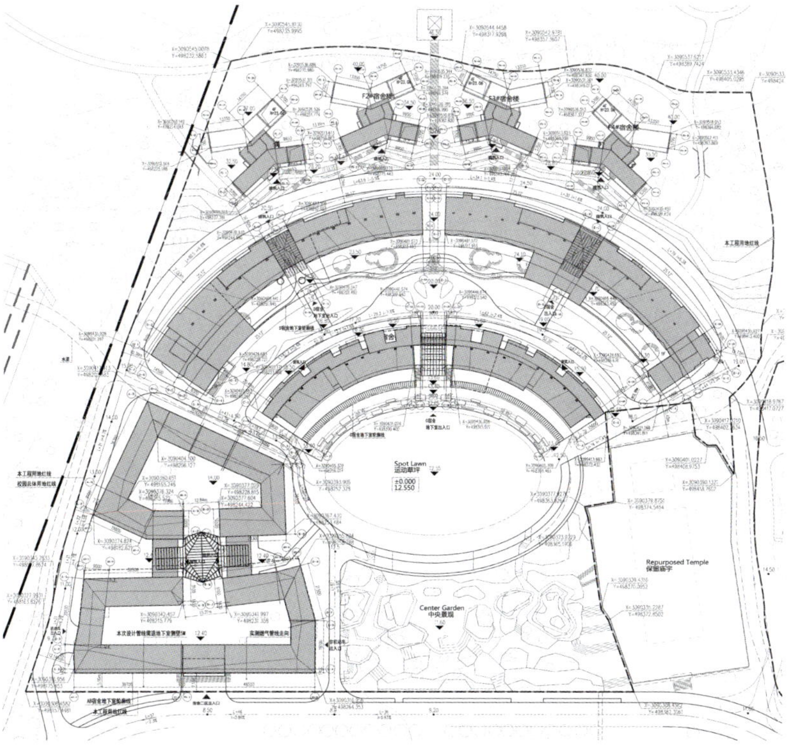

总平面图

项目概况

建设地点： 浙江省温州市

建设时间： 2018年2月—2021年10月

建筑层数： 4~6层

设计单位： 同济大学建筑设计研究院（集团）有限公司（方案+初步），温州设计集团有限公司（施工图）

结构形式： 钢结构

本项目位于校园最北侧地块，基地位于校园中轴线上，北侧为绿化山体，高差较大，南面地势相对平坦，与既有学生宿舍一区以校园环路相隔。作为南方典型的丘陵地貌山地建筑，设计团队希望可以结合场地，打造具有场所感、生态型、丰富性的一个新型学生宿舍社区。

场所感校园——延续一期校园轴线序列

总体布局充分尊重校园整体规划，以椭圆形大草坪为整个宿舍区的视觉和平面几何中心，并围绕其进行空间体量规划。本科生宿舍为A~E组团，在满足尽可能多的南向朝向的同时，建筑体量顺应地形的变化进行转折，建筑高度也随周边山势起伏。C~E组团宿舍楼整体呈现以椭圆形大草坡为中心的发散的带状形式，呈现出线性的舒展包容姿态。研究生宿舍为F组团，位于整个宿舍区最北侧，采用了一种融入环境的景观建筑策略，建筑体量较小，沿山体等高线因地制宜，彼此间通过形体的错动获得极佳的景观和朝向。

生态型校园——融入环境的多类型山地空间

项目用地自然地形南北高差有30多米，建筑布局遵从建筑与自然环境的和谐共生关系，设计顺应地形，按照不同台地标高划分为“山”“谷”“院”三大组团，营造“山地”“绿谷”“合院”3种不同的特色空间，形成建筑与环境相互渗透的生态校园。

丰富性校园——构建多元化宿舍社区

各组团的建筑造型均采用不同的设计元素，体块变化丰富，组团识别性强。功能设置突出自主式学习和合作交流的特点，从私密、半私密到半公共、公共型空间，宿舍单元从双人间、三人间到四人套间，空间类型丰富多样，涵盖学生的不同居住需求，形成一个融学习、交流等功能于一体的宿舍生活区。

在平面功能设计上，本科生宿舍组团首层提供了公共厨房、游戏室、健身房等公共服务功能。各标准层利用北向及底层空间设置开放厨房、公共活动室和学习室，学生可以在此自由交流。居住单元集中布置在日照条件最好的南侧，宿舍户型单元打破传统宿舍的布置方式，提供了多种选择的可能。宿舍整体以两人标间为主，结合建筑形体和朝向，局部设置四人套间，在保证私密性的同时，又提供了具有不同习惯、爱好的学生一起生活娱乐的条件。研究生宿舍组团均为双人套间，在保证居住单元内部安静的休息环境和私密感的同时，注重公共客厅家庭氛围的营造。

室内设计和家具软装一体化整体设计。色彩上改变常规的以白色为主色调的惯例，采用大色块的变化和穿插，用色鲜艳，营造积极、愉悦的居住氛围。

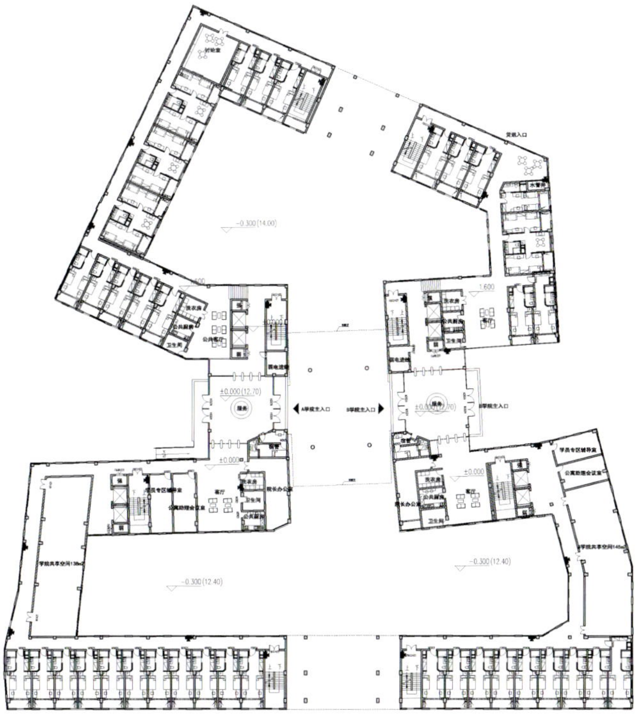

A、B宿舍首层平面图

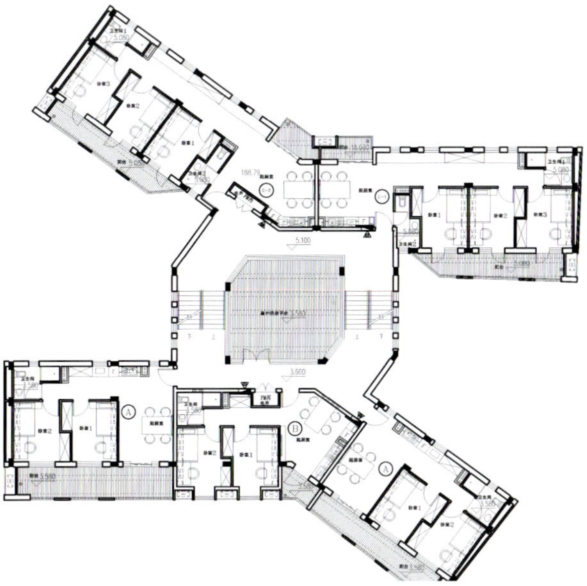

F宿舍标准层平面图

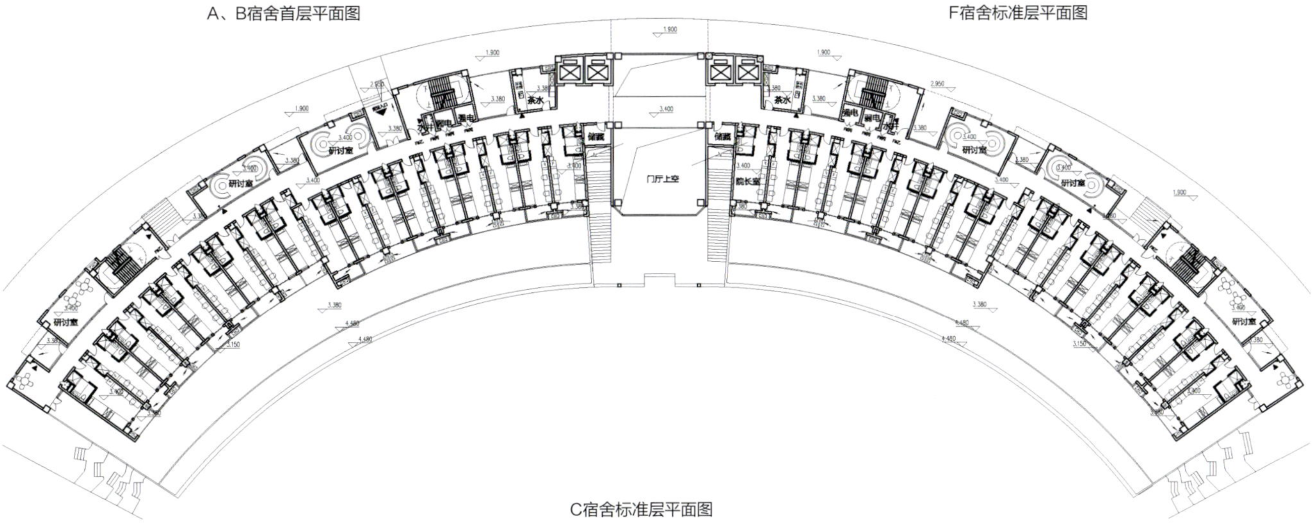

C宿舍标准层平面图

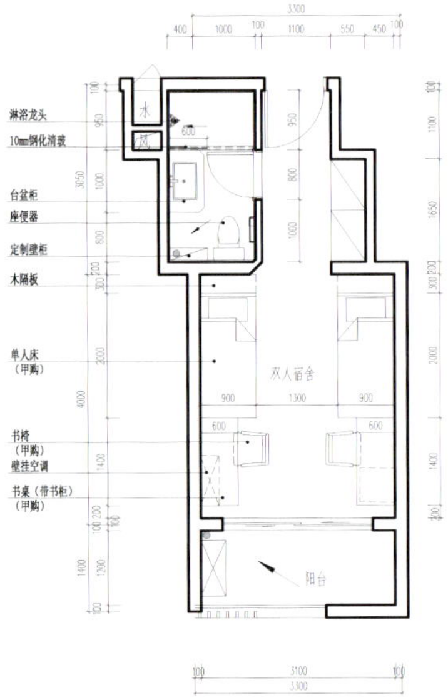

学生双人宿舍单元A1平面图

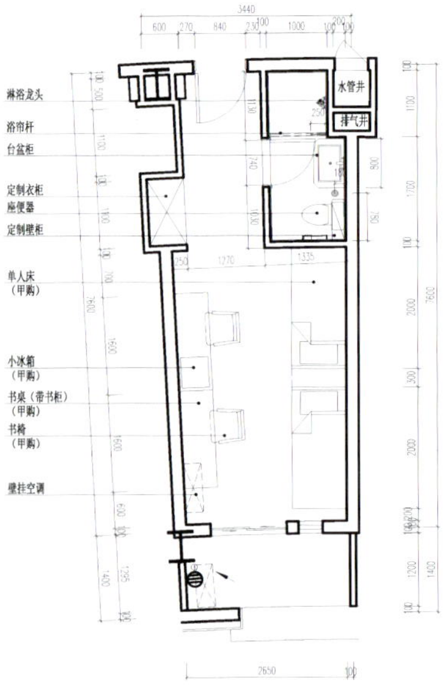

宿舍C-SA01平面图

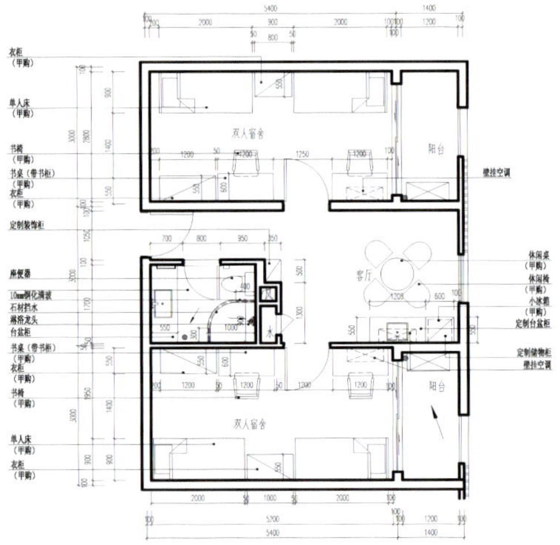

学生四人宿舍D1平面图

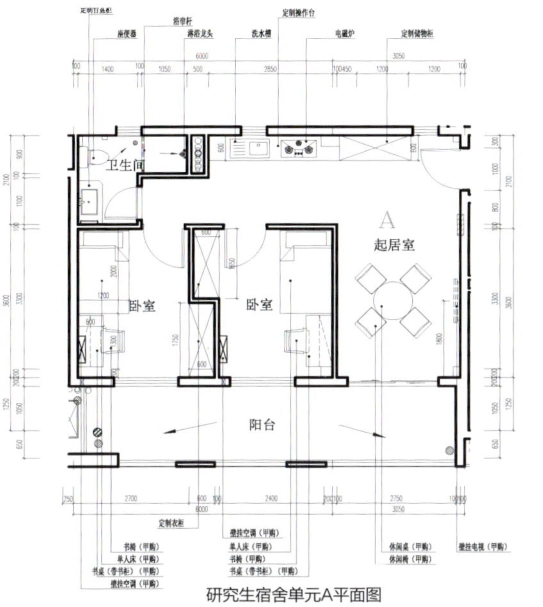

研究生宿舍单元A平面图

整个宿舍的景观设计合理利用山体地形营造不同高差的台地，运用跌落式花坛和景观缓坡作为道路与建筑的缓冲和过渡，并形成景观绿廊，充分利用自南向北层层抬高的地势获得极佳的景观视野。建筑利用顶层的退台形成屋顶花园。椭圆形大草坪是整个学生宿舍二区的视觉和景观中心。中间的人行步道是校园主要步行轴线的延续，顺应地形拾级而上塑造出错落有致的村落景观。组团绿化采用学院制宿舍概念分为不同组团进行设计。建成后，各组团以特色树种——榕树、红枫、银杏、瓯柑分别命名，形成各具特色的景观环境。

杭州职业技术学院学生宿舍

项目简介

杭州职业技术学院学生宿舍区位于学校东北角，占地约6 hm^2，包含3幢学生宿舍楼和1幢学生食堂。项目改变了校园生活区建筑普遍存在的功能相对单一、缺乏人文关怀和开放精神的现状，真正从大学生自身的成长角度出发，强调混合型交往空间的植入，为学生们的校园生活提供有力支撑。

设计期望学生宿舍区不仅限于基础的住宿功能，而且是一个自由开放的、能自然地引发更多相遇和交流的混合社区。设计采用如下几个设计策略。

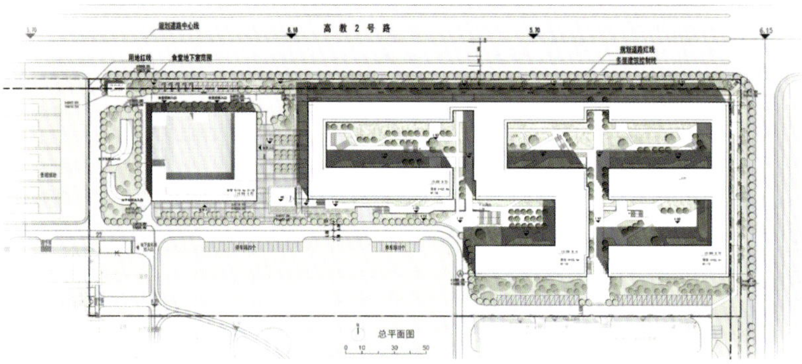

项目概况

建设地点： 浙江省杭州市

建设时间： 2016年11月—2019年6月

建筑面积： 86 966 ㎡（地上72 511 ㎡，地下14 455 ㎡）

建筑层数： 6层

设计单位： 浙江大学建筑设计研究院有限公司

结构形式： 钢筋混凝土框架结构

隔绝

宿舍地块北侧为城市快速路，东侧为城市道路，西侧为食堂，它们对宿舍均有噪声影响。东、西、北3面以外廊的形式围合建筑，宿舍设置在背向城市道路一侧，利用建筑本身主动进行噪声遮挡。此外，宿舍东、西、北侧易受噪声干扰的界面设置大面积玻璃和实墙，以起到阻隔噪声的作用，同时塑造整体、大气、简洁的建筑立面风格。

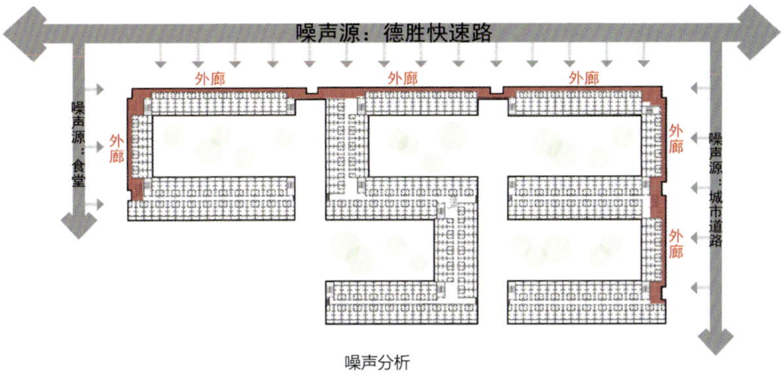

噪声分析

架空

建筑形体转折围合，以充分提高土地利用率。架空空间有效沟通了底层庭院，使庭院空

间相互串联渗透，形成整体的景观系统。从地面层到下沉庭院，设计方案最大限度地引入自然光线和新鲜空气，保证宿舍区的各个空间都有良好的通风效果和光影变化。

混合

宿舍底层用作自行车库、洗衣房等生活配套设施和学生休闲活动场所。公共活动空间、生活配套设施等功能植入生活区，实现功能混合，必然使原本单调的生活区重新焕发活力，为更多交往机会的产生提供必要条件。

立体

人流活动会为宿舍区带来活力和生机，也会对宿舍区所需要的安静带来干扰。下沉庭院与地面高差近3 m，减少了人流活动对地面景观的影响。公共活动空间、生活配套设施沉入下沉庭院，和景观系统共同构成动静和谐的立体化生活景象：地面绿草茵茵，整洁静谧；地下活动活力四射，创意无限……

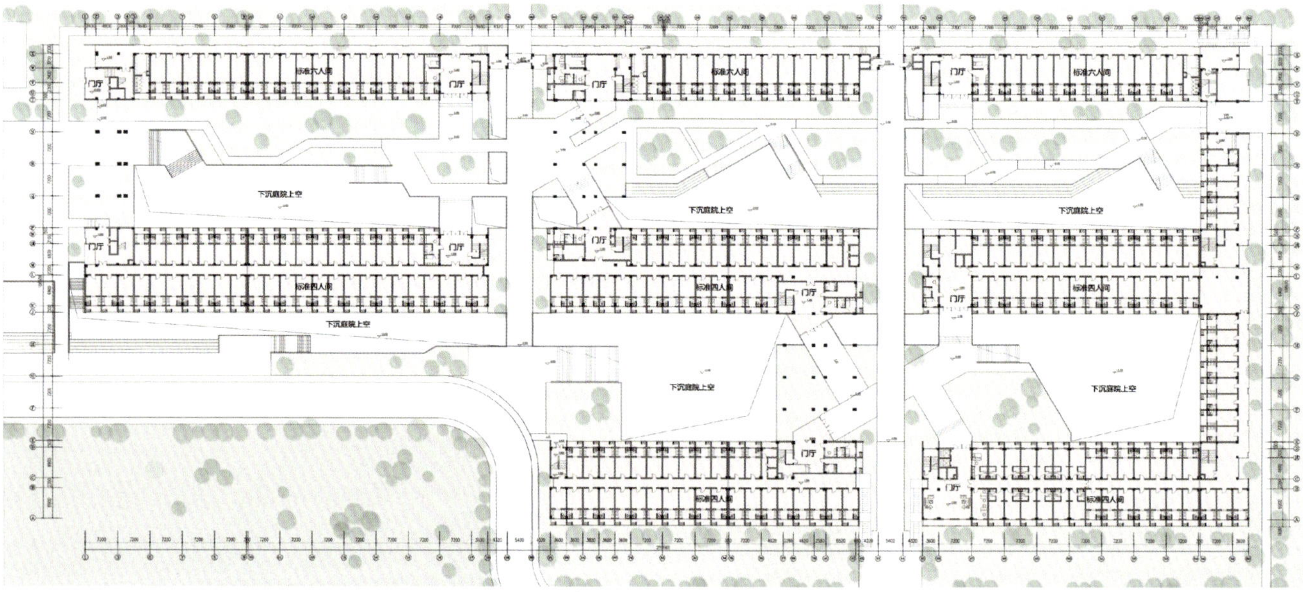

底层平面图

中国科学技术大学高新园区生活区

项目简介

校园整体容积率为1.0，可容纳学生约18 000人。设计将体育馆、食堂、师生活动中心与学生公寓组合布置在基地西侧，形成集生活、运动、景观于一体的复合型生活区。餐厅、商业、自习教室等功能房间使用率高，同时具有更高的灵活适应性，可作为多种行为活动的物质载体。居住功能在其上层垂直叠加，集约利用了土地，同时强化了各个功能之间的联系。裙房屋顶打造了空中绿化通廊，增加了各座建筑的到达性，扩大了活动范围，弥补了高容积率校园中绿地及体育场地的不足。

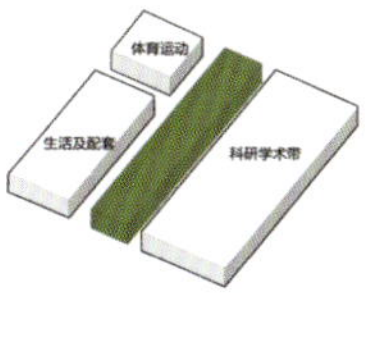

概念置入

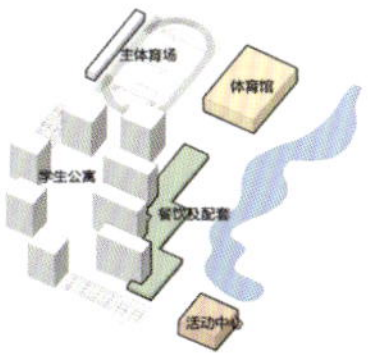

体量强排

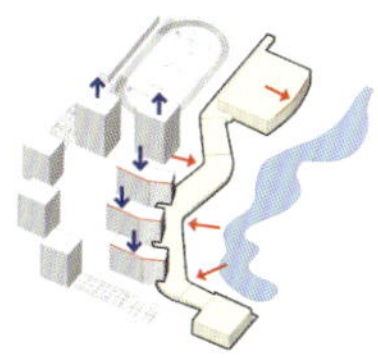
形体优化

功能分析

交通流线分析

区位图

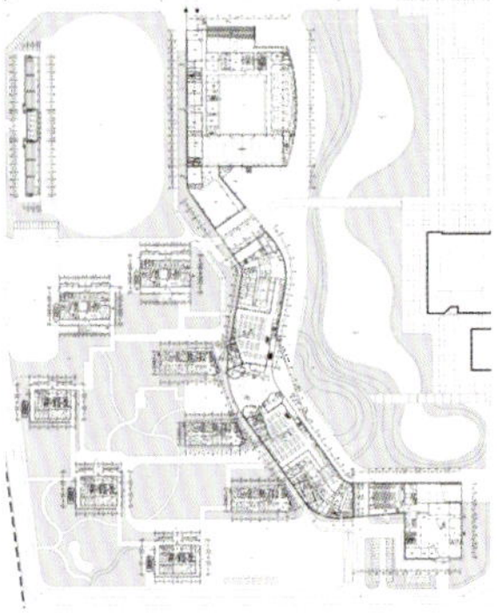

生活区首层平面图

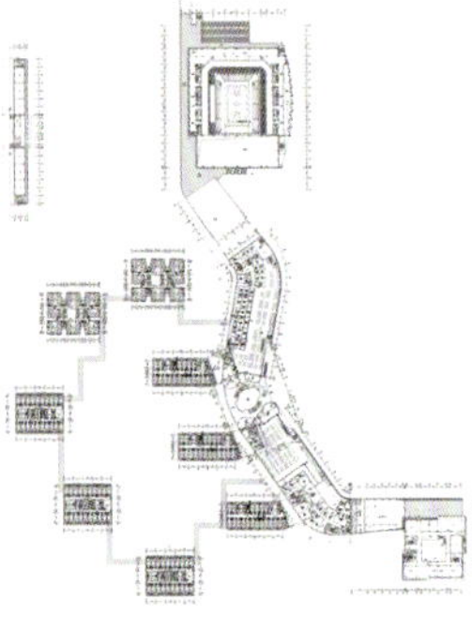

生活区2层平面图

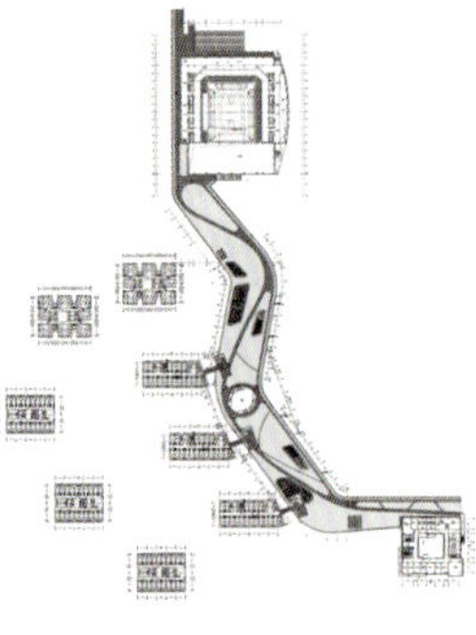

生活区3层平面图

项目概况

建设地点：安徽省合肥市

建设时间：2018年6月—2021年8月

建筑面积：168 318 m^2

（地上155 185 m^2，地下13 133 m^2）

建筑层数：2~20层

设计单位：同济大学建筑设计研究院（集团）有限公司

结构形式：钢筋混凝土框架结构

本硕板楼共3栋，每栋12层，无地下室。9-1#为女生宿舍，9-2#、9-3#为男生宿舍。每栋1层为值班室、会客室、公共厨房、学习室、研讨室、小会议室、心理咨询室。2层及以上为四人间或二人间宿舍。

本硕塔楼共3栋，每栋16层，地下1层为非机动车车库。每栋1层为值班室、会客室、公共厨房、学习室、研讨室、心理咨询室。2层及以上为四人间或二人间宿舍。

宿舍底层全部为配套设施及学习讨论空间，以风雨连廊串接所有宿舍，并连接食堂、体育馆、师生活动中心，实现生活区的一体化、复合化。

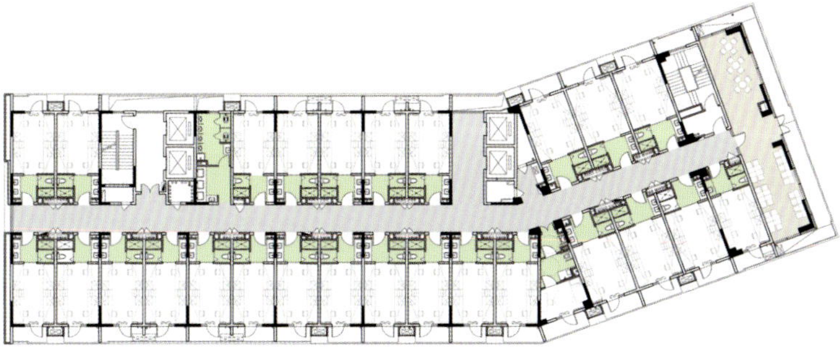

本硕板楼标准层平面图

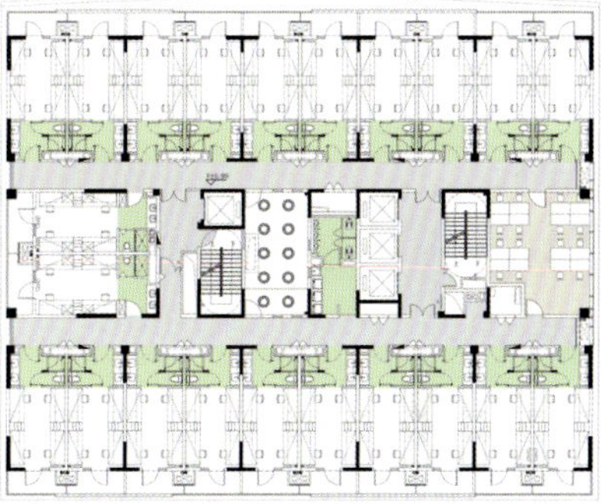

本硕塔楼标准层平面图

本硕塔楼1层平面图

本硕板楼1层平面图

宿舍1层为半开放空间，独立于2层及以上居住功能，服务于生活区居住人群，创造一个既开放又独立的社交平台。

博士塔楼共2栋，每栋20层，地下1层为非机动车车库。每栋1层为值班室、会客室、公共厨房、学习室、研讨室、心理咨询室。2层及以上为单人间宿舍，南北向6个单人间共享一套起居室与两套卫生间，东西向3个单人间共享一套起居室与卫生间。单间之间可后期整合成居住套间，以便于博士生留校居住。

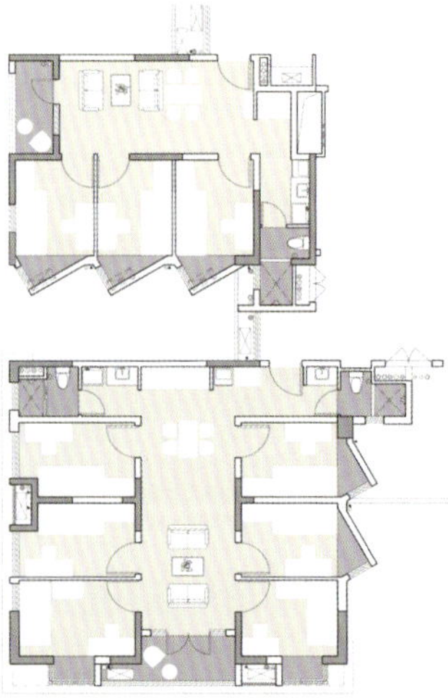

标准单元平面图

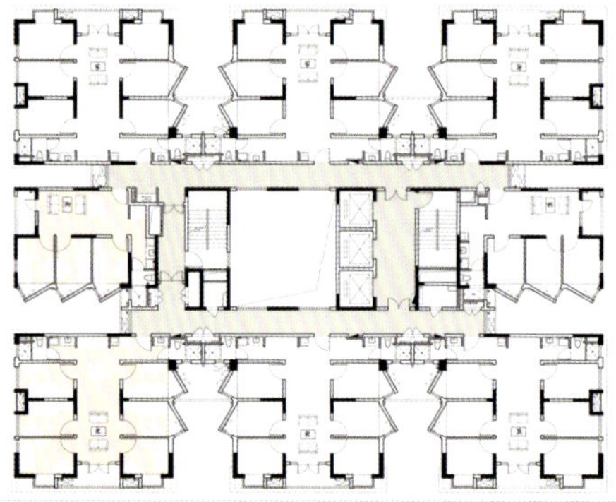

局部放大平面图

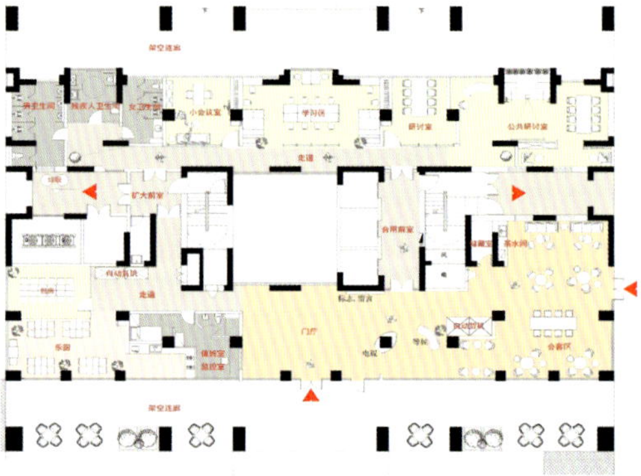

博士塔楼1层平面图

合肥职业技术学院合肥校区学生宿舍

项目简介

合肥职业技术学院合肥校区生活区布置于西侧和北侧，与其他各区联系最为便捷。根据合肥的气候特点，冬季主导风向为西北风，阻挡寒风是利用气候特点来进行校园布局的一大前提，因此，高层生活区布置于地块的西北侧，可以阻挡冬季寒冷的季风进入中心景观区。根据活动区和生活区相邻原则，活动区布置于生活区的东侧。这是识别学校的重要标志。体育馆沿城市干道——大众路设置，有利于展示其良好的形象，同时也方便周边社区和学校共享体育活动设施。

区位图

项目概况

建设地点： 安徽省合肥市

建设时间： 2016年10月—2018年10月

建筑面积： 82 000m^2

建筑层数： 11、13层，学生街1层

设计单位： 东南大学建筑设计研究院有限公司

结构形式： 框架结构

生活服务区

学生生活服务区位于校园北侧，包括学生公寓、学生食堂及配套设施。学生公寓采用庭院式布局，便于管理。通过住宿式书院的管理模式，面向内院和开敞空间的界面局部底层架空，设置网络机房、研修教室、小型图书馆，以及配套的商业服务、健康卫生、文化娱乐、后勤管理等用房。公寓之间、公寓与教学楼之间通过架空平台相互联系，最终形成学生的生活街，使师生、同学之间通过住宿和生活互相交流、互相激励。教师生活服务区位于校园南侧，包括教工单身宿舍、教工食堂、后勤办公用房及预留教师公寓用地。

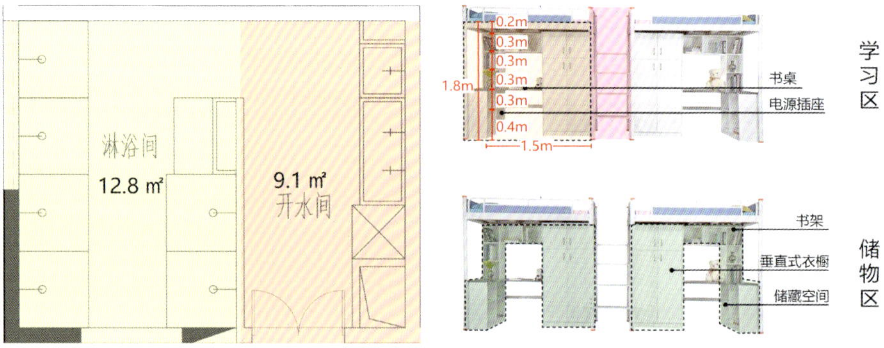

标准单元配置图

安徽医科大学新医科中心学生生活组团

项目简介

安徽医科大学新医科中心共计两个生活组团，位于校园中部，东侧紧临东校区，占地约8.02 hm^2。每个组团各包含1栋食堂及6栋多层宿舍，总计可供近9 000名学生入住。因为新建校区整体校园用地充足，所以校方更加强调的是空间的舒适性，同时建筑造型概念也需要结合在地文化特点。

两个组团都以共享连廊为核心，宿舍楼层采用开放式布局，体现自然开放、生活氛围浓郁的合院空间；西侧毗邻活动中心，通过二层廊道系统及过街天桥连为一体；东侧与音乐厅共同形成北侧校园主入口建筑群，强化校园整体的东西轴线空间。

传统徽派民居

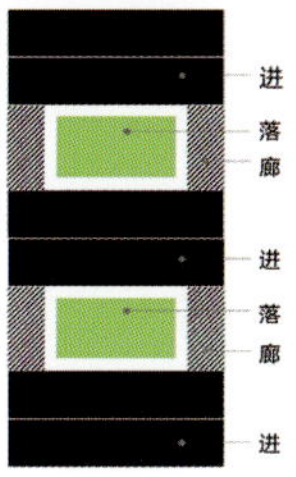

要素提取

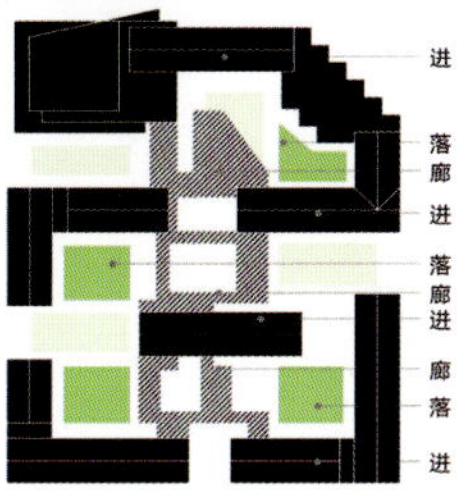

空间衍异

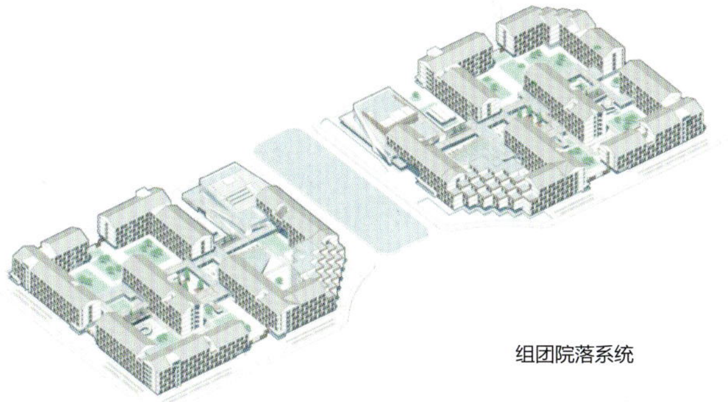

组团院落系统

项目概况

建设地点：安徽省合肥市

建设时间：2022年8月—2024年9月

建筑面积：111 996 m^2（地上111 597 m^2，地下399 m^2）

建筑层数：3~6层

设计单位：同济大学建筑设计研究院（集团）有限公司

结构形式：钢筋混凝土框架剪力墙结构

近年来，随着现代高校生活区的发展，学校愈加重视学生之间的生活互动，增强“社区感”，鼓励学生互相交流、跨界学习。这一方面是当代大学生的需求趋势，另一方面也创造出更多的情感点，增强学生们的归属感 。

高校生活区“社区感”的打造是本项目重要的设计点。在本项目的组团空间营造上，设计团队做了一定探索与尝试。首先，打破传统生活区的常用模式，采用低密度、低层数的设计策略，打造尺度宜人的内院空间；其次，将公共服务设施集中设置在组团中央，与庭院景观相辅相成，形成多个绿色共享空间，让活动与交流自然发生，从而产生更多元的互动场景。

“诗意栖居”是一种生活感。在项目的规划设计过程中，设计团队一直想要强调一种“诗意”，或者说是一份归属感、一种参与感，甚至是一段有趣的回忆。在整体的设计中，居住感受和生活体验的打造一直是项目的主要营造点之一。

自然、开放的校园室内空间设计更加有利于师生之间的交流与互动。通过一系列设计手法，自然光线被引入建筑之中，给在其中生活的师生带来一缕自然的柔和，让人处在室内，也能感知四季更迭、自然律动。

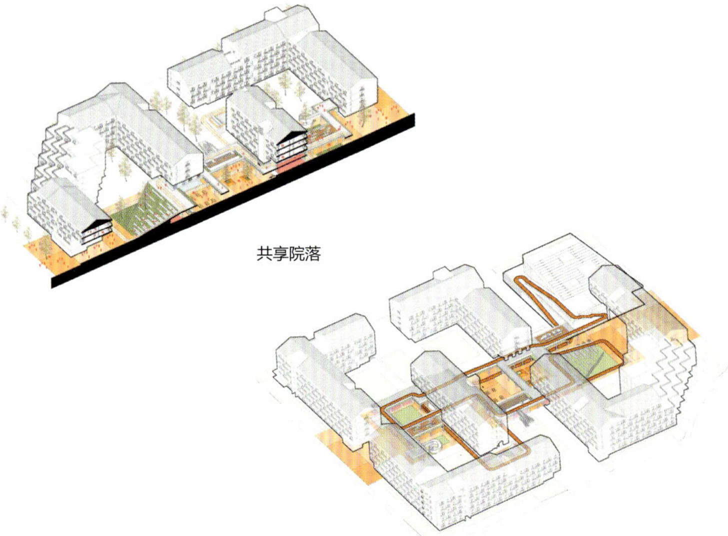

共享院落

空间概念图

共享连接

空间模式延续传统徽派民居的进落格局。建筑外观结合在地传统建筑的用色特点，使用素雅感较强的仿清水饰面，与安徽传统建筑的灰白色基调相呼应。

组团内，一个复合式的共享空间系统将整个空间进行串联，同时也设置了一个跑道路径，对于生活于其中的学生来说，这是一条不错的运动或散步路径。整个空间系统的设计将学生的生活、学习、活动、交流等空间复合串联，创造了更多空间可能性。

共享连廊空间采用一系列点式空间的布置，是一个能够加强人与人、人与自然之间相互关联的场所，一个怡然自由、感受变迭的场所，同时也为同学们提供多元的空间，去读书、讨论、健身、独处……

卫生功能分布

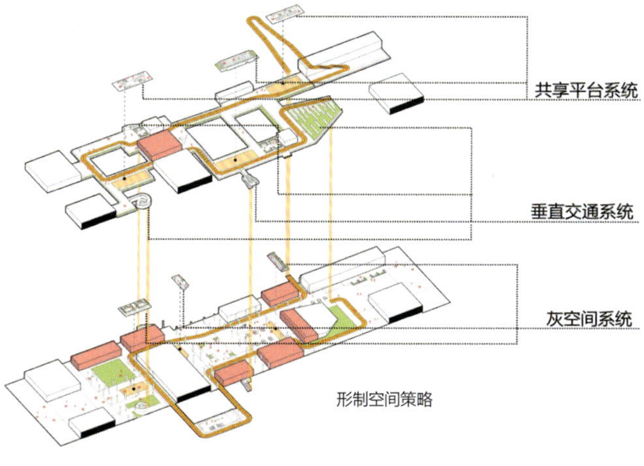

形制空间策略

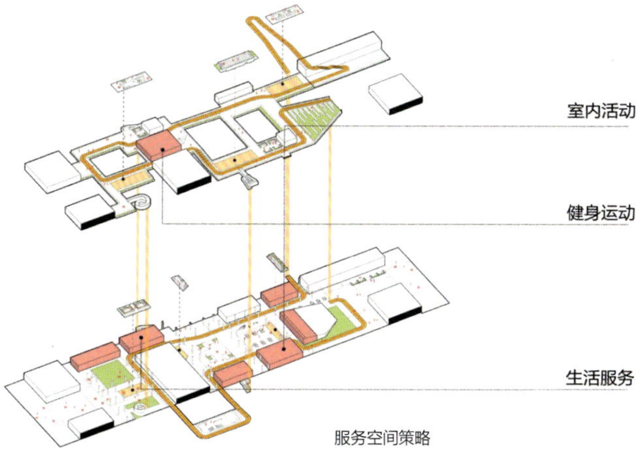

服务空间策略

闽江学院学生公寓

项目简介

本项目学生公寓意在通过多元化的交流空间、自然科学的生态社区、以人为本的居住环境打造“学生之家”社交生活社区。设计根据现有校区学生宿舍的空间特点，充分考虑学生的生活需求及学生间的交流互动，通过中心门厅的设置将各个单体空间结合在一起，形成既私密又开放的组团空间，营造舒适空间，打造宜人环境，创造活跃思维，增加自由活力，激发无限梦想。

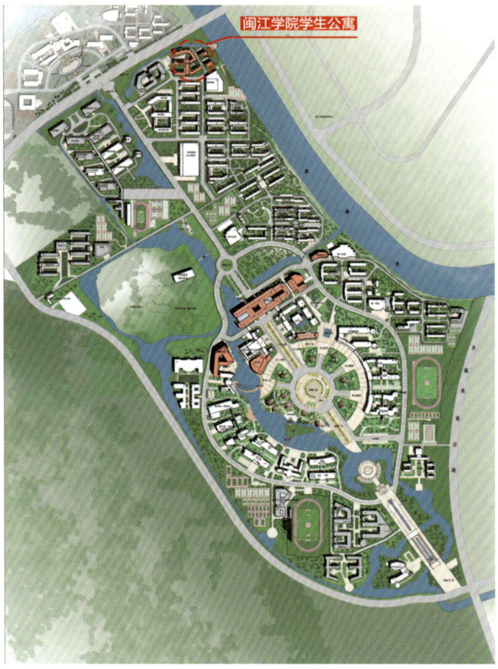

区位图

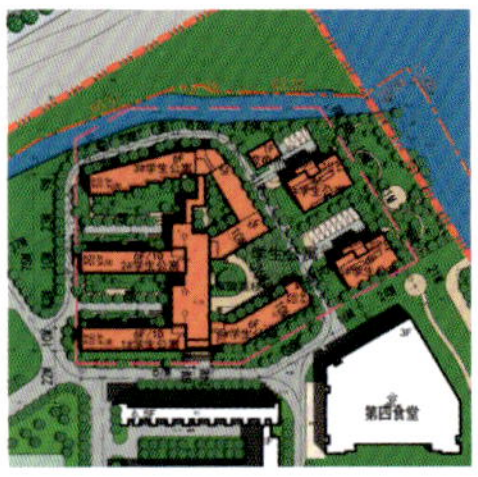

项目概况

建设地点： 福建省福州市

建设时间： 2020年11月—2022年7月

建筑面积： 18 772 m²（地上17 228 m²，半地下1 544 m²）

建筑层数： 6层

设计单位： 同济大学建筑设计研究院（集团）有限公司

结构形式： 钢筋混凝土框架结构

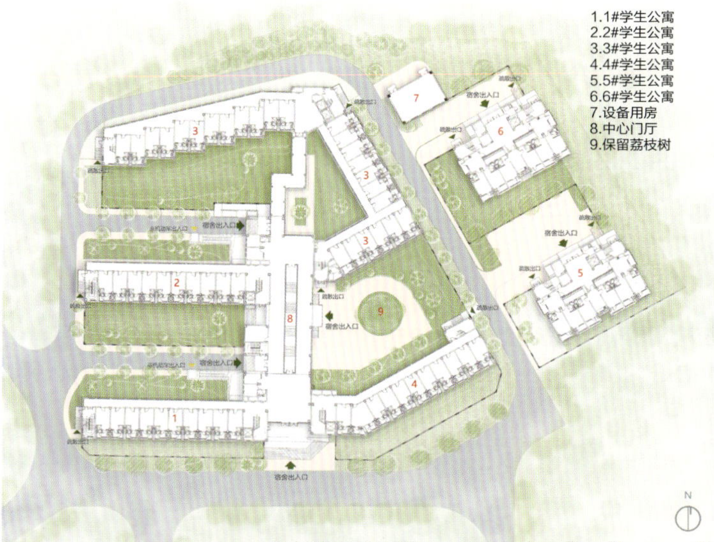

学生公寓功能分区图

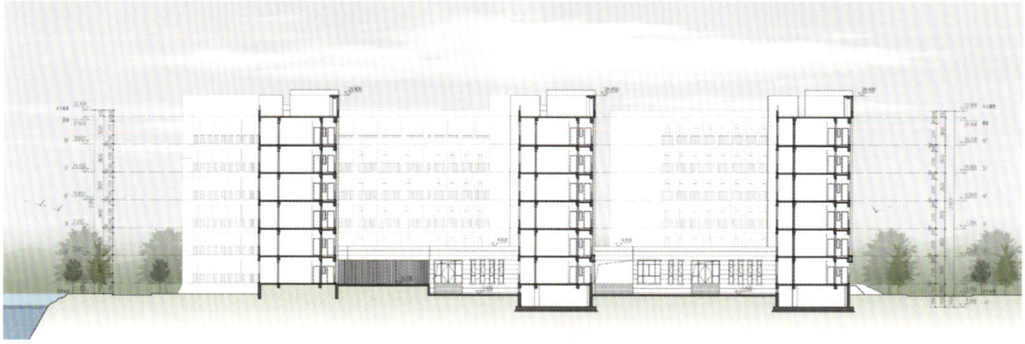
学生公寓剖面图

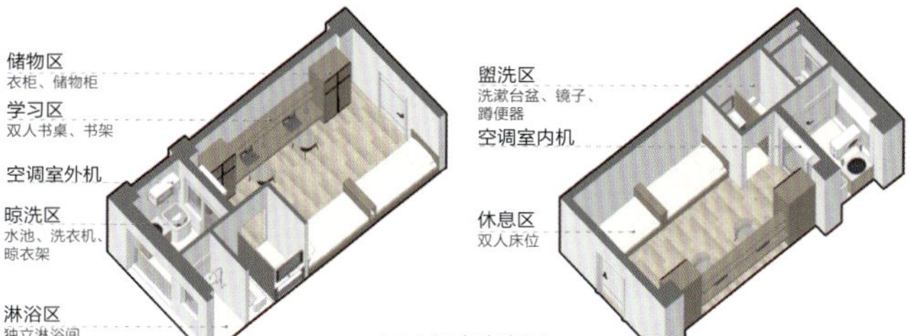

二人间室内布局

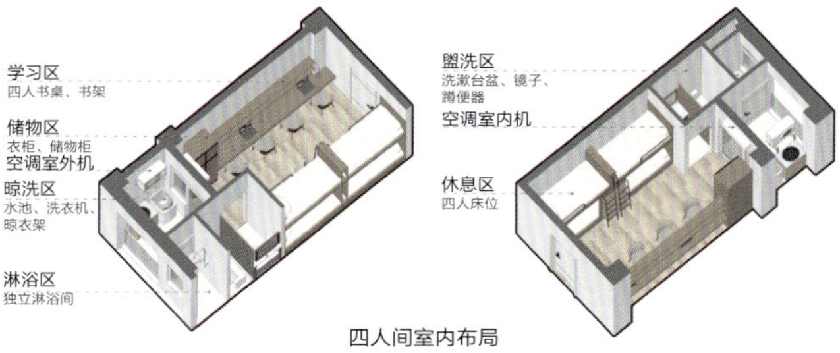

四人间室内布局

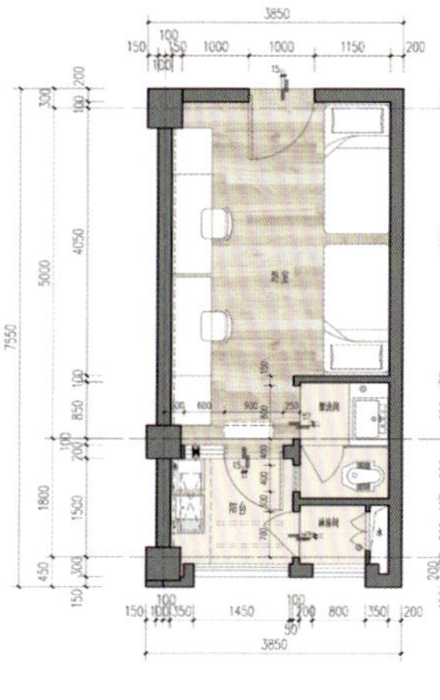
住宿单元平面图

总体布局结合地形、周边水域流向及周边建筑形态，形成适宜于场地的总图形态，合理化运用周边环境，使整个学生公寓融合于整个校园。其中1~4#学生公寓以中心门厅为主轴线形成公寓组团，组团中心门厅设置值班室、活动室、通向地下的公共楼梯等服务空间。项目通过公共门厅、活动室、绿化中庭等多层次的活动场所，在公共与相对私密的结合中激发学生更多交流的可能性，打造多元空间，共同营造“学生之家”活跃的交流氛围。

5~6#研究生公寓分别独立设置于地块东侧，依托青州河景观，清静宜居，独立管理，互不打扰。

6栋公寓地上均为6层，层高3.6 m；局部设半地下室1层，层高3 m。立面主要采用棕色系仿石涂料，简洁大气，与周围已建建筑协调融合。

总体景观因地制宜。地块西侧通过建筑形态形成组团围合，结合场地内百年荔枝古树，布置多样的绿化场景，为学生提供丰富的休憩、活动空间。地块东侧依托场地东侧青州河水系，沿河设置生态慢跑步道，环境条件优越，独立安静。每栋公寓组团的基础上增加透绿围墙，既保证了每栋宿舍楼的安全独立性，又保证了绿化区域间的通透性，也为宿舍区建立了舒适连续的生态环境。

景德镇艺术职业大学工学院学生公寓综合体

项目简介

“秀峰”是由3栋高塔楼建筑组成的学生公寓综合体。建筑的形态设计来源于古代著名茶城浮梁的启发和对基地内茶园的保护。建筑坐落于优美的自然茶园之中。为了尽可能减少对茶园的破坏，学生综合体采用了高塔的形式，能够高密度建设，集约利用土地。

“秀峰”的独特之处是高效利用了有限的用地，将学生食堂、住宿、商店、自习室、创业工作室等功能在垂直方向上混合布局，形成产学研一体的教学、生活、社交的教育聚落。教学模块和生活模块垂直分区，组团内功能混合、共享，最大限度地节约交通时间成本，促进学生、教师和行业人士之间的交流合作，也方便开展跨学科项目，实现学科间交叉融合。

项目概况

建设地点： 江西省景德镇市景德镇

建设时间： 2021年12月—2022年12月

建筑面积： 44 937 m²

建筑层数： 18层

设计单位： 清华大学建筑设计研究院有限公司3A2工作室

合作设计： 北京清华同衡规划设计研究院有限公司

结构形式： 钢筋混凝土框架结构

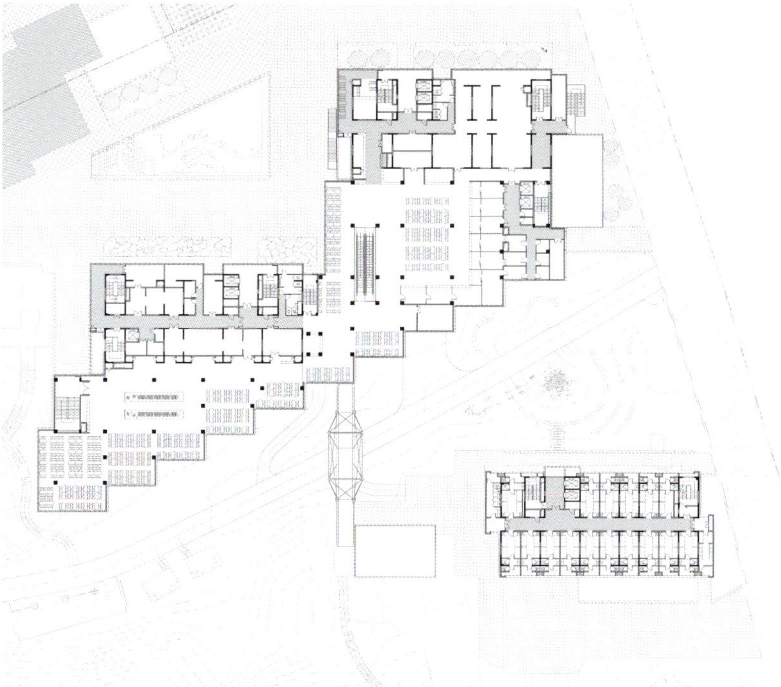

2层平面图

剖面图

立面图

为了弥补垂直校园带来的运动和活动场地的不足，项目设计了不同高度的空中花园和屋顶花园。学生们可在3栋塔楼中的各个位置欣赏到浮梁茶园的不同景色，特别是可以在顶部的“空中花园”眺望、社交和练习攀岩。

建筑外墙上设计了大面积的立体绿植，共种有约53 500株各种植物。随着时间的流逝，建筑将在未来更加“成熟”，从而使这栋综合体成为一个向往更“绿色城市”的宣言。

建筑运用底层架空的理念，解决地形高差问题，减少土方工程，尽可能保留场所内的自然山水要素，并积极应对季节性洪水问题，让建筑轻轻漂浮在现有地形之上，与自然环境和谐共生。

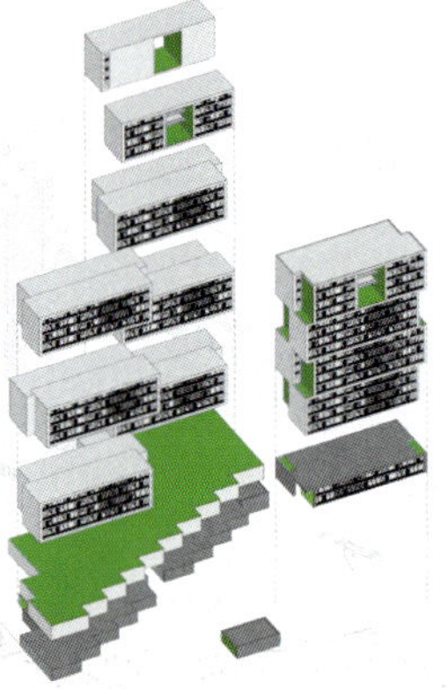

体块组合示意图

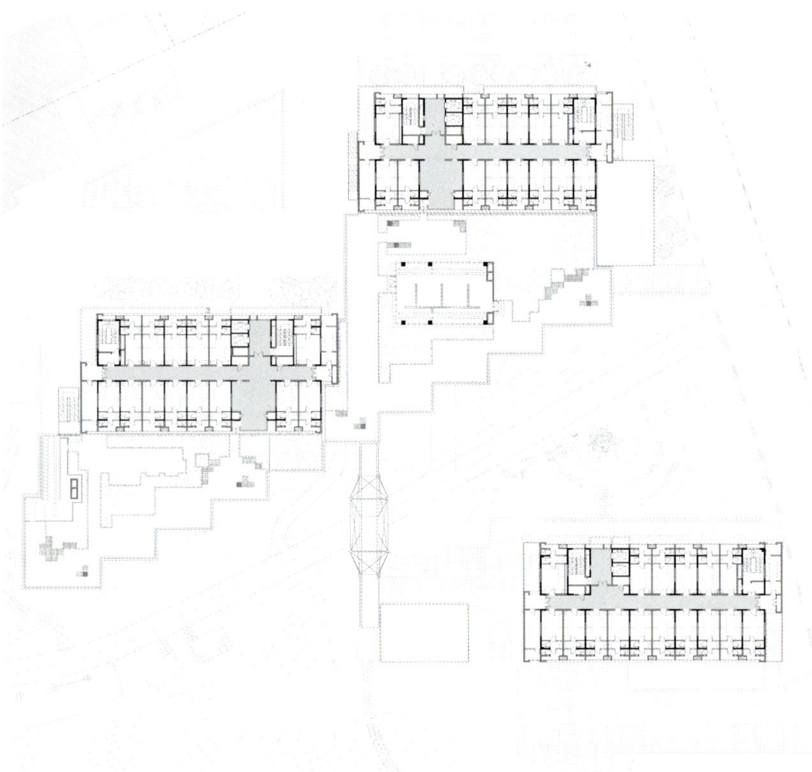

3层平面图

景德镇艺术职业大学山谷学生公寓

项目简介

山谷学生公寓位于中国景德镇市景德镇艺术职业大学校园内的山谷湿地内。项目的建筑面积是48 275 ㎡，竣工时间是在2022年12月。

景德镇是一座千年瓷都和茶城，是古代中国艺术陶瓷生产的中心和茶叶生产中心。面对有丰富历史底蕴的场地，设计团队从尊重场地精神的角度出发，试图将景德镇独特的地域气质融入和延展在空间之中。景德镇的市井烟火气息、千年茶园的独特风貌，都对设计产生了影响。

学生公寓由4栋宿舍组成，横跨在小溪和湿地之上，运用底层架空的理念，解决地形高差，减少土方工程，尽可能保留场所内的小溪和湿地，并积极应对季节性洪水问题，让建筑轻轻悬浮在现有地形之上，与茶园的自然环境和谐共生。

项目概况

建设地点： 江西省景德镇市

建设时间： 2021年12月—2022年12月

建筑面积： 48 275 ㎡

建筑层数： 8层

设计单位： 清华大学建筑设计研究院有限公司3A2工作室

合作设计： 北京清华同衡规划设计研究院有限公司（景观）

结构形式： 钢筋混凝土框架结构

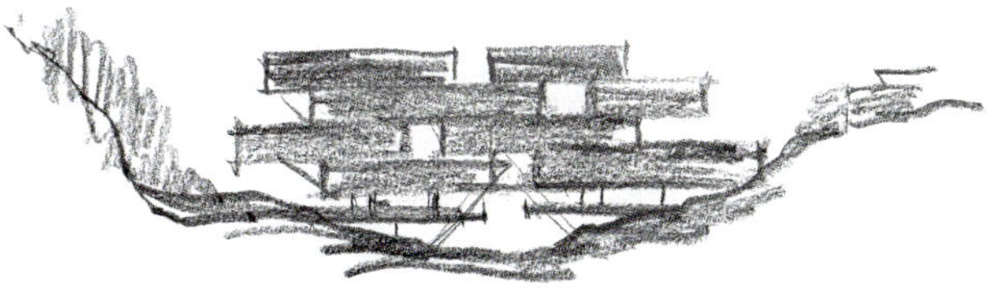

设计理念一：底层架空，尊重场地要素特征

山谷学生公寓由4栋宿舍组成，自由地横跨在小溪和湿地之上。设计运用底层架空的理念，解决地形3~5 m的高差，减少土方工程。采用低影响度的设计尽可能保留场所内的自然要素，运用悬挑、斜柱、架空等方式，减少对茶山、松林的影响，使山体天际线和山水界限最大化地保留、建筑与自然环境和谐共生，景观效果与整体生态效益得到控制和优化。

设计理念二：生态校园，积极应对季节性洪水问题

建筑轻轻悬浮在现有地形之上，与茶园的自然环境和谐共生。被季节性洪水淹没的区域被设计成湿地艺术谷。枯水期建筑底部是露天剧场和旱溪，采取柔性防渗，避免对结构底板产生侵蚀与冲刷。丰水期的谷地则暂时被交还给自然，学生们可以在这个特殊时期充分感受到自然的力量与植物的演替，成为大学校园生活里的一段难忘的经历。

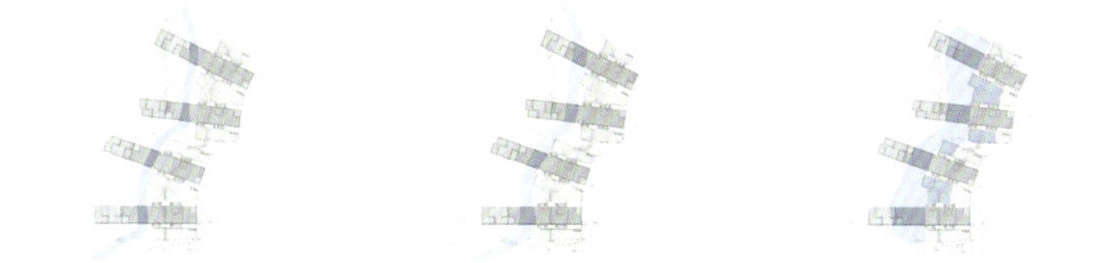

不同高度水位景观示意图

总平面图

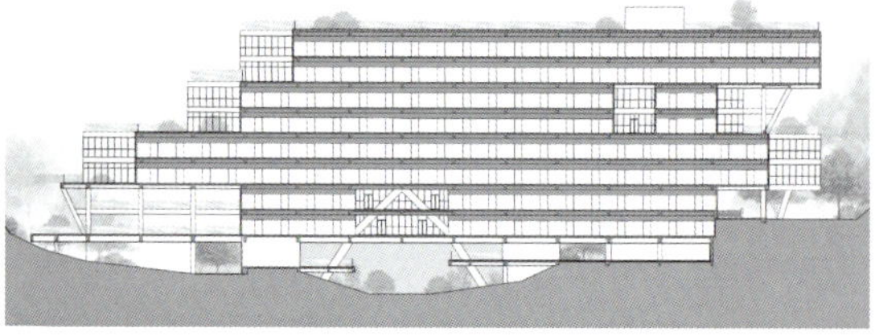

剖面图

设计理念三：聚落组团，建立深层交往空间

在紧张的面积指标和低造价资金的基础上，山谷学生公寓采用适度的垂直多孔立体结构，塑造聚落组团居住模式，将宿舍与生活共享功能根据组团进行重组；借助高地面层的架空平台设置展厅、自习室、咖啡吧、健身房、自行车库等，形成开放流动的艺术集市街区，为学生增进友谊创造空间。平台上部设置学生公寓，面对茶山形成十几个集约混合的、多标高的屋面开放平台，以及多标高的空中花园和屋顶花园。这些拓展了师生的生活交往空间，形成一个集生活、学习、社交于一体的活力交往聚落体，也符合景德镇艺术职业大学的育人方向。

设计理念四：艺术校园，传承千年瓷都历史底蕴

建筑的垂直多孔立体结构部分使用了明亮的色彩，以轻盈的立面表情使原本厚实的体量消隐在环境中。这些色彩在校园中像一道光照进建筑里，当学生看到这些明亮色彩的时候，就知道公共的、好玩的空间序列在等着他们去发现。色彩的灵感来自传统瓷器里的单色釉，如郎红、霁蓝等色彩。这些色彩来自千年瓷都的艺术传承。希望这些色彩可以成为艺术院系的师生进行主题创作的背景，让师生一起参与校园持续的艺术文化的传播之中。

体块组合示意图

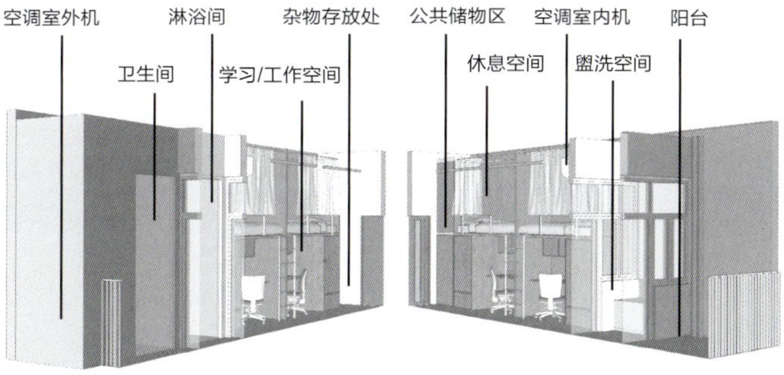

公寓模型

山东大学青岛校区学生公寓

项目简介

山东大学青岛校区学生公寓B1、B2、B5、B9、B10建设项目位于校区北部，场地南侧为学生会堂，西侧为篮球场和网球场，北侧为人工湖，东侧为规划的学生宿舍和食堂。该场地地势低洼，用地平整，适宜建设。场地南北长约302 m，东西长约146 m。本项目尊重场地，结合现状地形高差，内部设置下沉广场，既减少回填土方量，又使地下一层获得良好的采光通风，实现建筑空间与景观的渗透。合理的规划流线、开放式的功能混合，满足学生对不同层次生活空间的需求。

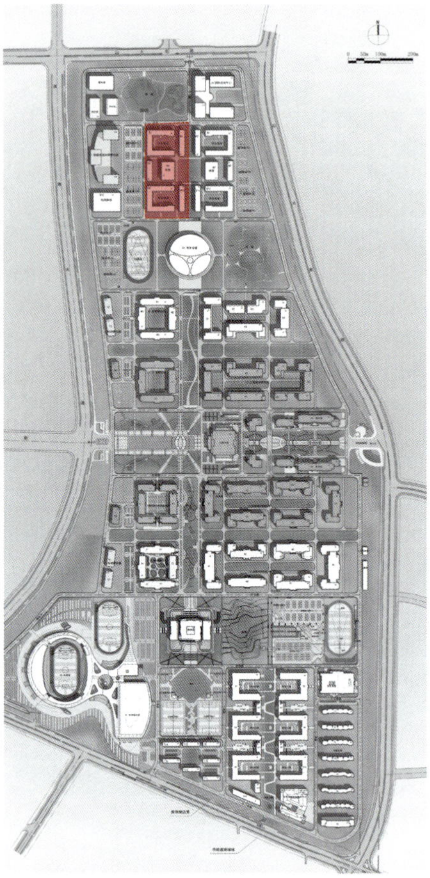

区位图

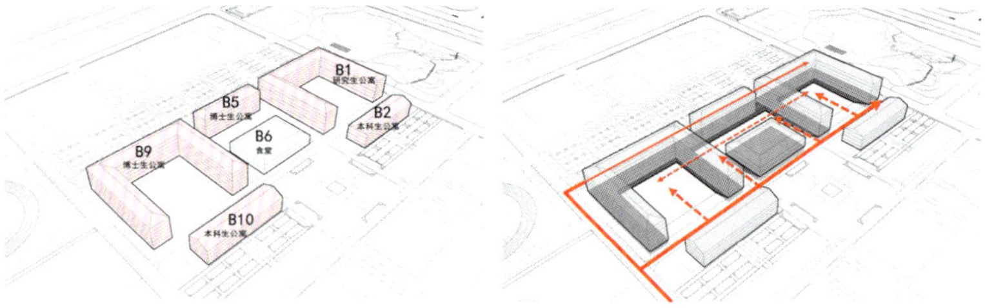

功能分布与交通组织示意图

项目概况

建设地点： 山东省青岛市

建设时间： 2022年3月—2023年8月

建筑面积： 72 733 ㎡

(地上70 193 ㎡,地下2 540 ㎡)

建筑层数： 4、6层

设计单位： 山东建筑大学设计集团有限公司

中国建筑第五工程局有限公司

结构形式： 钢筋混凝土框架结构

本项目希望满足学生对不同层次生活空间的需求，同时便于管理。结合现状地形高差，内部设置下沉广场，既减少回填土方量，又使地下一层获得良好的采光通风。从现状道路标高进入建筑首层，部分人流被引入下沉庭院，增加流线的多样性，同时加强负一层空间的利用率。通过对学生需求的分析，景观设计提出了特色型、功能性、教育性、可持续性校园景观的设计策略，提出了“山·海·时间”的景观设计理念。整个场地采用流线型设计，从北到南是一条流动的山大文化延续的历史长河，像一条蜿蜒曲折的河流。树池和小品像一个个鹅卵石和风化岩石，寓意学子在历史的长河中熠熠生辉。

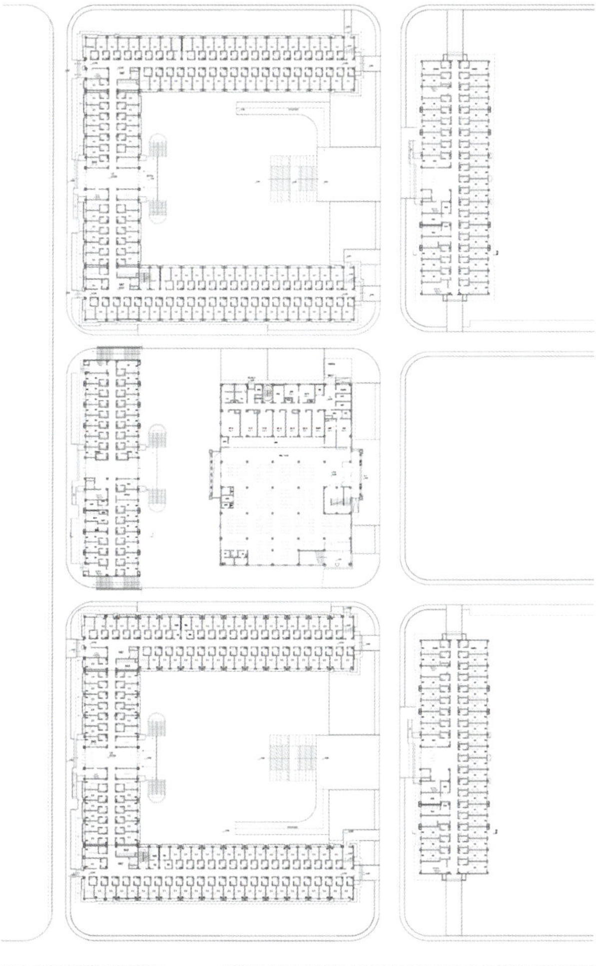

一层平面图

1-1剖面图

建筑形象体现对整个校园特色的延续传承，采用红瓦坡顶和立面三段式布局的手法，与周边建筑相协调。整体风格崇尚典雅庄重、简洁大气，采用灰色真石漆和红色真石漆两种材质，灰色金属线脚强化立面轮廓,增加立面细节和色彩的层次感。设计团队通过功能布局、开放空间的营造使该公寓楼组团既有时代感，又有传统文化的体现。

在生活配套上，项目以住宿式书院为导向，设置自习室、讨论室、文印室、快递收发室、超市、健身房等学习与休闲空间,丰富学生生活；在空间设计上，以青年人审美为导向，追求简约大方的空间感受；在功能上，进行竖向空间分层，实现空间相互区分、互不干扰，既满足了通达便利需求，又便于管理。

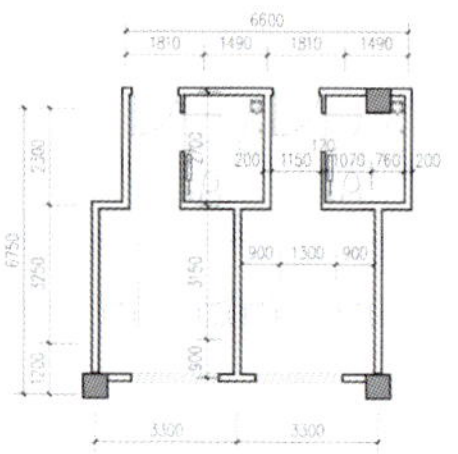

两人间平面图
套内面积：22 ㎡

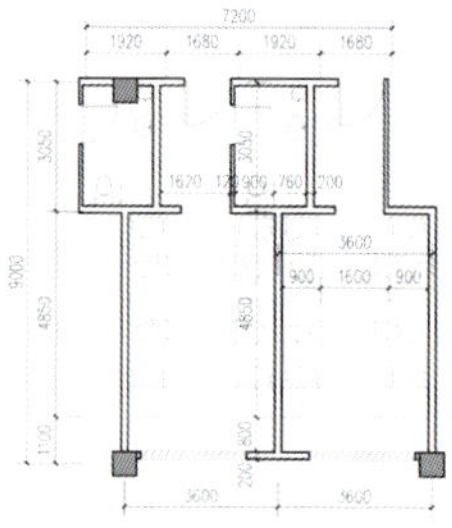

四人间平面图
套内面积：32 ㎡

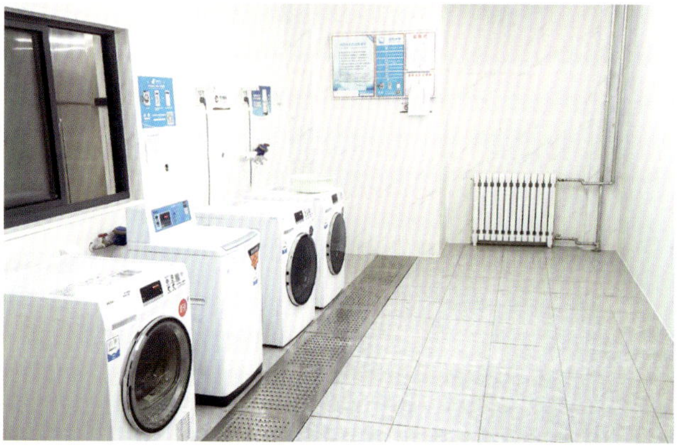

青岛科技大学淄博教科产融合基地学生宿舍

项目简介

本项目的学生宿舍需满足近期4 000生的居住需求。本项目的学生宿舍位于用地东南角，地上11层，地下1层，宿舍平面呈“ヨ”形。3栋宿舍楼南北向平行布置，东侧由首层至4层通过裙房联系，项目形成两处半开放式内庭院，北侧的庭院面向西侧的食堂、体育馆综合体，南侧的庭院与教师公寓北侧庭院、运动场空间联系，形成运动生活区的主要开放空间轴线。

如何在学生的生活起居之余提供舒适的室内交往空间与室外休憩空间是本项目的设计重点。地下空间布置活动用房，并与下沉庭院结合，使室内活动空间获得良好的采光和通风。地下1层设有多处通往庭院的出入口，各层可通过电梯直达。

项目概况

建设地点： 山东省淄博市

建设时间： 2021年11月—2022年8月

建筑面积： 60 700 ㎡

（地上55 566 ㎡，地下5 134 ㎡）

建筑层数： 11层

设计单位： 清华大学建筑设计研究院有限公司

合作设计： 淄博市规划设计研究院有限公司

结构形式： 装配整体式剪力墙结构

庭院内的绿化阶梯是学生室外阅读、交流的宜人场所，同时与室内活动用房形成良好的视线交互。下沉庭院与宿舍组团外部空间的视线交流因其间接性显得更具空间意趣，也带给了学生安静的氛围及必要的私密性。位于庭院的架空连桥水平联系室外广场与宿舍首层主要出入口，连桥下方空间形成了天然的室外风雨廊。

各层均设有集中的南向公共交流空间，植入新的生活场景，削弱走廊的深邃感。宿舍采用公共盥洗的形式，各层设置东、西两处盥洗间。北侧两栋宿舍中的首层至3层东端布置有公共浴室，3~11层走廊东侧布置了室外庭院，为走廊引入了自然采光与通风。庭院下方为首层、2层通高室内大厅。

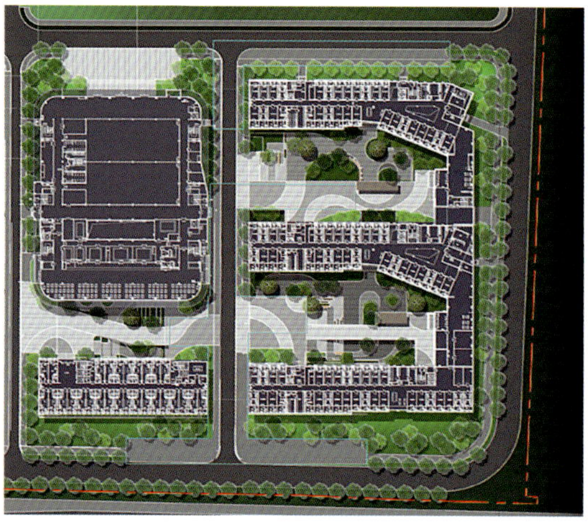

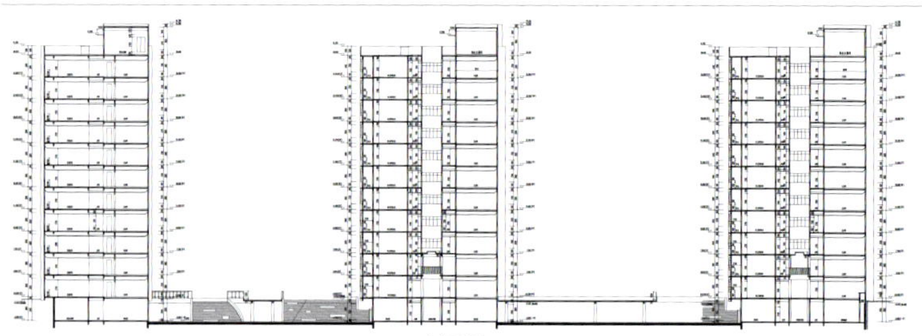

剖面图

首层平面图

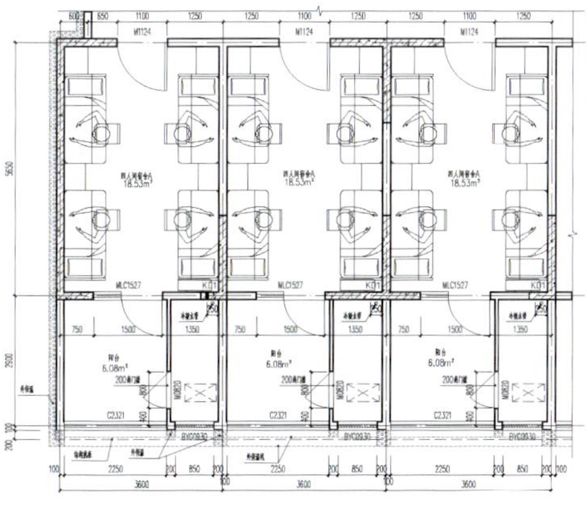

四人间平面大样图

宿舍组团整体形象呈现米白色格构与山墙、深灰色窗框与窗下墙，主入口处局部为棕黄色造型，立面多采用直线型与转角型立面单元，层次细节丰富，表达现代感与科技感。

项目采用装配式方式建造，内部采用预制剪力墙（双面叠合剪力墙）与预制楼板（叠合楼板），预制楼梯；外立面采用蒸压加气混凝土外墙板ALC与保温装饰一体板。

宿舍采用四人间居室单元，下桌上床，每间配有室内阳台。建筑立面层次的进退在室内表达为阳台进深的不同。阳台内布置有室外空调机的独立隔间，降低机器噪声对室内的影响。搭配深灰色百叶外立面，美观大方，丰富了立面肌理。

山东农业大学南校区拓展教学生活区（西北区域）学生公寓

项目简介

山东农业大学南校区拓展教学生活区（西北区域）学生公寓项目位于山东省泰安市泮河大街7号、山东农业大学南校区内规划用地的西北角。教学生活区主要由教学楼、食堂、学生公寓（1号楼、2号楼、3号楼）、地下人防工程等配套的建筑单体组成。学生公寓1号楼为男生公寓及少量教工宿舍，共有宿舍561间，4人一间，共计可容纳2 244人。无障碍宿舍共6间，为单人间，内含独立无障碍卫生间。2号楼为女生公寓，共有宿舍367间，4人一间，共计可容纳1 468人，无障碍宿舍共4间。3号楼地上部分为女生公寓，共有宿舍380间，4人一间，共计可容纳1 520人，无障碍宿舍共4间，地下1层为服务和设备用房。各栋学生公寓楼均在首层设有浴室，并在每层配有洗衣房，以便学生日常生活使用。

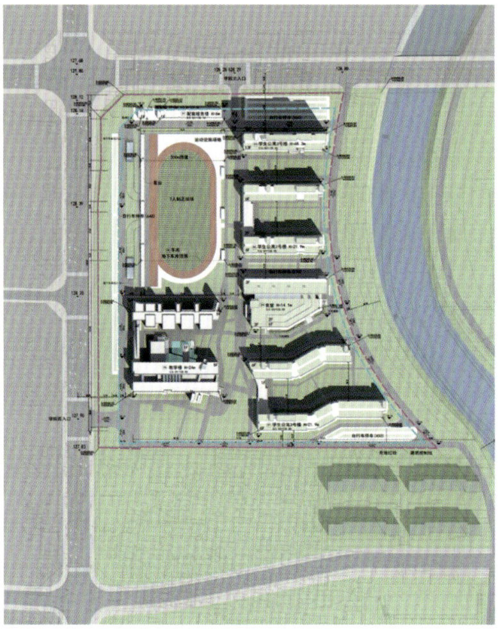

南校区总平面图

项目概况

建设地点： 山东省泰安市

建设时间： 2018—2020年

建筑面积： 56 477 m^2

建筑层数： 6层（1号楼、2号楼），13层（3号楼）

设计单位： 清华大学建筑设计研究院有限公司

结构形式： 钢筋混凝土剪力墙结构

一体化设计、彼此交融的建筑与景观环境

学生公寓的规划设计注重建筑群与所在校园片区的整体关系，特别注重与西侧教学楼建筑及东侧梳洗河景观的空间、人流及视线关系，通过学生公寓建筑形体姿态的设计，营造景观廊道连贯畅通、空间形态和层次丰富的室外开放空间，形成舒适、宜人、绿色的生活环境和光、热、风等建筑物理条件良好的局部微气候。

室内外贯穿、多样化的公共活动空间系统

学生公寓建筑间围合的庭院、裙房上人屋面以及建筑室内各楼层的公共活动空间，包括既服务建筑消防疏散需要，也有助于日常观景休憩活动的竖向交通空间，共同形成室内外贯穿、多样化的公共活动空间系统，为学生提供良好的生活和居住环境。

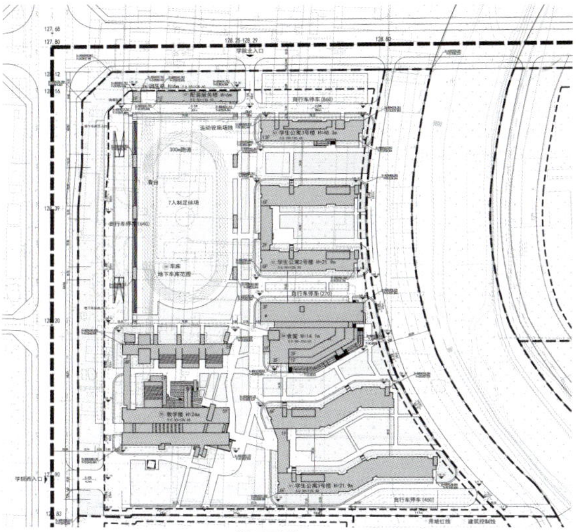
总平面图

结构明晰、紧凑合理的总图布局和单体组合

学生公寓建筑群充分利用场地条件合理进行总图布局，由两栋多层建筑和移动高层建筑组成，在满足逾5 000名在校学生居住生活要求的同时，形成结构明晰、紧凑合理、室外开放空间充裕、日照充足、采光通风良好的建筑环境。

简洁有力、富有内涵与活力的学院建筑形象

方案采用既沉稳厚重、具有文化底蕴，又现代简洁、富有朝气与活力的建筑语言，以米白色真石漆、清水混凝土以及通透率不同的玻璃为主要饰面材料，形成鲜明、独特、富有校园建筑性格的公寓建筑色彩和形象，与红色页岩砖外饰面的教学楼建筑彼此对话、相得益彰。

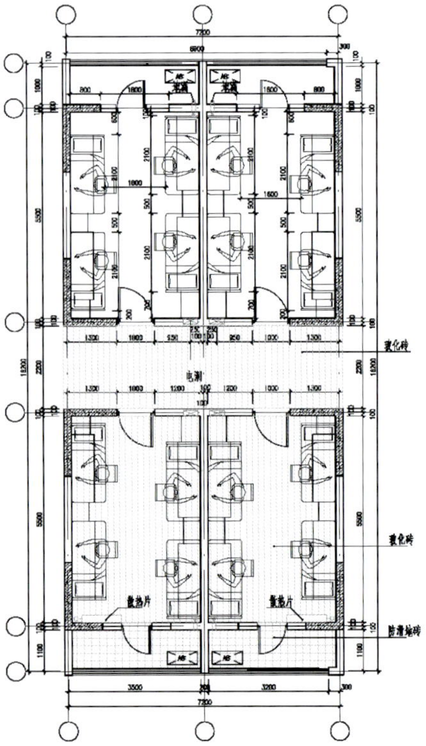

四人间平面大样图

山东农业工程学院淄博校区学生宿舍

项目简介

学生宿舍楼分为两个区，分别位于校园西北侧、西南侧，共8栋，占地8.39 hm^2，两区分别邻近理工院系楼、文法院系楼，构成理工组团、文法组团，组团之间相对独立，共享校园核心景观。宿舍均为地上6层。半围合的宿舍平面形式在组团内形成若干具有场所归属感的庭院空间，并在多个方向为组团内留设了通风廊道。

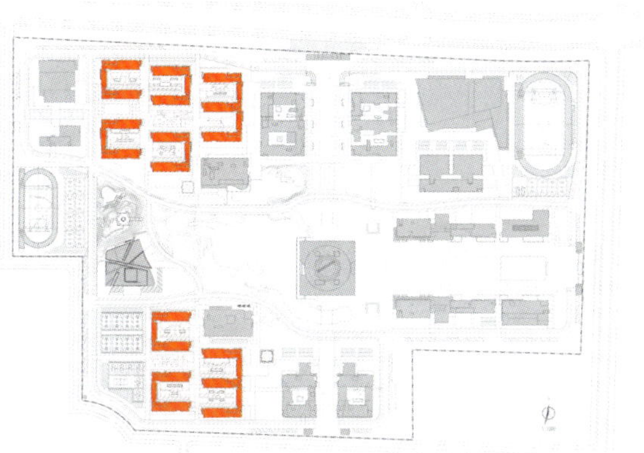

区位图

项目概况

建设地点： 山东省淄博市

建设时间： 2019年10月—2021年6月

建筑面积： 140 758 m^2

建筑层数： 6层

设计单位： 清华大学建筑设计研究院有限公司

合作设计： 淄博市规划设计研究院有限公司

结构形式： 剪力墙结构

“人建造了建筑，建筑也塑造了人”。建筑形态的深远意义在大学校园空间中体现得格外突出：校园强调整体性与统一性，在整体协调的基础上突出个性，形成具有场所感和可识别性的校园核心空间。而宿舍区的形象便是在遵从校园整体风貌统一性的基础上，充分表达平面内在的逻辑性。建筑形式服从其内部功能，楼电梯间、屋顶设备机房以明确的体块逻辑穿插于建筑主体之中，在追求“时代感”“创新”“活力”的同时，充分体现功能性与实用性。

宿舍以其独特的现代风格展现了一种简洁而高雅的美学形象。建筑外立面以浅白麻石材饰面保温装饰一体板、深灰色金属饰面保温装饰一体板与落地窗结合。浅白麻石材饰面肌理以其自然温润的色泽与细腻纹理赋予了建筑一种沉稳而不失亲和力的气息。错落有致的竖向窗户设计丰富了建筑立面的视觉层次。

建筑立面在自然光线的映照下，白色格构与深色外窗、深灰色金属板形成清晰的明暗对比。本项目采用外窗落地的模式表达立面横向白色线条的纤细感。外窗在室内1 100 mm高度以下采用金属扶手与矮墙结合的方式，保证日常起居中的室内卫生及安全防护。

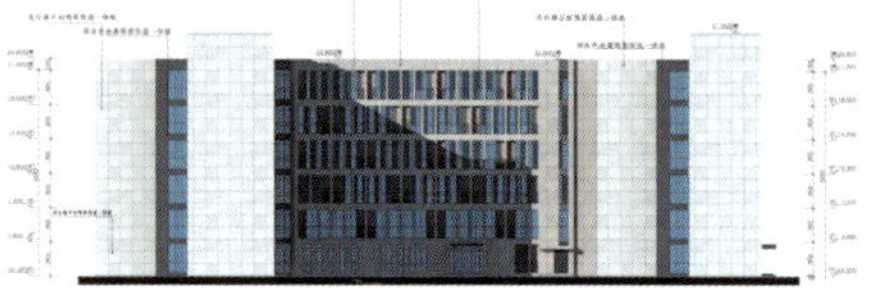
一号公寓楼东侧立面图

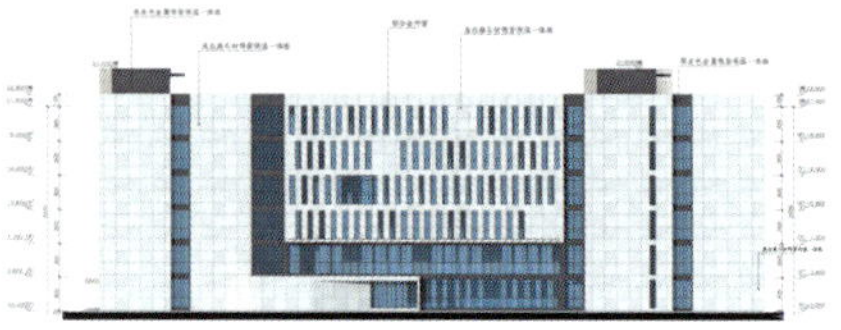
一号公寓楼西侧立面图

一号楼南侧立面图

一号楼北侧立面图

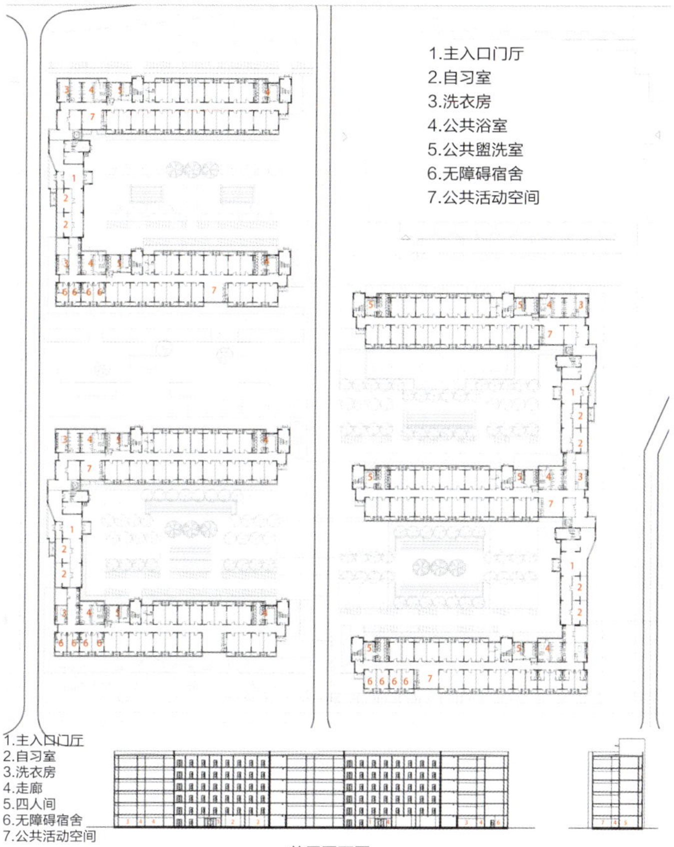

首层平面图

宿舍区绿化空间分为组团绿化与庭院绿化。组团绿化与组团开放空间界定了空间轴线，空间架构回应整个校园规划的图底关系，展现宿舍区的主要外部形象。

庭院绿化空间是学生日常交往游憩的主要室外场所，不同级别的道路通过庭院绿化联系了各个建筑出入口与组团内主干路。庭院内的亭、台与绿化景观一同提供了遮阳、听雨、座谈的宜人场所。

宿舍的平面设计强调以人为本，既注重实用性，又强调舒适度和社交功能，致力于创建安全、便捷、和谐的住宿环境，助力每一位学生在良好的生活条件下全身心地投入学术研究和个人成长。

宿舍首层设置了无障碍宿舍单元，体现包容性和无障碍理念。首层还配备了公共浴室。邻近主入口设置的24小时自习室具备一定的展示度，鼓励自主学习，为学生们提供了理想的学习场所。

各层均设有公共活动区域，这是一个开放且充满活力的空间，鼓励学生之间的互动交流和多元文化活动的开展，有利于培育社区精神与校园文化氛围。各层设有公用盥洗室、洗衣房，布局合理，服务范围均匀。

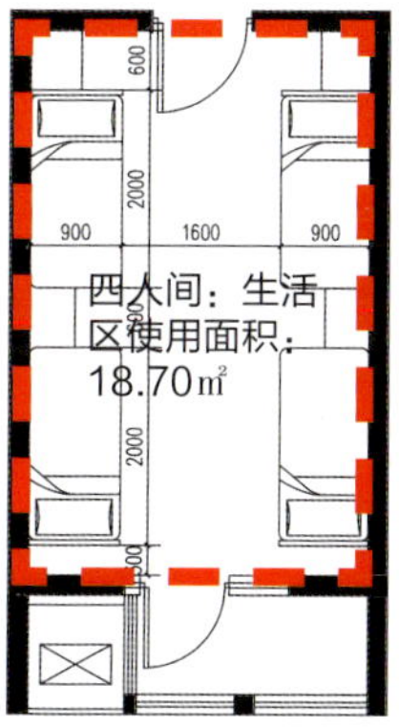

宿舍上部床位大样图

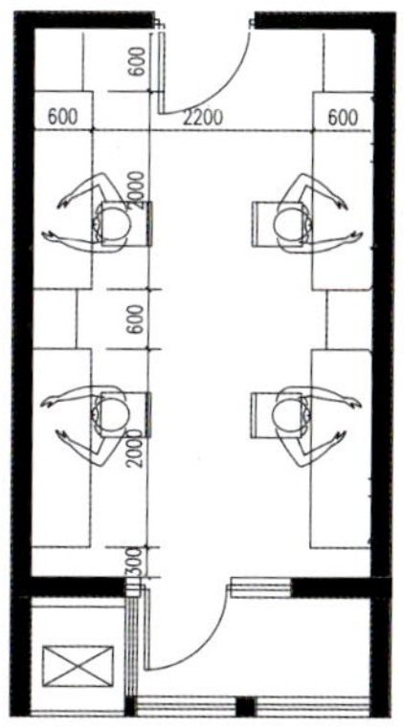

宿舍下部书桌大样图

宿舍采用标准四人间格局，充分考虑到学生的私密性需求和团队合作的社交体验，让每位入住者都能拥有独立的生活空间，同时享受与室友之间的日常交往。

居室空间层高3.6m，采用了经典的上床下桌设计，上层为睡眠区域，下层为学习与储物空间，配有书桌、衣柜等设施，使得学生们在日常休息的同时，也能拥有相对独立且安静的学习环境。

每间居室设有阳台，提供衣物晾晒空间，相邻两间居室阳台共用一处空调室外机仓。通过剪力墙外挑阳台的方式，实现空调室外机仓位可以在相邻楼层间错位布置，结合百叶窗的设置，展现错动的韵律。盥洗室是宿舍内日常生活中必需的辅助空间，宿舍标准层的盥洗室的布置应尽量避免明显的尽端式布置，以免带来过多的流线交叉与折返，盥洗空间分散、均匀地布置于阴面，有充足的通风条件，将阳面留给居室空间。

合理提高洗漱区、厕位区的空间利用率可为学生的日常生活提供切实的便利，本项目采用在洗漱间内嵌套如厕间的模式，最大化厕位的布置数量，利用高效的自然通风、机械排风措施削弱厕位区对居室区的气味影响。

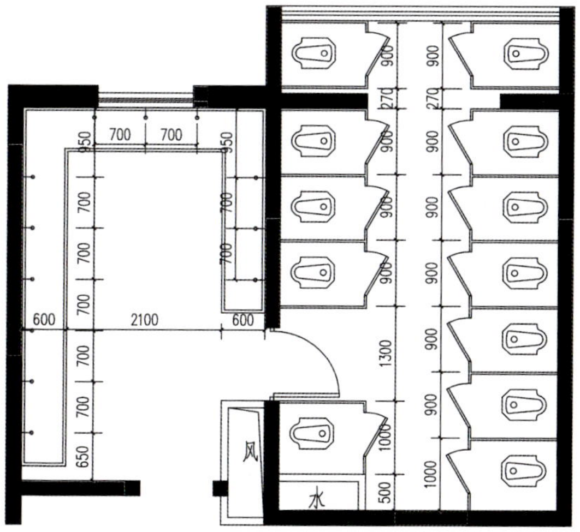

公共盥洗室大样图

中原科技学院经管学部宿舍

项目简介

中原科技学院经管学部宿舍位于许昌校区，各学部呈书院式布局，学部内部生活组团邻近教学组团。3栋宿舍楼通过平面的咬合、错动、进退等手法呈现出多样的半围合庭院空间。庭院空间的核心位置与建筑主入口相对。学生的日常通行路径延伸了学部内部各组团间的空间轴线。

宿舍区与教学区风貌整体协调，彰显古典建筑风格，以底层石材、上部红砖为主要材质构成母题，成为立面的主要格构单元。阳台外窗向平面内退，搭配深灰色金属格栅空调罩，显得窗洞格外深邃。宿舍山墙设置半八角窗，丰富了立面层次与天际线。

项目概况

建设地点： 河南省许昌市

建设时间： 2020年6月—2024年7月

建筑面积： 91 851㎡

建筑层数： 6层

设计单位： 清华大学建筑设计研究院有限公司

合作设计： 河南工大设计研究院有限公司

结构形式： 钢筋混凝土框架结构

为建设智慧校园、安全校园，首层入口过厅与大厅之间设置电子闸机。通透的入口大厅形成了宿舍内、外的良好的视线互动。主入口附近设有电梯，以满足无障碍需求。宿舍楼结合平面单元错动，在转角处布置公共交往空间、24小时自习室，于首层布置公共洗衣房。

公共开放区域墙面以橙黄色为主色调，寓意蓬勃向上；自习室、洗衣房等房间以青绿色为主色调，显得安静与温馨；冷、暖色也常在白色、灰黑色的顶棚的统筹下同时出现，形成鲜明的对比，界定不同的功能分区，相得益彰。

宿舍采用标准四人间、上床下桌、独立卫生间模式，各层设有集中开水处与吹风机使用处。卫生间、淋浴间、洗手池位于阳台，干湿分离。阳台与居住空间由门联窗分隔，在室内获得采光通风的同时，极大地降低了洗漱声音对居室内的影响。如厕空间的外窗巧妙地开在了深窗洞侧墙，保证了外立面的简洁。空调室外机采用由学校名称镂空制作的深灰色金属饰罩，美观、大方，增添立面细节。砖红色立面由面砖拼贴而成，水平方向拼砖为垂直式，竖直方向为丁顺交错式，转角处均采用转角砖。

居室墙面采用灰抹茶绿色墙面，与白色顶棚结合，宁静、温馨而又朝气蓬勃；象牙白床架、木纹家具、暖黄色防滑地砖增添了沉稳、自然之感。

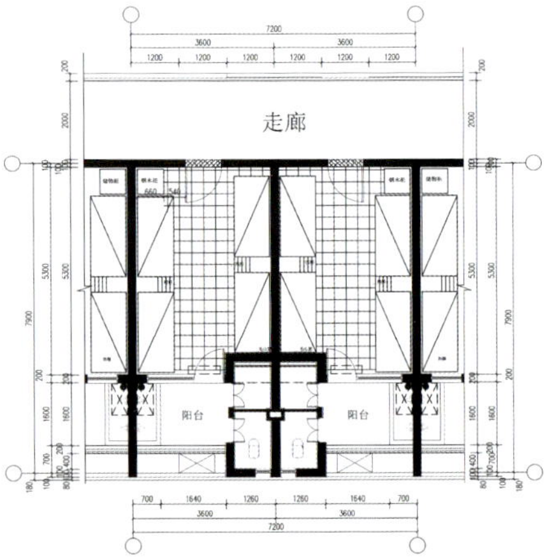

四人间平面大样图

三门峡职业技术学院灵凤湖新校区学生宿舍

项目简介

本项目宿舍区共有6幢宿舍楼，分为两大组团，位于校园的北侧。每幢宿舍楼除了首层设置的无障碍居室为2人间外，其他宿舍均为6人间，床位总计20 004个，可满足20 000名全日制学生的入住。

每幢宿舍楼的居室内均不设套内卫生间、盥洗室和淋浴设施，而是在每层合适的位置设置4组公共盥洗室、卫生间、淋浴间、洗衣房，以提升使用效率，方便学生使用和校园管理。另外每层均设有若干活动空间。宿舍的每间居室均设有独立阳台，方便晾晒，并利用部分平屋面设置集中晾晒区，以提升学生生活环境和居住品质。

宿舍布局

校园用地与指北针的夹角约为45度。由于项目地处寒冷地区，因此校园主体建筑基本采用正南北向的布局，并确保6层高宿舍的南北向楼间距有30 m，以此在有限的用地范围内，兼顾日照和2万学生的床位数。

区位图

顶视图

项目概况

建设地点： 河南省三门峡市

建设时间： 2020年4月—2022年2月

建筑面积： 160 000 ㎡

建筑层数： 6层

设计单位： 同济大学建筑设计研究院(集团)有限公司

合作设计： 杭州华茗设计集团有限公司

结构形式： 钢筋混凝土框架结构

外部空间

受当地传统民居的启发，在合院基础上，两个大学生宿舍组团分别由3幢S形宿舍单体顺序排列，形成现代的院落围合、成组成团的布置方式，为学生营造活力多元、开放融合的室外交流休憩场所。

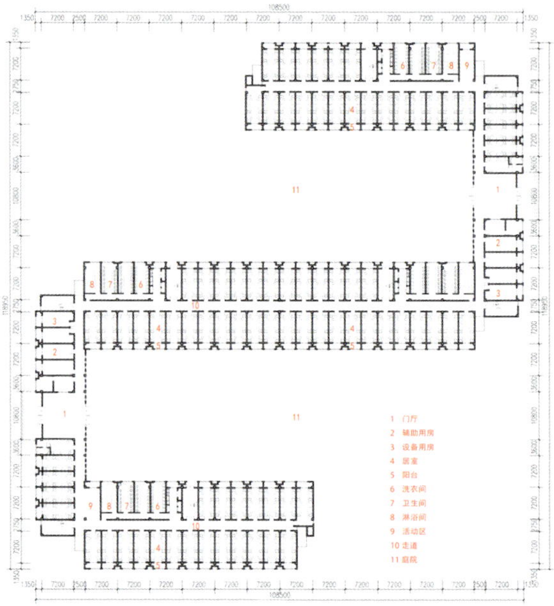

1层平面图

平面设计

考虑到未来男女学生比例构成的不确定性，每个S形的宿舍单体可以拆分为东西两个U形的分区，同时每个分区各设置一个主入口，方便独立使用。厅廊等空间设置了“禹泽书院”，丰富学生们的住宿生活。

居住空间

宿舍基本为六人间，层高3.55 m，采用上床下桌的布局，开间3.6 m，进深7.2 m，阳台深1.35 m，生均建筑面积8 m^2。设计团队通过合理合规地布置楼梯、公共盥洗室、厕所和淋浴间，实现了生均居住面积最大化。平坡结合的屋顶做法提供了屋面晾晒空间，作为阳台的补充。

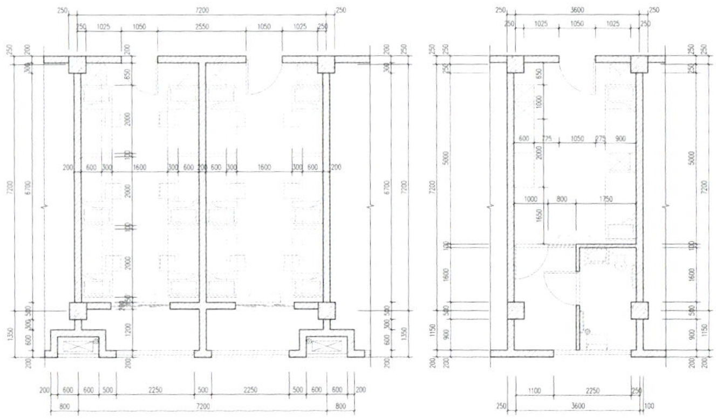

单元平面图

形态设计

学生宿舍造型从古汉字的“家”中萃取出“人字坡顶”，并结合功能对其加以抽象，寓意将远离父母的莘莘学子聚在温馨的大坡顶下，为其营造出师生大家庭的氛围，并让他们感受到犹如亲情般可贵的师生之情和同窗之情。宿舍组团连绵起伏的天际线与不远处黄河南岸的山体轮廓相呼应。

立面设计

宿舍设计采用了分体空调，将相邻两居室的两台分体空调外机上下布置，共用一个空调外机位，并且上下楼层左右错位布置，以此形成立面独特的视觉效果，同时摒弃了多余的装饰构件，最大限度地控制了造价。新校区建筑外观色彩延续了老校区的灰色和砖红色。

立面图

武汉大学信息学部17号、18号学生宿舍

项目简介

本项目从建设满足当代大学生共享空间与社交需求的定位出发，本着以人为本、生态优化原则，地方性原则等理念，创造新的校园生活方式，打造新形态、简洁、现代的高层宿舍，并使其巧妙地融入校园周围的环境。

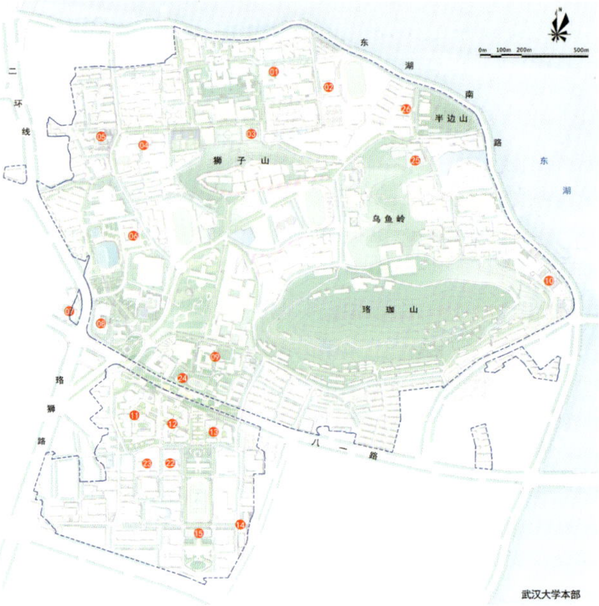

校园总平面图

设计构思

新建学生宿舍采用两栋独立的“一”字形布局形式，分别布置在场地东西两侧，与南侧原有学生宿舍平行，以保证校园规划的有序性。西侧为17层的17号学生宿舍，东侧为14层的18号学生宿舍。17号宿舍北临校园绿化休闲广场。建筑间距均满足规范要求，宿舍房间采光良好，日照充足。宿舍规划的设计理念，是力求打造聚散有致、纯净清雅的生活环境，形成功能空间多样化、环境人文化、设施现代化、管理数字化、绿色低碳化的高校宿舍综合体。

因场地内存在较大高差，在设计中需重点考虑将地下室与地势高差巧妙结合的方式，不仅减少了土方开挖，同时营造了丰富有趣的交通空间。用地现状北侧为校园绿化休闲广场，利

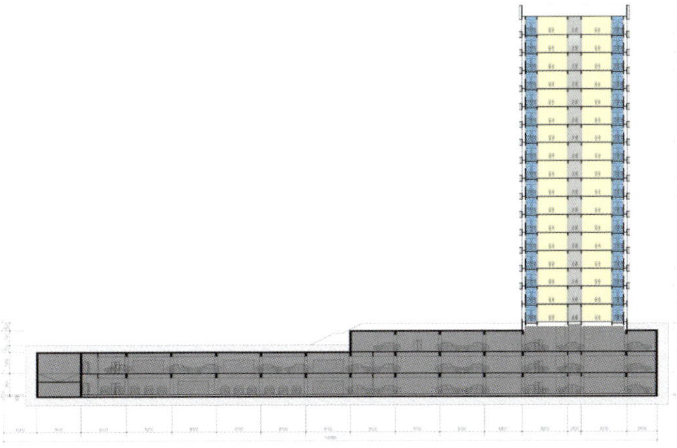

剖面图

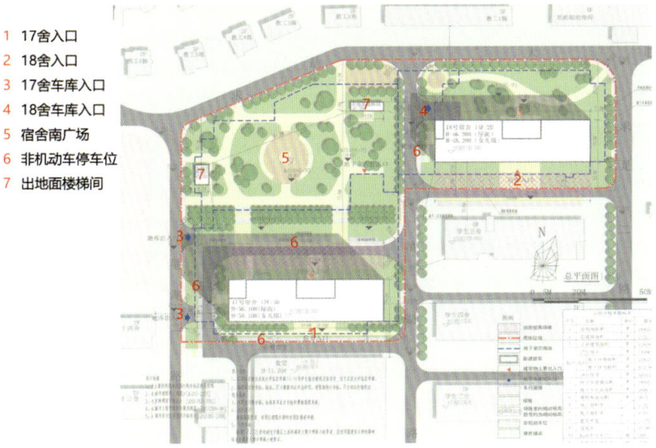

总平面图

项目概况

建设地点：湖北省武汉市

建设时间：2020年3月—2022年2月

建筑面积：70 271 ㎡

建筑层数：14、17层

设计单位：中工武大设计集团有限公司（初步设计+方案设计），中南建筑设计院股份有限公司（施工图）

结构形式：钢筋混凝土剪力墙结构

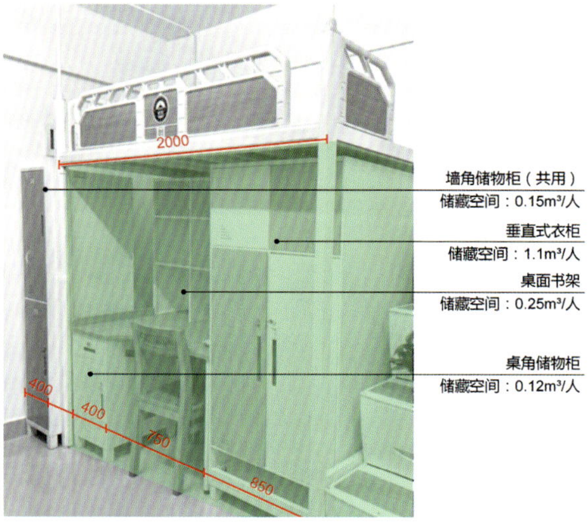

标准单元配置图

标准单元净面宽	3.4 m
标准单元净进深（生活区）	5.3 m
标准楼层床均面积	10.61 ㎡
宿舍标准间单间使用面积	25.6 ㎡
宿舍标准间生活区使用面积	17.84 ㎡
宿舍标准间盥洗区使用面积	7.75 ㎡

储物区	人均面积
台阶式储物柜（共用）	0.1 m^3/ 人
墙角储物柜（共用）	0.15 m^3/ 人
垂直式衣橱	1.1 m^3/ 人
桌角储物柜	0.12 m^3/ 人
桌面书架	0.25 m^3/ 人
人均储藏空间	1.72 m^3/ 人

用场地高差设计了3层停车库，在保留校园原有广场景观空间的前提下解决了校园停车难的问题。

武汉大学信息学部既有建筑多以灰、白、蓝色调为主，整体给人以清雅之感。两栋宿舍楼结合功能以灰白色作为底层主色，融入校园风貌，弱化场地拥挤感，增强建筑现代科技感；二层以上以灰白色作为建筑主色调，阳台、空调遮阳板等立面构件配以亮色作为点缀，与环境自然融合之余仍不失特色，充分彰显现代大学生的群体个性。

宿舍标准间采用标准四人间模式设计，标准单间使用面积为25.6㎡，宿舍采用上床下桌的布置形式，分别设置卫生间、淋浴间、盥洗池、阳台。为了改善学生的住宿条件，宿舍布置了分体式空调、太阳能热水器、多功能洗衣机等设备，还为每层宿舍设计一个开敞的活动室，作为学生生活交流的公共空间，有效改善宿舍生活的交互需求。

本项目无障碍设计根据《城市道路和建筑物无障碍设计规范》的要求进行。无障碍设计的范围包括建筑入口、入口平台、门、水平及垂直交通、无障碍宿舍等。在宿舍主入口设置了1/12的残疾人坡道。建筑内部的通路、走道、地面、电梯、楼梯、扶手等也有无障碍设计。

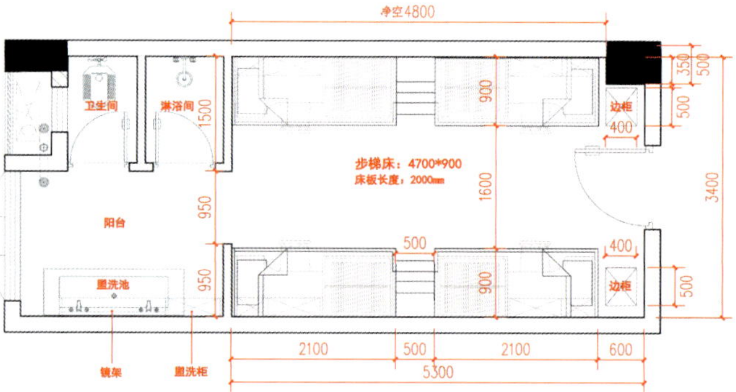

标准单元平面图

华中科技大学主校区研究生宿舍

项目简介

华中科技大学主校区研究生宿舍项目用地位于湖北省武汉市华中科技大学校园内，该地块位于主校区西三区，地块北面和西面紧靠地质大学，有校园围墙相隔，东临校园内百景园食堂，南侧为学生宿舍。

方案在总体规划上打破了传统的行列式布局思路，采用连续的条状建筑，围合形成两个组团。两个组团的设立便于留学生和博士研究生分开管理。每个组团分别围合出有趣的内部庭院，两个组团之间又形成了更大的共享中庭，庭院之间相互渗透，有效减少了庭院的封闭感，促进了学生之间的交流。屋面采用了退台式花园的处理手法，创造出高低起伏的建筑形态，为学生提供了一系列生态共享空间。绿化屋面的设置有效地削弱了建筑的体量，使其更好地融入整体环境，同时也丰富了校园的天际轮廓线。方案立面造型有虚有实，使用横竖线条勾勒宿舍模块，在规律的立面节奏中灵活地插入公共空间体块，丰富了功能空间体验，同时丰富了立面韵律。

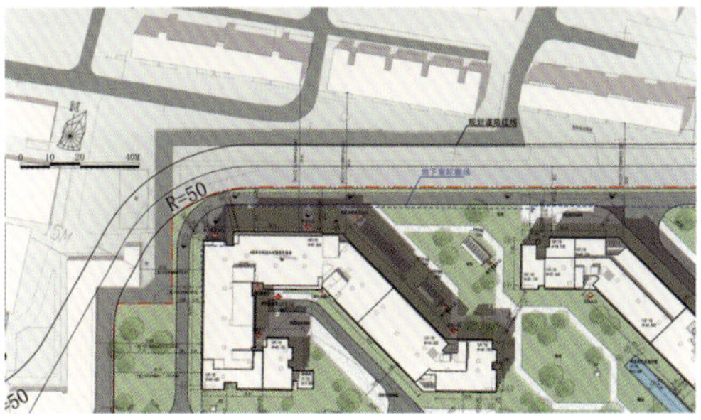

总平面图

住宿部分设置5人间标准模块，每层设置洗衣房与休息平台等公共空间。建筑首层、2层与地下1层设置公共活动空间以满足学生的学习、休闲需求。

项目概况

建设地点： 湖北省武汉市

建设时间： 2022年1月—2023年7月

建筑面积： 78 591 ㎡（地上65 081 ㎡，地下13 510 ㎡）

建筑层数： 14层

设计单位： 华南理工大学建筑设计研究院有限公司 汤+杨工作室

合作设计： 武汉华中科大建筑规划设计研究院有限公司

结构形式： 钢筋混凝土框架-剪力墙结构

技术图纸及相关场景图

负1层平面图

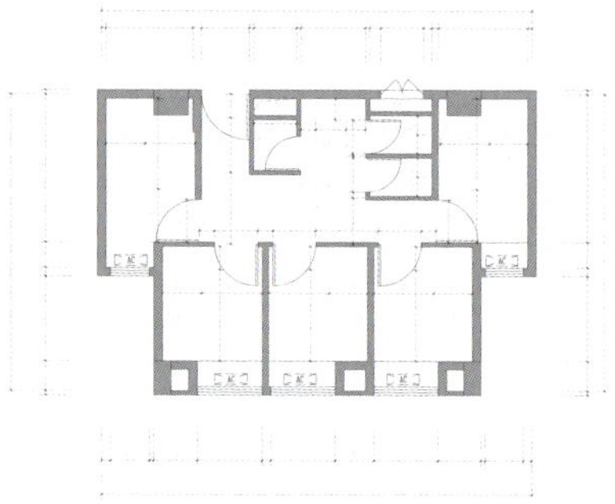

宿舍放大平面图

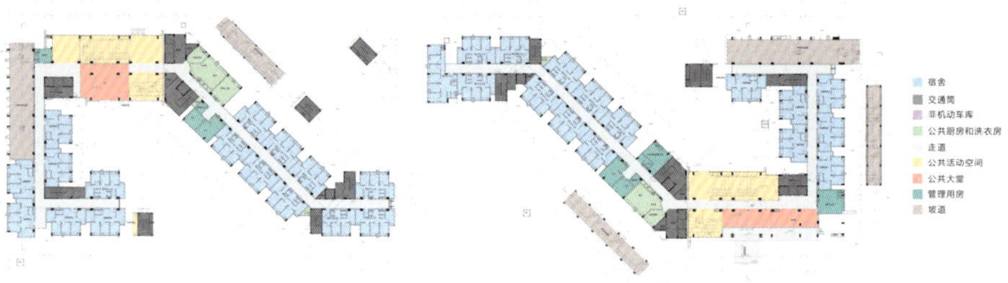

首层平面图

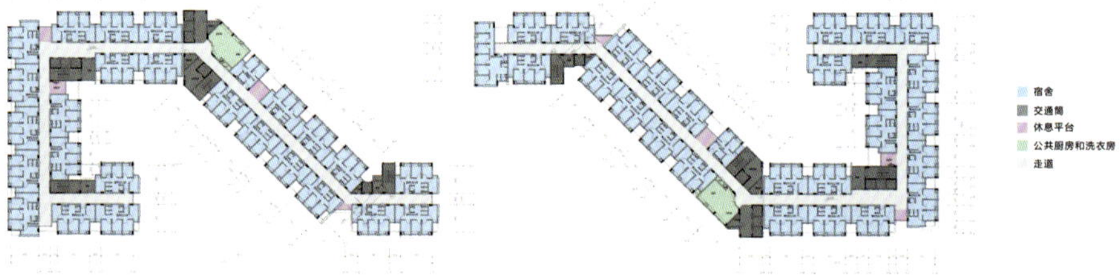

标准层平面图

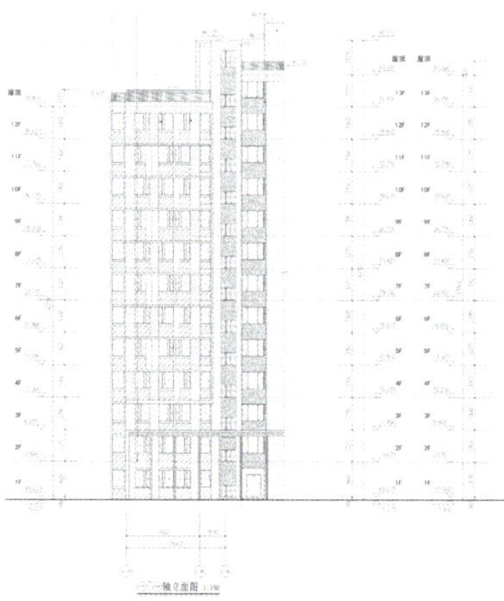

轴立面图

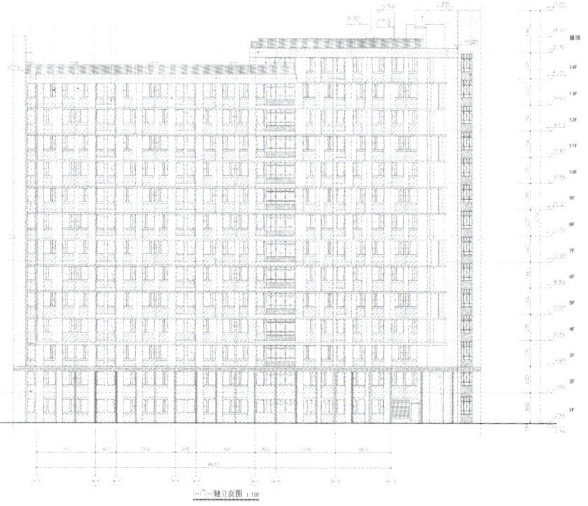

轴立面图

1-1剖面图

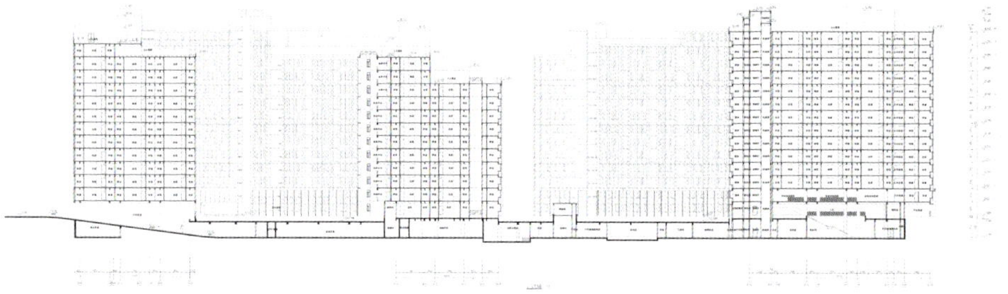

2-2剖面图

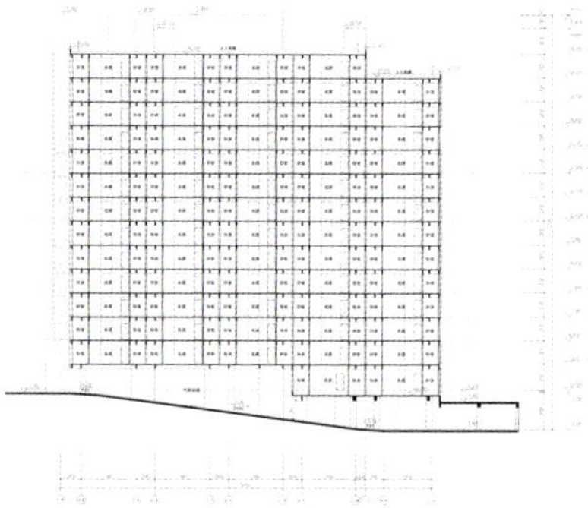

3-3剖面图

华南理工大学国际校区A4地块学生宿舍

项目简介

华南理工大学广州国际校区二期工程A4地块学生宿舍项目为校区二期建设工程。总建筑面积约为72 500 m²，其中地上建筑面积约为65 402 m²，地下建筑面积约为7 098 m²，共3栋高层塔楼和1栋多层宿舍，共有1 333间宿舍。该项目为广东省建筑业绿色施工示范工程，在建筑设计和建设方面起了积极的示范作用。

项目概况

建设地点： 广东省广州市

建设时间： 2020年10月—2022年12月

建筑面积： 72 500 m²（地上65 402 m²，地下7 098 m²）

建筑层数： 21层

设计单位： 华南理工大学建筑设计研究院有限公司

合作设计： 广州华工大建筑技术咨询有限公司

结构形式： 装配整体式框架-现浇剪力墙结构

装配化设计

项目主要使用功能为学生宿舍，存在较多重复性单元。结合这一特质，装配式技术路线设计选取了a、c、d3栋单体塔楼作为装配式构件集中使用建筑。项目采用《装配式建筑评价标准》（GB/T 51129—2017）进行评价，装配率达到61.4%~62.4%。项目建成后为学校提供了充足的床位，提供了坚实的后勤保障，完善了校园二期规划，为校园景观河两岸优美的天际线填补最后一块拼图，深受师生喜爱。

借景造园

项目坐落在校园景观河之滨，建筑错位布置，高低错落，使建筑观景面最大化，充分享用校园优越的景观资源；同时，通过拱廊围合成绿化庭院，提升了建筑的景观环境。

以人为本

结合国际校区办学特色和新时代大学生心理特点，旧有的集中式宿舍已很难满足大学生的生活和学习需求，更多的活动交流空间和学习讨论空间需要引入学生宿舍。项目结合南方地区夏天炎热多雨的气候，在建筑单体之间设计了风雨连廊，为师生提供了一个全天候交流互动的活动场所，体现人文关怀；同时，结合立面设计在中间楼层形成多个活动平台和活动用房，为学生提供活动交流的空间。

A4a栋、A4c栋首层平面图及地下室平面图

1 活动室
2 阅读室
3 学生餐厅
4 公共厨房
5 洗衣房
6 值班室
7 地下车库
8 设备用房

绿色节能

应校园规划的要求，项目总建筑面积受限，宿舍房间数量却必须满足学校需求。在此情况下，标准层需采用集约的内廊形式，但传统的内廊模式通风效果欠佳，项目结合内外廊特点对标准层平面进行了创新设计，把核心筒居中布置，除了中部少数宿舍为内廊外，两侧端头宿舍均为外廊形式，形成“工”字形平面，实用率达到70%以上。

精心的平面设计顺应夏季主导风向设计室内通风廊道，并结合核心筒电梯竖向分区设计拔风腔体，把自然风引入室内，打造舒适自然的通风环境，起到节能降碳的作用。

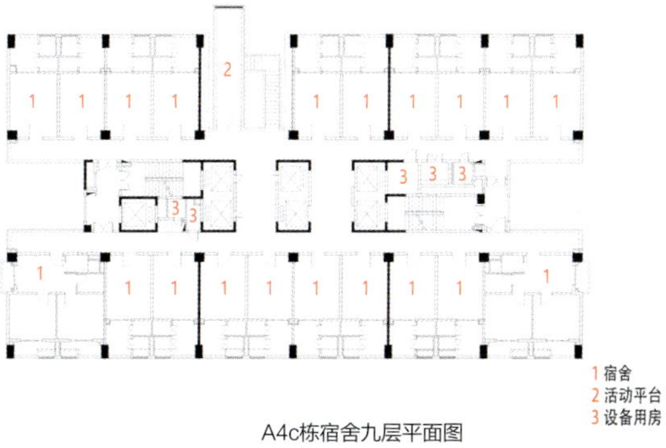

A4c栋宿舍九层平面图

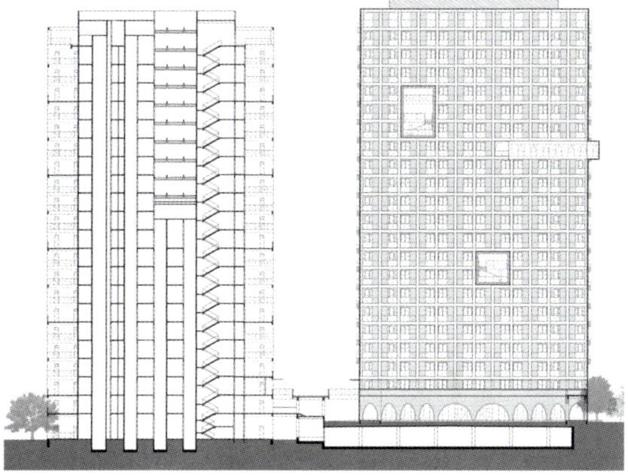
剖面图1

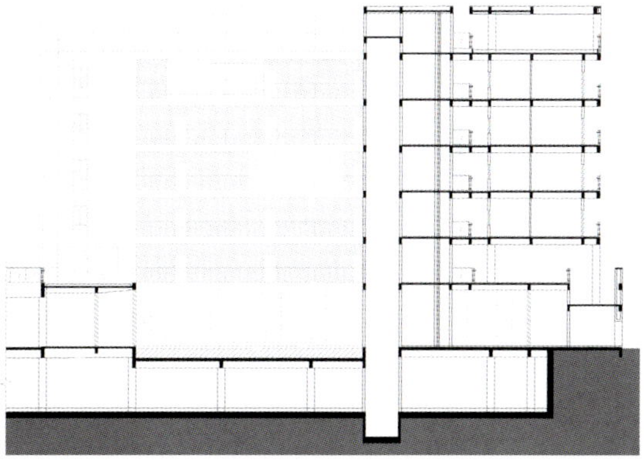
剖面图2

华南理工大学广州国际校区铭诚书院（一期工程学生宿舍区）

项目简介

华南理工大学广州国际校区铭诚书院（一期工程学生宿舍区）位于校区西北侧，按书院制进行设计，用地面积为55 834 m^2，总建筑面积为96 283 m^2，其中地下室面积为18 210 m^2，地上面积为78 073 m^2，停车位340个，非机动车停车面积为1 060 m^2。建筑物高度28.70~75.50 m(包括顶部装饰屋面)，根据《建筑设计防火规范》，计算为建筑高度为23.90~69.50 m（室外设计地面至其屋面面层高度），建筑自然层数地上6~18层，地下1层，层人防面积约为14 045m^2。

规划设计

宿舍区南北方向均设有人流主入口，通过南北向立体步行道构成从湖南岸公共教学区经宿舍区到达北侧运动场区的立体步行走廊。随折线布置的室外楼梯引导学生上下穿行，使这条充满激情色彩的廊道形成宿舍区最活跃的动线。学生穿行廊中可以方便地与各个书院、食堂及裙楼的学习、活动区域联系。庭院内部景观丰富，室外剧场、庭院景观成为不同院落中的焦点，是文化多元化的主要载体。

6栋建筑通过裙楼的公共区连接形成四组半围合的书院院落，其首层与2层布置各类公共的房间与场所，是学生文娱活动、学生生活、课余学习与教师授课的场所。架空的交往区域与书院院落交融在一起，折射出传统中国书院的空间精神。

除了南北向的走廊之外，东西两侧分别设置入口广场，学生可以从广场进入不同的书院。立体化的交通组织不仅形成空间的趣味性，也是适应广州炎热多雨的气候环境，以人为本，舒适、便捷、富有趣味的生活区。

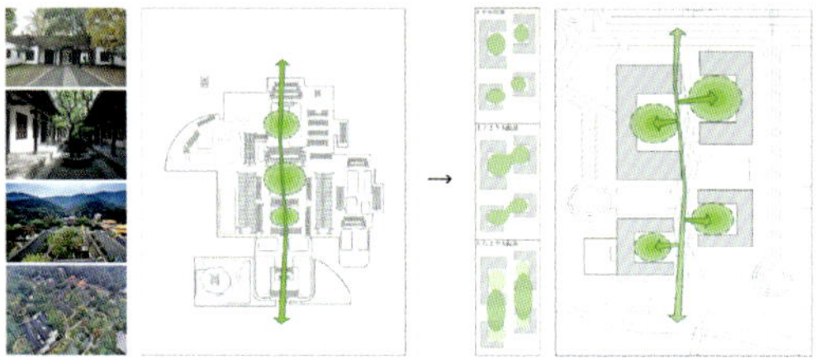

总平面图

项目概况

建设地点： 广州市番禺区

建成时间： 2019年8月

建筑面积： 96 283 ㎡（地上78 073 ㎡，地下18 210 ㎡）

建筑层数： 18层

设计单位： 华南理工大学建筑设计研究院有限公司

结构形式： 装配整体式框架现浇剪力墙结构

设计理念

规划理念强调书院制使用需求。其与传统宿舍的最大区别是书院制宿舍是大学通识教育的主要场所，是学生实践自我管理、自我教育、自强历练的综合性生活社区，是传承和弘扬学生“思想活跃、学习活跃、生活活跃”校园特色文化的重要载体，也是开展大学生思想政治教育、通识教育、学业辅导、就业指导、心理健康教育，促进学生全面综合发展的平台。

风雨廊道 /Corridor

阳台 /Balcony

餐厅 /Canteen

走廊 /Hallway

景观利用

项目用地位于校区西北侧，西临桃林，南望湖景，周边景观资源丰富。规划设计通过庭院空间的错动，形成视线与空间的通廊，让庭院空间和外部景观产生空间互动，同时利用中央折线形的人行通廊，让学生在行进过程中感受不同的场景，产生步移景迁的效果，提升了室外空间品质。

南侧的景观湖是校园的中心景观，为全校最活跃的区域，既有学生学习、交往的水边平台，也有节日中挥桨竞渡的龙舟河道，因此在建筑高度设计上，方案也充分考虑竖向的景观利用，建筑从湖岸往北逐级抬高，最大限度地利用河道景观。建筑高度从北向南向湖区依次降低，保证沿湖建筑高度控制在24 m范围以内，使景观湖南北两岸建筑在高度上产生平等的对话。

技术特色与创新

参数化设计

学生宿舍区高层部分山墙立面采用陶板，为创造出丰富的立面效果，设计借助参数化软件grasshopper对立面每块陶砖的排异进行定位。设计以山水画作为起点，通过软件的像素画处理，将3种不同色号的陶板以15%、15%和70%的比例在几栋高层建筑立面上进行排布，形成山水意象的立面效果。为服务后期施工，设计利用软件对立面不同材料进行编号，便于后期施工。

装配式建筑与BIM技术应用

学生宿舍区塔楼主体采用了装配式建筑的设计和建造技术，且达到了《装配式建筑评价标准》（GB/T 51129—2017）的A级装配式建筑评价标准，并荣获“广东省装配式建筑示范项目”称号，是校区一期工程7个地块中楼层最高、装配式面积最大、工期最短的地块。4栋宿舍楼装配式建筑面积共59 724m^2，包含预制柱、预制梁、预制楼梯、预制墙板和预制叠合楼板等构件，总构件数量为12 370件，平均一个标准层228个构件。装配式建筑塔楼在保证装配率的基础上，较好地保持了建筑的造型特色，实现了传统现浇方式建筑的效果。

该项目蕴含了很多高新技术，例如每个装配式构件粘贴一个RFID芯片，扫二维码可以查到构件的型号、规格等信息。而以往建筑工程所使用的混凝土、钢材等建材没有识别标志，一旦出现质量问题很难追查。装配式建造方式的出现为解决这一问题提供了条件。像搭积木一样造房子，这种绿色、节能、高效的建筑方式将引领建筑业革新。

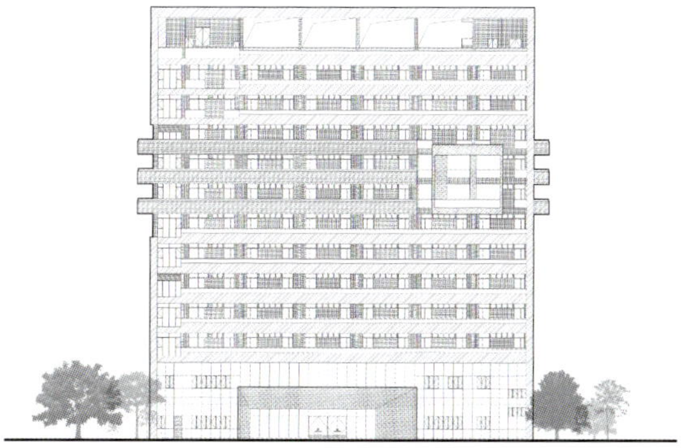
立面图

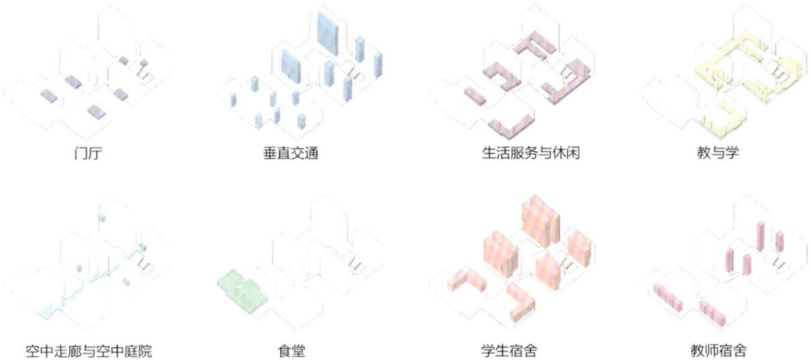

宿舍连廊与外廊交往空间

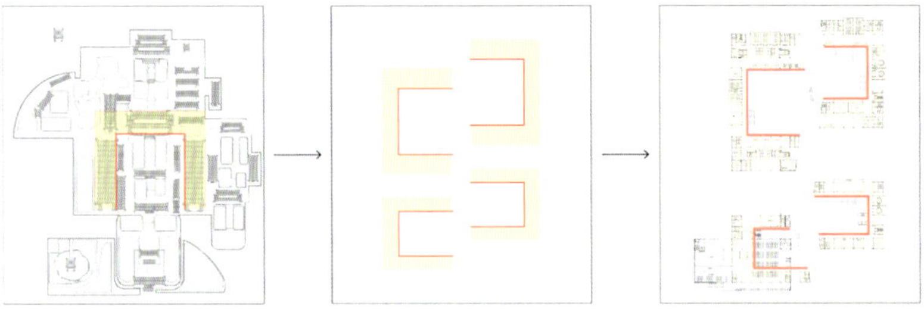

整体布局

功能组成

功能组织

学生宿舍综合区配套功能组织参照中国传统书院格局，通过抄手连廊将书院各部分功能串联起来，总体分为交通、生活、教学与休闲四大部分，在方案设计中，突破传统书院平面布局的限制，使得书院功能在竖向上得以延续。

书院式宿舍总体规划由4组U字形的“三合院”组成，功能上也呼应传统书院的功能构成教与学、生活与休闲的综合体。方案将传统书院的水平布局发展到竖向空间上，一层主要为生活服务与休闲功能，二层布置自习室、阅览室、图书室、展览、办公等教学空间,三层及以上为宿舍主体，提供近1 400套标准宿舍。

在西南角位置设置了面积约5 296 m^2，共设有餐位2 340个的两层食堂，为不同地区的学生提供可选择的餐饮风味，满足一站式生活需求。食堂主要餐饮区设置在南侧，尽享校园湖景，在室外区域还结合景观园林设置外摆区，增加师生与自然接触的界面。

立面造型

宿舍采用公建化的立面，力图打破传统宿舍过于整齐呆板的立面形式。沿湖多层宿舍采用坡屋顶形式，与湖边南侧公共教学区建筑形式呼应。北侧高层宿舍在整体的立面框架下，通过建筑体量的左右错动，加强了体量变化，从而减小了显得过于整体的建筑体量对周边建筑产生的压迫感。每个建筑立面上都“跳跃”着不同色彩的空中庭院，在砖红色彩中不时点缀鲜艳色彩，昭示年轻人的活力。

裙楼立面是塔楼的延伸，二者整合为一。裙楼不时套嵌的“盒体”既是上部元素的底层重现，也迎合了裙楼大空间的使用要求。不同标高的庭院与休闲区域营造出丰富且多层次的半室外体验，是传统书院平面构成的立体拓展，使学生在不同高度上产生视线、行为的互动。

宿舍区整体色彩沿用华南理工大学传统的红砖色彩，与湖周边建筑色彩统一。北侧塔楼屋顶与山墙采用干挂陶板，利用参数化手法，使3种不同色泽的陶板在山墙上组合成变化的图案，产生了丰富的层次感，在相对规整的山墙上产生变化的韵律。

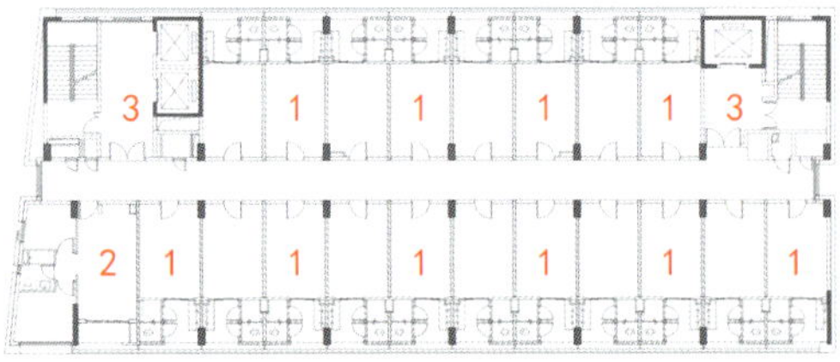

1 学生宿舍　2 教师宿舍　3电梯厅

宿舍标准层平面图

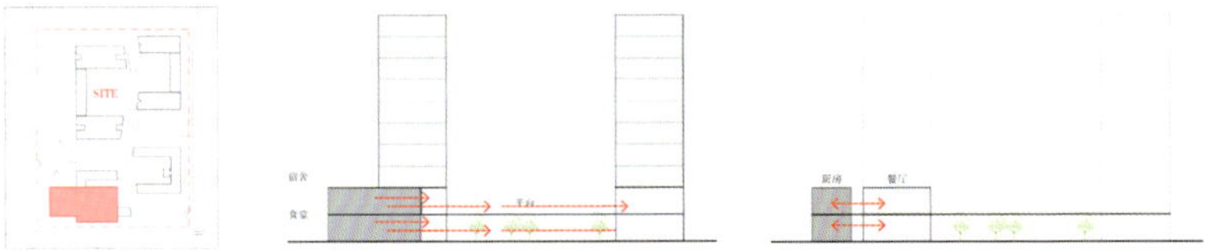

为实现学生24h方便快捷就餐，在宿舍楼下加入食堂功能，置于宿舍裙楼的西南角。

食堂与宿舍呈现一种嵌入式关系，并且相互连通，学生可以通过宿舍、地面及二层平台直接进入食堂就餐。

为保证宿舍区学生的人身安全，将食堂中会使用明火的厨房区域脱离宿舍楼设置。

宿舍与食堂关系图

海南大学观澜湖校区项目一期10-A/B/C/D学生宿舍

项目简介

海南大学观澜湖校区项目一期学生宿舍为伴随海南大学迅速发展，拟建的组合式学生宿舍楼，以创建世界一流学生居住设施为核心，对标国际先进大学的人居理念，满足校园功能多样化需求，营建适应热带气候特征的校园场所。

海南大学观澜湖校区项目一期学生宿舍位于校园西侧，东侧是校园学习中心及绿环。学生宿舍组团一共由4栋宿舍（编号分别为10-A、10-B，10-C、10-D）组成，从南向北总高度依次跌落。分别为1幢多层C形半开敞内廊式宿舍（6层，编号10-A），3幢高层板式半开敞内廊式宿舍（11层，编号分别为10-B，10-C、10-D）。宿舍首层主要功能为入口大堂、无人超市、报告厅、书吧、洗衣房、自习室、值班室等，标准层为4人间宿舍。校区共有宿舍1 056间，可容纳学生4 224人。

区位图

学生宿舍作为学生生活的载体，与国际一流大学所倡导的专业融合、学科交叉的发展理念相呼应。建筑体量围合形成共享景观庭院。人均居住指标达到国家标准水平并适度超前。项目倡导创新、共享、人性化的学生宿舍服务理念，营造健康向上的社区氛围；注重打造建筑大气不失活泼的整体气质。造型以退台、架空等形成错落有致的体块变化，同时构建通风廊道和遮阳平台。灵活多变的共享空间与标准化的宿舍单元有机叠合，形成集约高效的品质居住空间。

应对热带地区建筑对遮阳通风和生态节能的需求，建筑运用多样的、经济的被动式节能手段。主体采用深内凹阳台形成自遮阳，立面置入空中花园促进通风降温，立体平台与庭院结合景观绿化营造绿色、公共的交往空间，通过底层回廊、立体架空营造适应热带气候的校园空间。

公寓在满足宿舍功能的基础上，融入活动中心、生活服务、室内文体、阅读影音等复合化功能，使其成为一座集住宿、交往、活动、休闲功能于一体的创新型大学公寓聚落。建筑组团作为一个多样化空间的聚集体，供各个专业的学生在此交融碰撞。

项目概况

建设地点： 海南省海口市
建设时间： 2021年5月—2023年7月
建筑面积： 50 443 ㎡
建筑层数： 6~11层
设计单位： 华南理工大学建筑设计研究院有限公司
结构形式： 钢筋混凝土框架结构

宿舍单元采用小面宽大进深的设计，平面布局配合家具设计合理地划分服务区、休息区和盥洗区。休息区上床下桌的模块化家具可便利组装，在保障上区休息区私密性的同时，下区配备书桌、书架、衣柜，形成相对独立的个人空间。阳台进深加大，有利于立面遮阳与隔热。宿舍单元可以通过更换家具，灵活调整居住人数和模式。留学生楼总建筑面积为26 964 m^2，最高为7层，含住宿、餐厅、休闲活动等功能。其共设有宿舍1 601间，其中单人间宿舍552间、双人套间宿舍188间，无障碍宿舍1间。标准单元面宽3 100 mm，进深5 950 mm，层高3 000 mm，标准层床均面积26.4m^2。

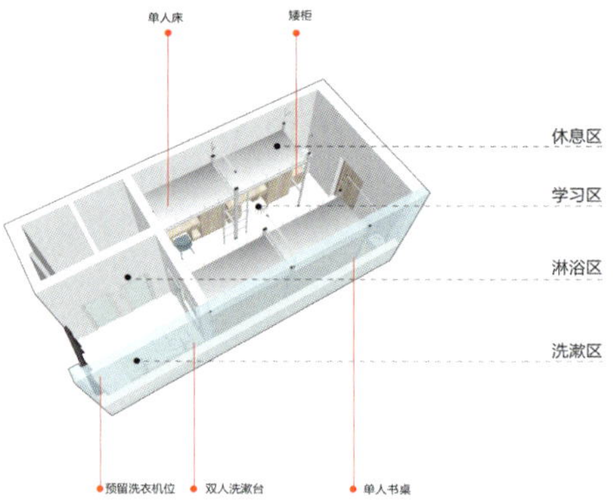

标准单元功能分区示意图

1宿舍入口
2值班室
3入口门头
4收发室
5洗衣房
6咖啡吧、书吧
7清洁间
8强电井
9弱电间
10电梯厅
11报告厅
12宿舍
13无障碍宿舍
14形体房
15生活装配式水箱
16无人超市
17预约讨论室

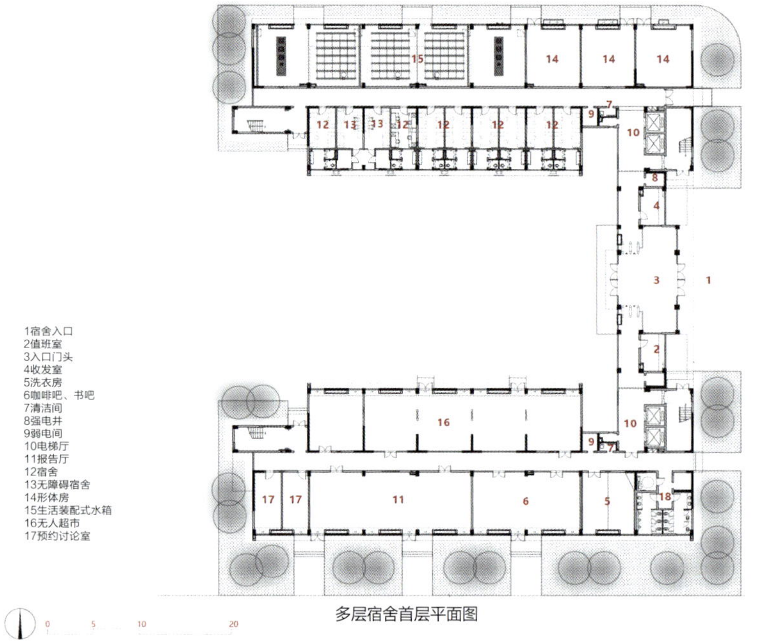

多层宿舍首层平面图

1宿舍入口
2值班台
3咖啡角
4庭院
5洗衣房
6架空层
7清洁间
8强电井
9弱电间
10电梯厅
11报警阀间
12合用前室
13值班室
14学生自治委员会
15辅导员办公室
16团学组织、易班工作室
17心理咨询室、宣泄室
18卫生间
19后勤用房
20自习室
21有声阅读室
22创新创意工作室、党员之家
23多功能会议室
24预约讨论室

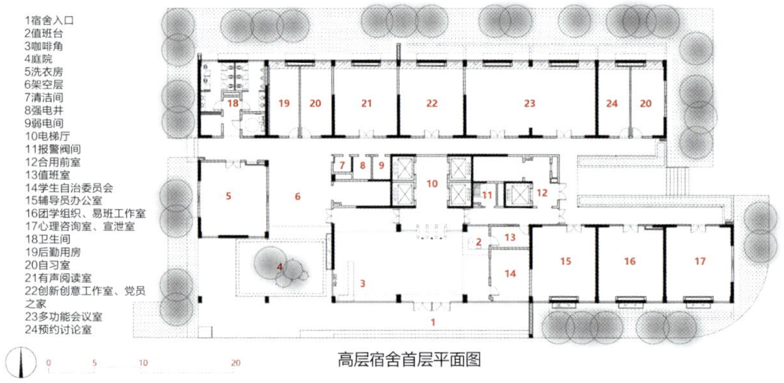

高层宿舍首层平面图

1宿舍
2走廊
3生活水泵
4活动平台
5后勤附属用房

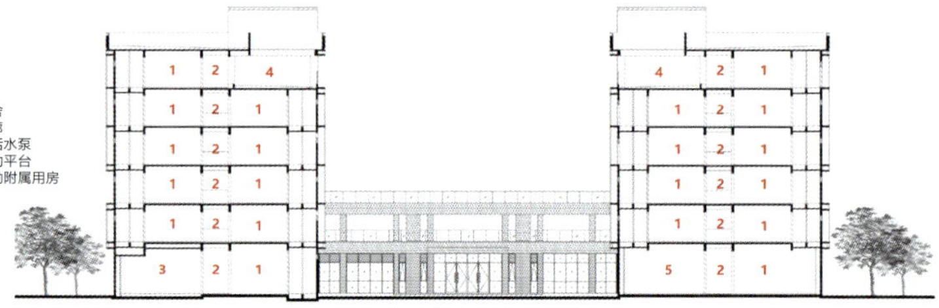

剖面图

四人间平面图

成都理工大学产业技术学院B1、B2、B3学生宿舍

项目简介

成都理工大学产业技术学院学生生活区靠近学院组团布置。学生宿舍采用围合式建筑布局，部分宿舍底层设有学生生活服务设施、公共服务用房。每层设置学生活动室、自习室等用房，形成完善的学生生活学习书院系统。

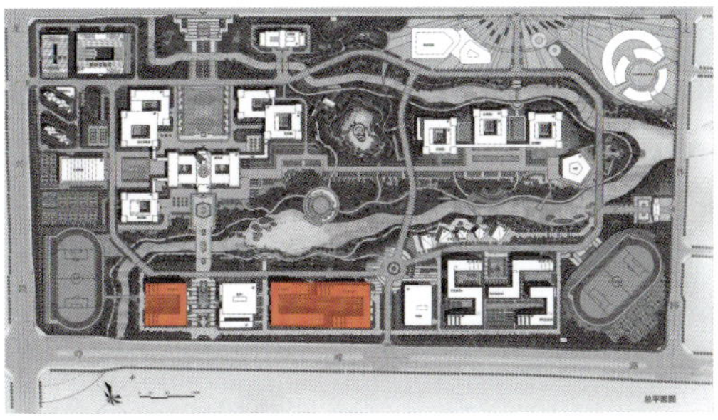

区位图

项目概况

建设地点： 四川省宜宾市

建设时间： 2020年1月—2020年6月

建筑面积： 58 167 ㎡

建筑层数： 6层

设计单位： 同济大学建筑设计研究院（集团）有限公司

结构形式： 钢筋混凝土框架结构

宿舍采用退台的形式争取更多景观面，北侧沿湖面展开并设置休憩交流空间。底层灰空间设置餐饮、自修、学习、活动等共享功能。从空间角度分析，项目形成了室外—过渡空间—室内的组织序列，强化了室内外的渐变特征，也丰富了宿舍形态。建筑主立面采用木色格栅与浅灰色面砖的搭配，局部穿插休息区形成交流、观景空间。

学生生活区靠近学院组团布置。学生宿舍采用围合式建筑布局。部分宿舍底层设有学生生活服务设施、公共服务用房；每层设置学生活动室、自习室等用房，形成完善的学生生活学习书院系统。

本项目共设有宿舍5 094间，其中双人间无障碍宿舍3间，四人间宿舍1 272间，共有床位5 094个。标准单元面宽为3 400 mm，进深为5 400 mm。标准层床均面积为10.88 m^2。

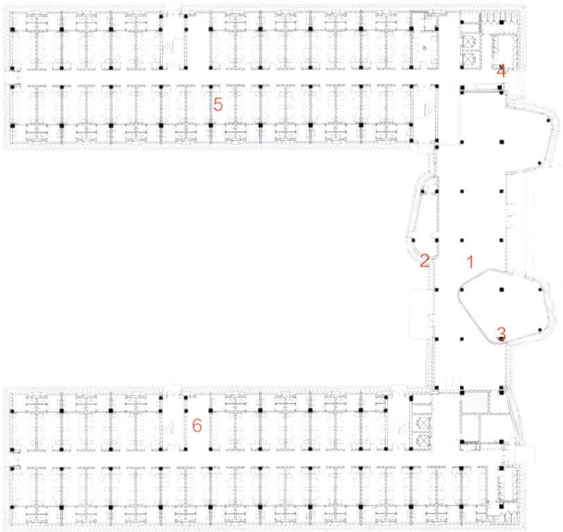

1.门厅
2.管理
3.活动
4.公卫
5.标准学生宿舍
6.活动室

首层平面图

成都理工大学产业技术学院二期B6培训生宿舍

项目简介

成都理工大学产业技术学院二期B6培训生宿舍位于校园主路南端，靠近南校门。建筑南侧面向城市道路，作为建筑的主要城市展示面。建筑西侧为校园主路，东、南、北侧均为6 m宽普通校园道路，主要出入口设置于南侧校园道路。

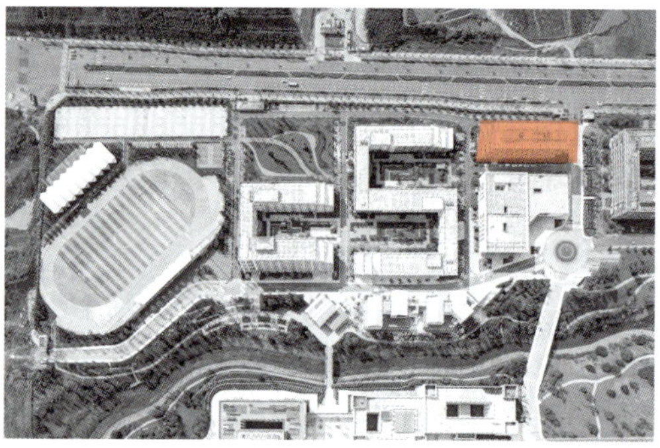

区位图

项目概况

建设地点： 四川省宜宾市

建设时间： 2021年11月—2022年10月

建筑面积： 20 293 ㎡

建筑层数： 14层

设计单位： 同济大学建筑设计研究院（集团）有限公司

结构形式： 钢筋混凝土框架剪力墙结构

本项目通过方形体块的堆叠形成富有动感的建筑体量和丰富的活动空间。每2层在东西两端设置室外活动平台。建筑底部采用深灰色外墙和锈红色金属穿孔板，营造稳重又不失活泼的建筑底座。建筑上部采用白色涂料作为底色，立面交错出现橙色的洞口，局部点缀木纹金属格栅。整体造型富有立体感、活力感。

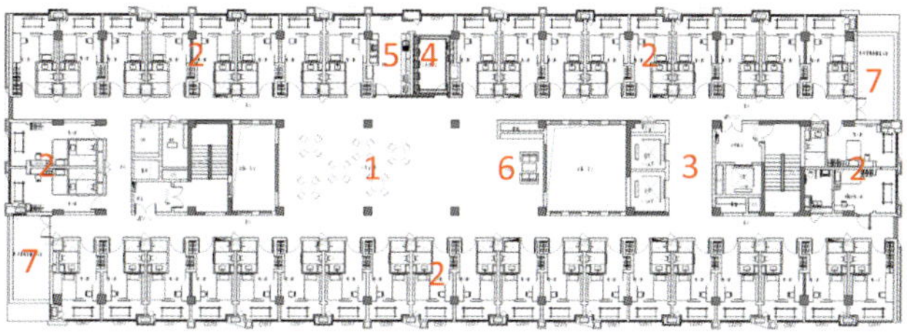

标准层平面图（中庭层）

1.公共活动区
2.宿舍
3.电梯厅
4.公共洗衣房
5.茶歇
6.交流区
7.露台

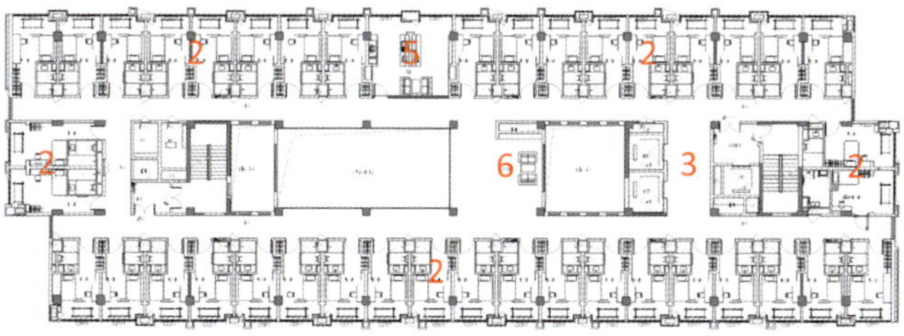

标准层平面图（挑空层）

2~14层设置培训生宿舍，1层西侧设置医疗所，1层北侧设置后勤生活用房。水箱间等设备用房集中设置于屋面。宿舍、后勤、医疗、活动四大功能分别设置于独立出入口。宿舍从南侧主入口门厅进入，通过核心筒进入2~14层宿舍空间；后勤区从北侧入口进入；医疗所从西侧入口进入。

从2层起，每层设置茶歇间和交流区。从3层起，每2层设置公共活动区，活动区贴临内院，实现自然通风采光，同时在东西端设置室外活动平台。3、6、9、12层设置公共洗衣房，配置洗衣机、烘干机、烘鞋机等设施。

培训生宿舍共有单人间宿舍504间（含无障碍单人间5间、套间16间）及后勤生活用房四人间15间，合计床位数564床。宿舍标准单元面宽3.3 m，进深6.3 m，配置独立卫生间，标准楼层床均面积为36.5 m^2。无障碍单人间内设无障碍厕所，其大小、入口门扇、便器的高度、扶手以及按钮的设置均按照规范进行设计。

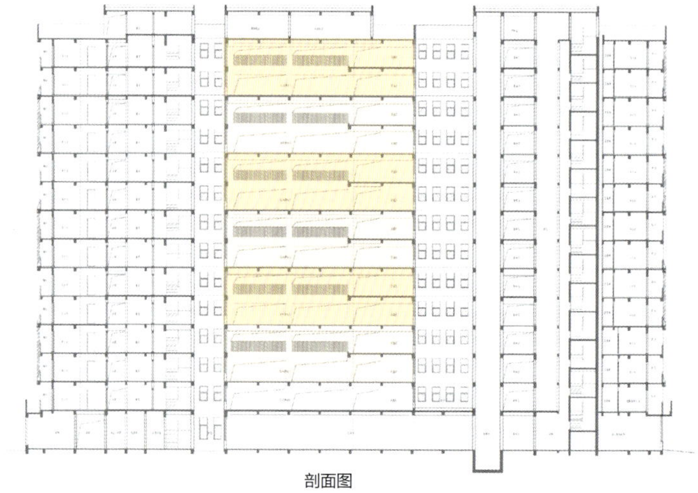

剖面图

四川轻化工大学本科生宿舍

项目简介

四川轻化工大学学生宿舍的造型设计一方面意图呼应川南民居具有的空间特征和形体特征；比如院落的围合和起伏的屋顶；另一方面也借鉴西方经典学生宿舍的实例，在这种不同高差起伏的山地环境中为学生创造错落有致、空间开放、丰富、融合的居住环境。新校区建筑单体以“和而不同”为总体设计理念，注重传承中式民居的建筑文脉以及地域建筑特色，融入中国传统园林式布局的特点，打造明快、流畅和高雅的现代中式建筑风格；寻求现代文化、白酒文化、地域文化多元的和谐统一，追求新校区独特的文化氛围。

区位图

项目概况

建设地点： 四川省宜宾市

建设时间： 2016年11月—2017年9月

建筑面积： 217 444 ㎡（地上208 637 ㎡，地下8 807 ㎡）

建筑层数： 6层

设计单位： 同济大学建筑设计研究院（集团）有限公司

结构形式： 钢筋混凝土框架结构

建筑单体外立面材质采用红色、白色面砖，底层学生生活服务部分采用本地文化石，深色瓦屋面，形成新校区宁静古朴而又富有活力的书院气质 。在满足校园建筑实用功能的前提下采用现代技术和本地材料，力求真实表达多元的地域建筑文化，同时构建充满浓郁文化氛围和地域特征的经典校园形象。

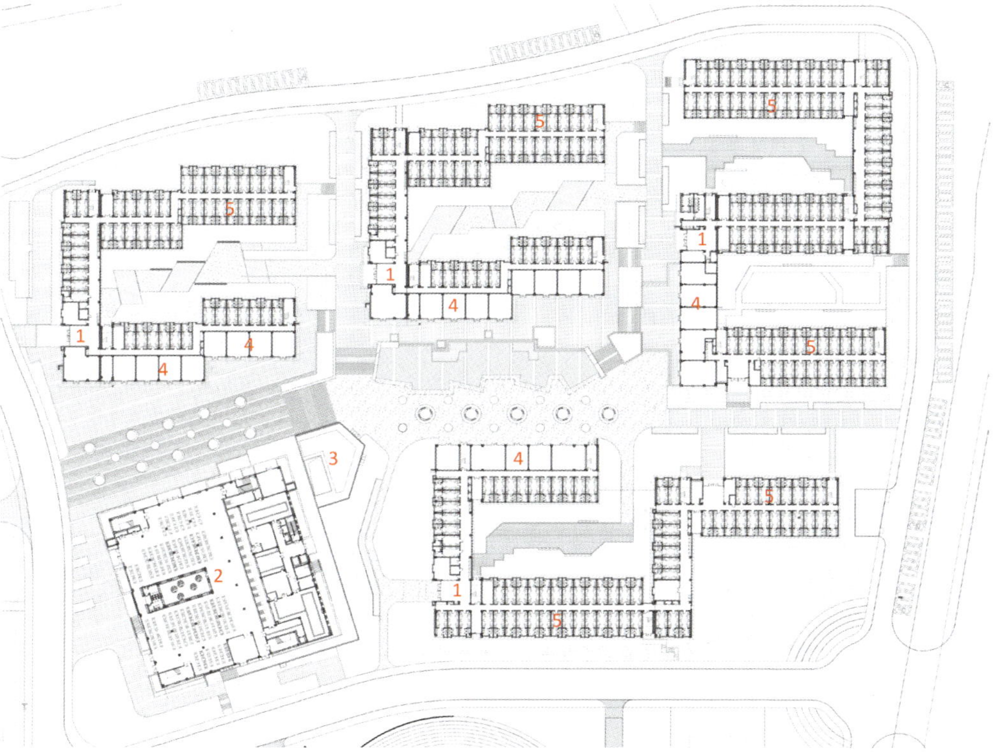

学生宿舍平面布局简单，分为南北两翼，均为中走道布局，1层设有部分学生服务中心、洗衣房、值班室、无障碍宿舍等，2层至5层均为四人间宿舍及部分学习活动空间，6层南侧为四人间宿舍，北侧为楼梯间、学习活动室及结合坡屋顶造型所形成的闷顶与屋面。

1.门厅
2.食堂
3.超市
4.生活服务
5.标准学生宿舍

宿舍首层组合平面图

四川轻化工大学留学生宿舍

项目简介

四川轻化工大学留学生宿舍总建筑面积26 964 m^2，最高为7层，含住宿、餐厅、休闲活动等功能。其共设有宿舍1 601间，其中单人间宿舍552间、双人套间宿舍188间、无障碍宿舍1间，总共有床位929个。

标准单元面宽3 100 mm，进深5 950 mm，层高3 000 mm。标准层床均面积26.4m^2。

区位图

剖面图

项目概况

建设地点： 四川省宜宾市

建设时间： 2017年10月—2018年11月

建筑面积： 26 964 ㎡

建筑层数： 7层

设计单位： 同济大学建筑设计研究院（集团）有限公司

结构形式： 钢筋混凝土框架结构

建筑主立面采用红色面砖，屋顶采用深灰色瓦屋面。在东主入口利用楼梯间设置标志性钟塔，形成区域中心。留学生宿舍的功能配套齐全，每层都配有单独的学习活动室。底层配有健身房、洗衣房、图书阅览室、精品餐厅等功能区，每层设有两种标准房间，环境优美，生活便利。

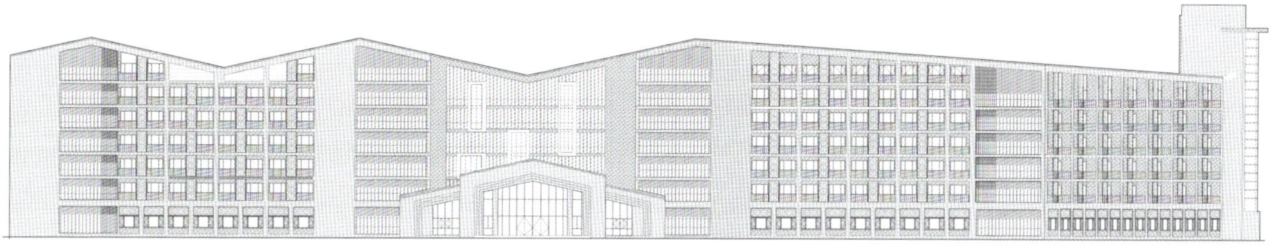

立面图

首层平面图

西华大学宜宾产教融合实训基地建设项目（二期）学生宿舍

项目简介

西华大学宜宾产教融合实训基地宿舍楼组团位于校园后部生活区，由于二期用地范围内有白砂堰和自然山体，可建设用地相对局促，因此学生宿舍楼规划设计为4栋高层建筑。宿舍结合地形起伏沿白砂堰及山体等高线走向布局。

组团共有4栋高层学生宿舍。建筑为L形平面，西侧1#、2#为男生宿舍，东侧3#、4#为女生宿舍。4栋L形宿舍楼屋顶成跌落造型，与周围的山体呼应，置身于半围合的院落中，步移景异，别具一格。

区位图

项目概况

建设地点： 四川省宜宾市

建设时间： 2020年10月—2021年8月

建筑面积： 64 279 m²

建筑层数： 12~13层

设计单位： 同济大学建筑设计研究院(集团)有限公司

合作设计： AtelierFCJZ Inc.（非常建筑）

结构形式： 钢筋混凝土框架结构

平面设计

西华二期规划入住6 200人，作为西华大学宜宾研究院一期的扩展，整体统筹规划。二期共有4栋高层学生宿舍。男生宿舍一层沿街为底商，女生宿舍一层沿街为底商和后勤用房，与食堂一起围合成学生广场。标准层采用中走道布局，每层转角处内侧设置活动室，外侧设置阳台。宿舍为四人间，寝室临走道，套内卫生间靠外墙，有利于通风。学生宿舍共4栋，建筑层数为12、13层，共设有学生宿舍1 552间，四人间宿舍1 548间、无障碍二人间宿舍4间，总计床位6 200张。

居住空间

以1#男生宿舍四人间为例：标准单元面宽3.6 m，进深7.4 m，其中居室部分进深4.7 m，阳台兼盥洗区进深2.7 m。标准层建筑面积1349.2 m²，144个床位，层床均面积9.37 m²。四人间宿舍居室区域使用面积为15.64 m²。

卫生间和盥洗区结合阳台靠外墙布置、卫生间区域使用面积2.92 m²。阳台兼盥洗区使用面积4.79 m²，包含一个蹲便器隔间、一个淋浴隔间、双台盆及镜箱。阳台天花设置晾衣竿等。窗台外设空调外机机位。

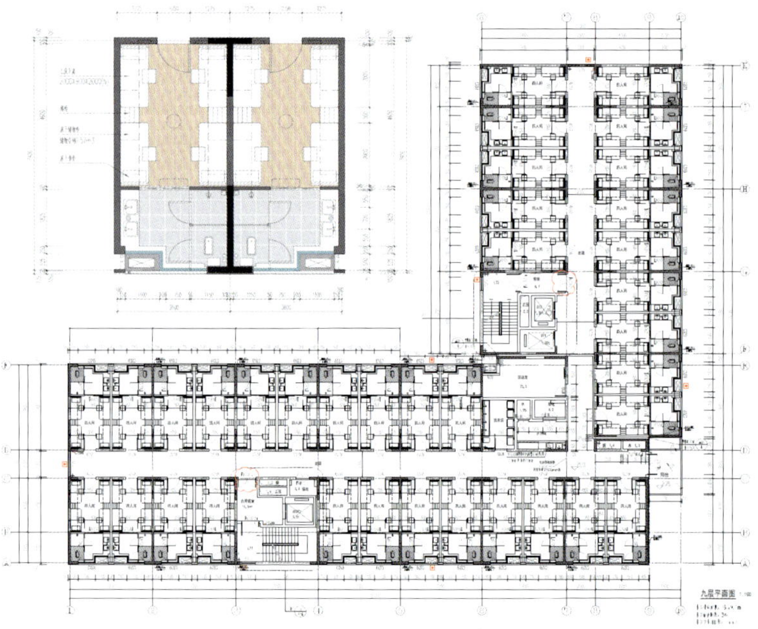

平面图

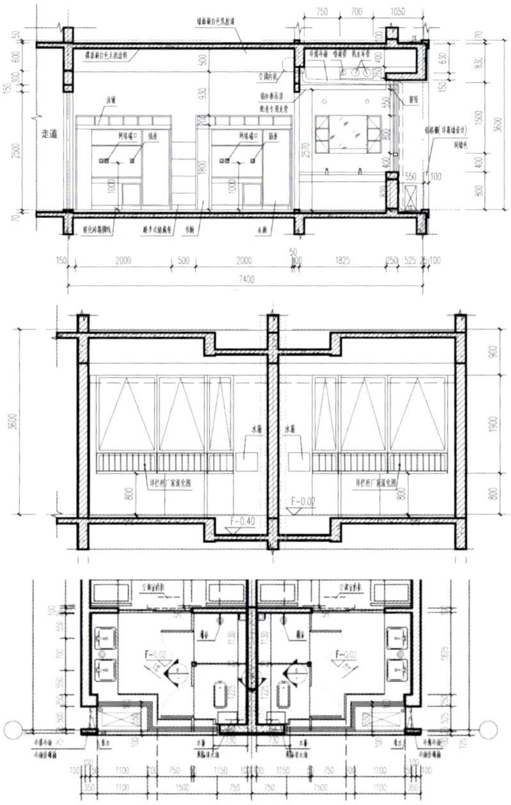

单元详图

立面图

形态设计

4幢高层宿舍楼本着“依山就势、高低错落、显示透绿、变化统一”的设计理念，建筑天际线高低起伏，建筑平面布置顺势而为。

宿舍设计采用了分体空调，将相邻两居室的两台分体空调外机靠拢布置，结合台盆区外窗的内凹，自然形成了立面的节奏感和韵律感。

成都中医药大学温江校区第18栋学生公寓

项目简介

成都中医药大学温江校区第18栋学生公寓位于校园西北角，总占地面积8 545 ㎡。本项目呈“E”形布置于生活区西北角，东侧紧邻已建宿舍区，南侧为校园预留用地，西侧为市政道路，北侧毗邻校外住宅区。结合场地现状、周边环境与实际功能需求，建筑布置成半围合状态，通过连廊连接东侧已建宿舍区，自然围合成具有书院气息的校园生活组团。宿舍南侧为地下车库入口，东侧为人行入口，人车分流，高效安全。内庭院集合已有庭院，围合为书院式的生活交流空间，通过连廊，有机串联已有宿舍，方便学生交流及物业管理，既保证消防疏散的要求，又方便学生的日常使用。东侧和沿市政道路的西侧设置为主要形象展示面，立面设计提取校园原有灰白面砖作为建筑元素，延续建筑风格；外墙采用真石漆、氟碳漆、涂料，呈现出简洁现代的外观。建筑每两层设通高的交流、学习、展示空间，丰富建筑的空间，提高校园文化质感。每层有49个宿舍单元、3个公共活动空间。疏散楼梯间均匀分布在建筑中，保证安全和便捷。

区位图

项目概况

建设地点： 四川省成都市

建设时间： 2021年10月—2023年7月

建筑面积： 31 646 ㎡（地上26 920 ㎡，地下4 726 ㎡）

建筑层数： 12层

设计单位： 机械工业第六设计研究院有限公司

结构形式： 钢筋混凝土框架剪力墙结构

本项目的设计理念源于“I”形建筑与旧有建筑的对话。在学校的书香院落的愿景下，设计团队尊重并延续原有建筑的肌理，同时通过几个体块的伸展，与旧有建筑形成呼应，创造了两个内院空间；新建建筑在校园层次上，从校园中心的图书馆出发，沿着旧有公寓的轨迹“生长”而出，体现了中国古代太极的思想脉络。设计团队参照旧有建筑的立面特征，选取了灰白两种颜色作为立面的主要基调。

主要立面以横向阳台为主导，形成了横向的节奏。建筑的立面由每层的楼板横向元素、竖向格栅以及若干三棱锥体块窗构成。格栅和体块窗的设计既保证了宿舍卫生间的私密性，又引入了室外明亮的自然光源。宿舍单元之间的空调机位也用格栅遮挡，使其不影响整个立面的氛围。两层通高的室外交流空间使其与其他传统宿舍楼区别开来，满足了新时代学生的使用需求，在满足学生沟通交流和日常生活的功能需求的同时，整个立面构图平衡，疏密有序。

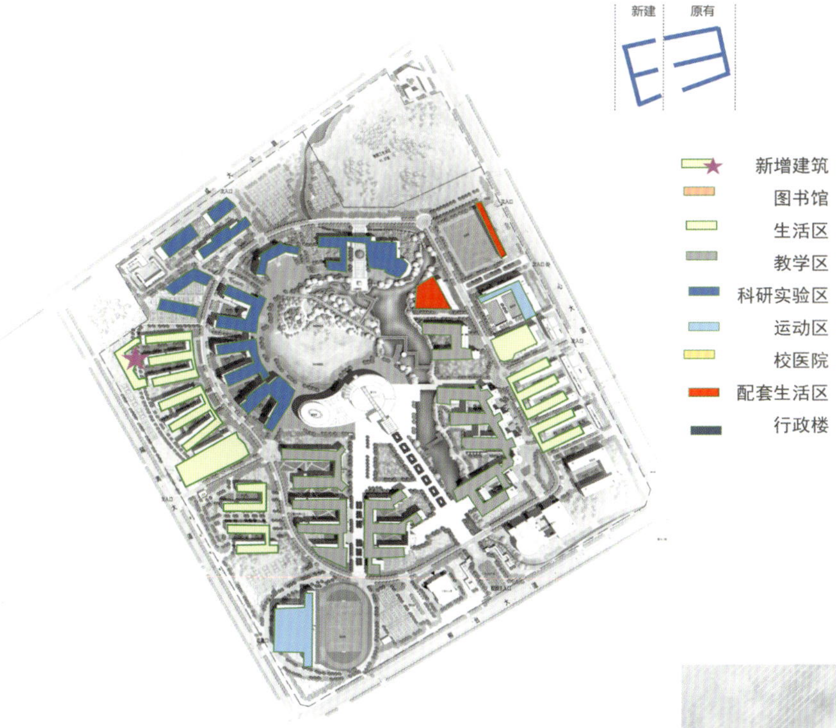

功能分区图

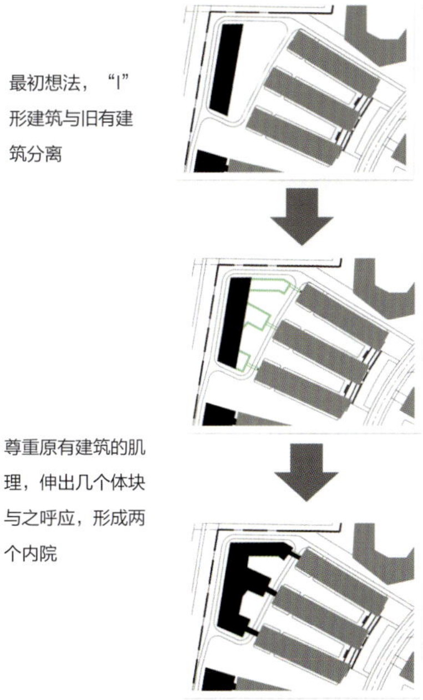

设计构思示意图

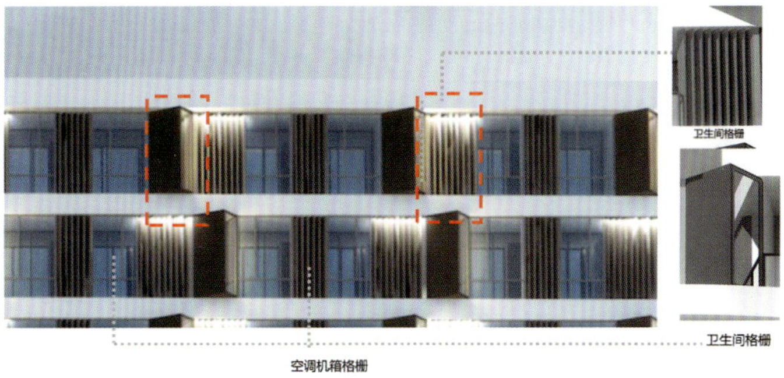

院落式布局

新建建筑与原有建筑相互连接，产生围合之势，使每个宿舍集合不再是分离的个体而是成为一个单独的整体、一个个独立的院落。院落既是中国传统文化符号，也分割了内外空间，形成了独特的中式景观，并且方便管理。从温馨的院落到清新的园林，从风雨操场再到繁华的美食街，校园给予学生的不只是学习的空间，还有对生活的感受与对生命的理解。

文脉延续

本项目在宏观上贴合校园整体脉络，微观上承接原有建筑骨架，延续原有规划道路体系，在新建建筑四周按需设置消防通道与消防扑救面。

项目充分利用自然采光，公共区域、景观照明采用分区、定时控制，楼梯间照明采用节能延时开关控制，选用低损耗、低噪声变压器，实现用电的节能控制；按照国家相关规范充分考虑无障碍设施等的设置，设置了无障碍通道、无障碍电梯、残疾人专用宿舍等。公寓内设置了专门的洗衣房12间（面积约300m^2）、直饮水系统12套、熬药房1间（28m^2）、学习区约500 m^2。

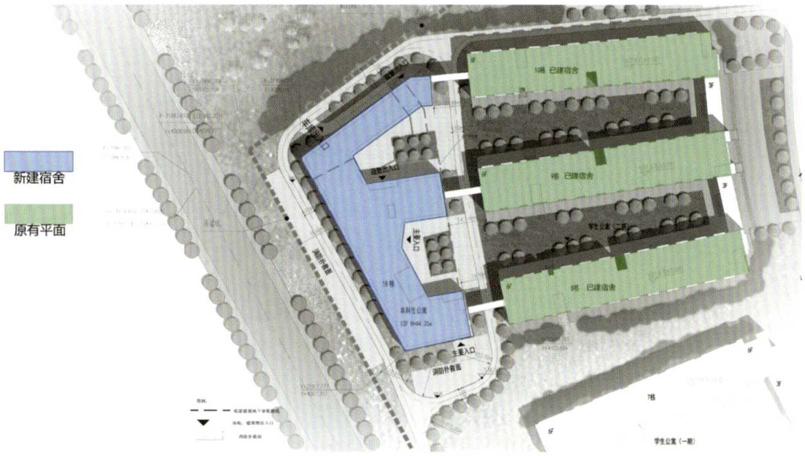

功能分析——总图

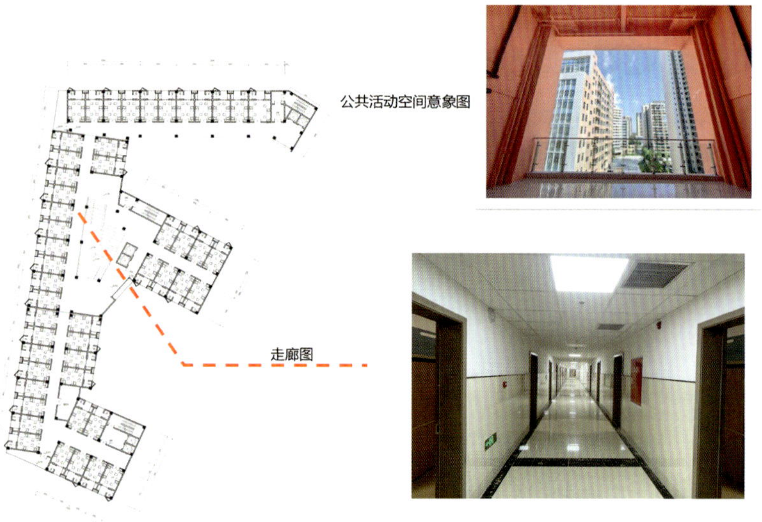

宿舍平面分析图

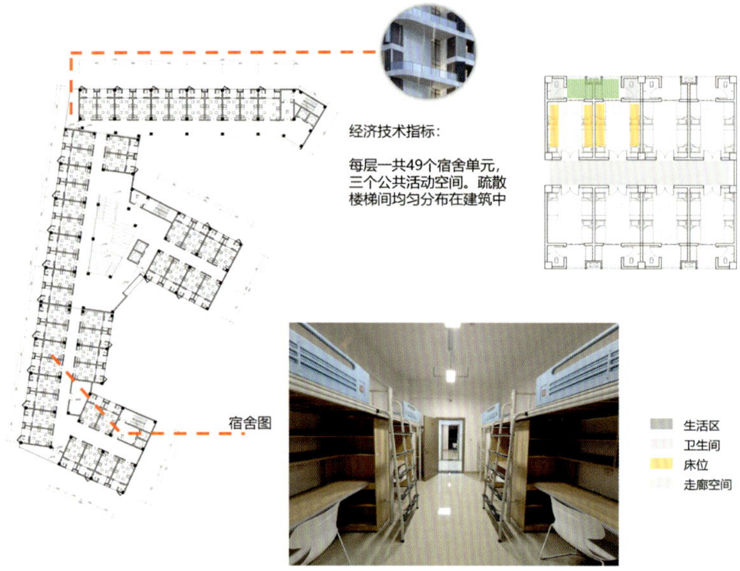

宿舍平面分析图

成都工业学院宜宾产教融合实训基地学生宿舍

项目简介

成都工业学院宜宾产教融合实训基地学生宿舍组团位于中心湖北侧。组团四周校内道路环通，北侧紧临校园北界的观山路，西侧与学生食堂隔路相望。6幢宿舍楼单体围绕景观绿地组团式布局，自然围合成内部庭院。

平面设计

整个组团由两条南北向的校内道路穿越。其中宿舍1#和2#由联合门厅在底层连通。宿舍1#的一层西侧和宿舍2#的一层南侧设置学生街，其与西侧的学生食堂共同营造良好的生活氛围，提供便利的生活服务设施。宿舍3#和4#位于整个宿舍组团的中区，其中宿舍3#为男生宿舍，宿舍4#是女生宿舍，分别可由独立门厅进入。宿舍5#和6#由联合门厅在底层连通。宿舍5#功能复合，其西侧功能设置为留学生公寓，由底层的独立门厅进入。

标准层采用中走道布局，外侧设置阳台。宿舍为四人间，寝室临走道，套内卫生间靠外墙，有利于通风。学生宿舍共6栋，建筑层数6层，共设有学生宿舍1 264间，总计床位5 028个。

项目区位图

项目概况

建设地点： 四川省宜宾市

建设时间： 2021年4月—2021年12月

建筑面积： 53 254 ㎡（宿舍区建筑面积）

建筑层数： 6层

设计单位： 同济大学建筑设计研究院(集团)有限公司

结构形式： 钢筋混凝土剪力墙结构

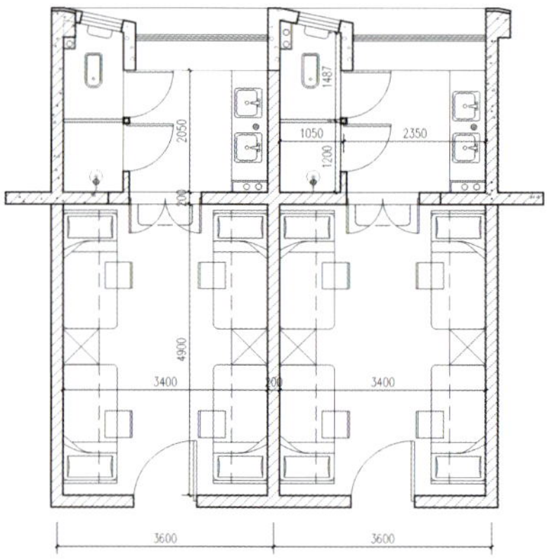

宿舍单元平面图

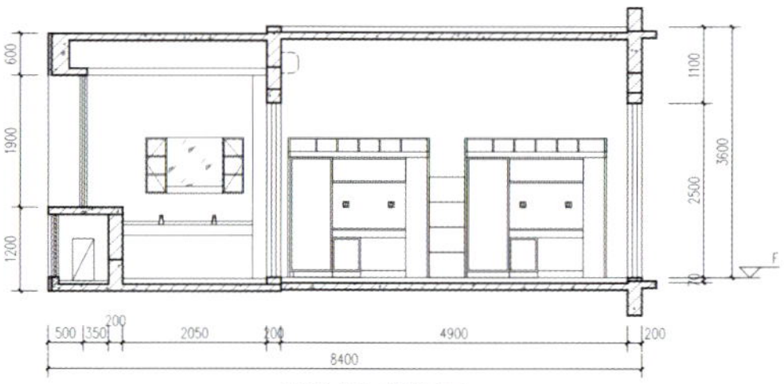

宿舍单元剖面图

一层平面图

居住空间

四人间宿舍标准单元面宽3.6 m，进深7.8 m，其中居室部分进深5.1 m，阳台兼盥洗区进深2.7 m，标准层建筑面积3 247.33 m^2，340个床位，层床均面积9.55 m^2。四人间宿舍居室区域使用面积16.66 m^2，卫生间区域使用面积2.69 m^2，阳台兼盥洗区使用面积4.71 m^2。宿舍内包含一个蹲便器隔间、一个淋浴隔间，双台盆及镜箱，阳台天花设置晾衣竿。窗台外设空调外机机位。

立面设计

学生宿舍立面风格简洁现代，南向为单坡顶造型。宿舍立面单元的重复体现出工业气质，局部阳台的小尺度出挑打破了立面肌理。木色铝板的勾勒创造立面趣味点。建筑整体采用仿石喷涂，利用涂料的深浅结合建筑的进退关系构建局部丰富的建筑细节。底层学生服务设施通过活跃的立面进退展现学生的青春气息，营造生动的生活氛围。

立面图1

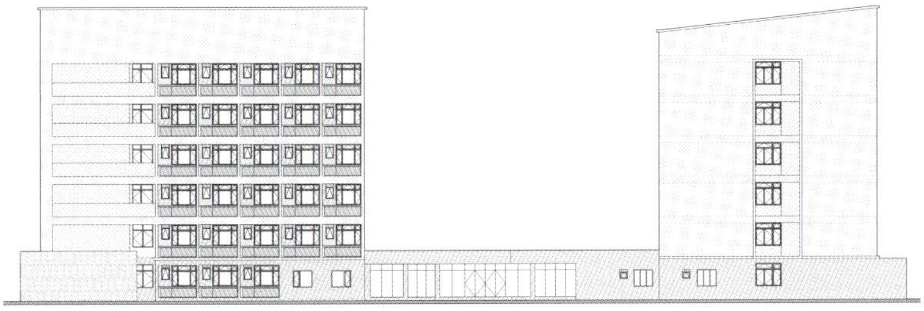

立面图2

宜宾职业技术学院南溪校区生活组团

项目简介

本生活组团位于宜宾职业技术学院南溪校区，临近不同的书院组团设置，总建筑面积约为17.7万m^2，设置了面向专科、本科等不同学制学生的宿舍3 541间，可满足18 000多名全日制学生的入住。

设计构思

建筑设计理念

自然共生，尊重场地浅丘山地要素特征——生活组团分3组，分别布局在校区西侧、南侧、东侧。三地高程均有不同，场地边均有现状浅丘。结合地势，建筑错落布局，减少密集度，结合浅丘绿地，形成灵动的山峦起伏之势，与周边自然山水完美契合。

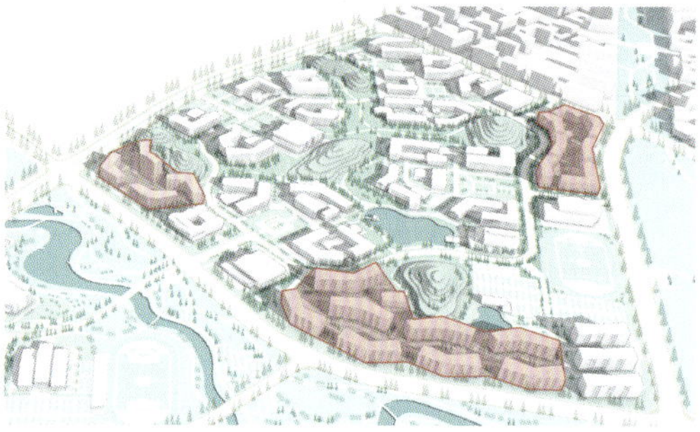

区位图

项目概况

建设地点： 四川省宜宾市

建设时间： 2022年4月—2023年6月

建筑面积： 177 106 ㎡

建筑层数： 5~8层

设计单位： 同济大学建筑设计研究院（集团）有限公司

合作设计： 上海同济城市规划设计研究院有限公司

结构形式： 钢筋混凝土框架结构

聚落布局，建立围而不合的共享交往空间，通过对传统宿舍建筑形体的改造，将宿舍建筑弯折一定角度，围合出流动的内院空间，使其成为课外交流和活动的公共空间。公共空间承载休闲、交往、健身等多种复合共享功能，打造素质教育第三课堂。

生态组团，应对当地多雨潮湿的气候特点——项目秉持“人与自然并育的共生校园，新一代身心健康的育人场景”的设计理念。宜宾气候温和、热量丰足、雨量充沛、光照适宜、冬暖春早、四季分明。在平面布置上，卫生间布置在有自然通风的一侧，加强空气流通。南向房间数控制在50%以上。屋顶形式借鉴四川民居坡屋顶，更有利于排水。屋顶空间局部透空，便于空间通风。此空间还可以放置必要的设备设施。

景观设计理念

画境山水——景观设计从宋代画作《溪山行旅图》中提取“飞流、叠瀑、秋林、竹溪、榕台”，仿佛传统山水画中的散点透视，单个局部自成一体，宏观又成一幅完整画卷。山水基底为学子开辟静谧氛围，以具有悠远意境的场所承载学子读书的动静用功。

林廊·微庭——四川民居自然生长于林中，形成建筑与自然和谐共融的川西林盘形态，其结构可总结为“外林内院”。项目结合崇尚自然的宋韵美学，融入返璞归真和格物致知两种认知心理，向外寄情山水，陶冶心灵；向内见微知著，博学内省，构成“林廊”“微庭”两种反差与共生的庭廊空间。

能源利用

考虑学校有寒暑假，建筑间歇使用生活热水，故可再生能源未采用太阳能热水系统。本项目宿舍区采用储热水箱+空气源热泵结合的方式制取热水。

无障碍设计

每栋宿舍楼均设有一间无障碍宿舍，内设有无障碍卫生间。每栋宿舍均设有一部无障碍电梯。

形体生成

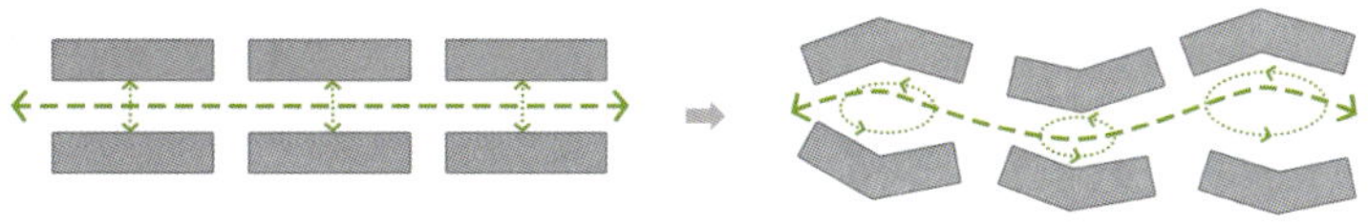

传统宿舍布局　　顺应场地布局

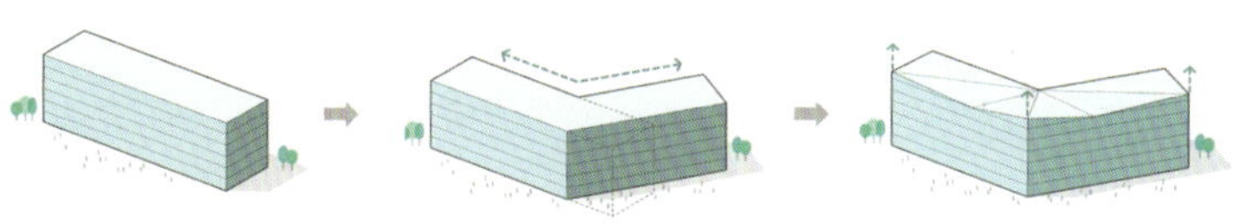

体量生成　　院落围合　　坡顶优化

西区生活组团平面　　南区生活组团平面　　东区生活组团平面

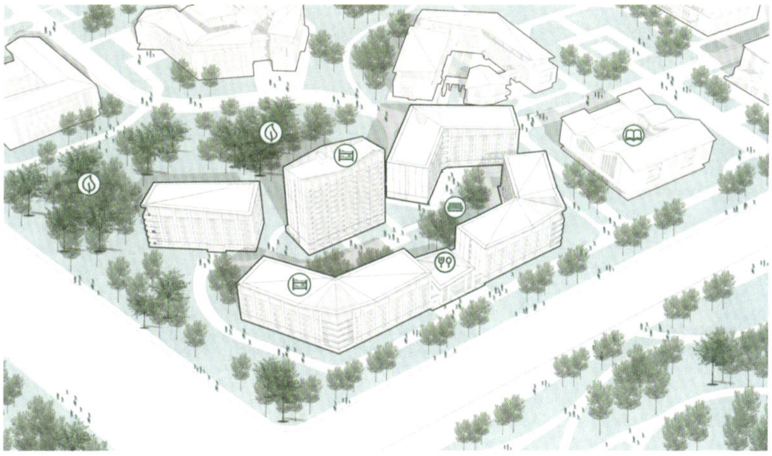

自然共生 聚落布局生态组团

关键性指标

学生宿舍共分为西区、南区、东区3个组团，每个组团均形成围合的生活庭院，庭院内设有学生活动区，部分宿舍底层设有学生服务用房。学生宿舍共18栋，建筑层数5~8层，共设有学生宿舍3 541间，其中六人间2 010间，四人间1 513间，无障碍二人间17间，无障碍一人间宿舍1间，总计床位18 147个。

六人间宿舍以南区10#宿舍为例：标准单元面宽3.6 m，进深9.2 m，其中居室部分进深6.5 m，阳台兼盥洗区进深2.7 m，标准层建筑面积1 879 m^2、252个床位，层床均面积7.46 m^2。六人间宿舍居室区域使用面积21.42 m^2，卫生间区域使用面积2.86 m^2，阳台兼盥洗区使用面积5.13 m^2。

四人间宿舍以东区16#宿舍为例：标准单元面宽3.6 m，进深7.8 m，其中居室部分进深5.1 m，阳台兼盥洗区进深2.7 m，标准层建筑面积1 356 m^2、132个床位，层床均面积10.27 m^2。四人间宿舍居室区域使用面积16.66 m^2，卫生间区域使用面积2.86 m^2，阳台兼盥洗区使用面积5.13 m^2。

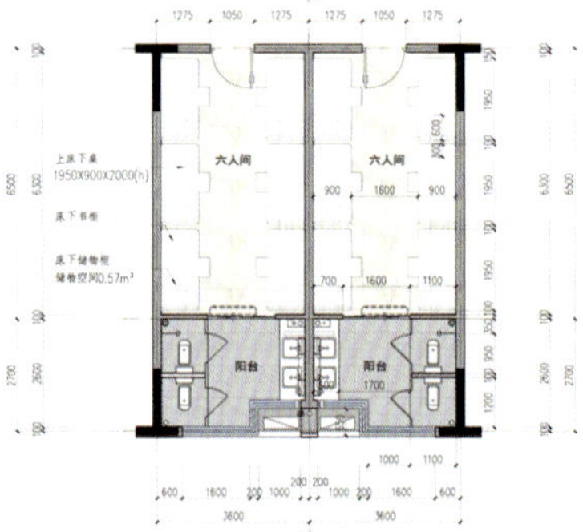

六人间宿舍平面图

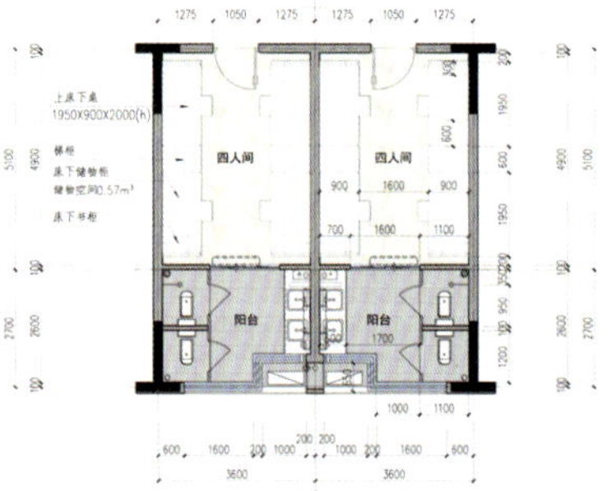

四人间宿舍平面图

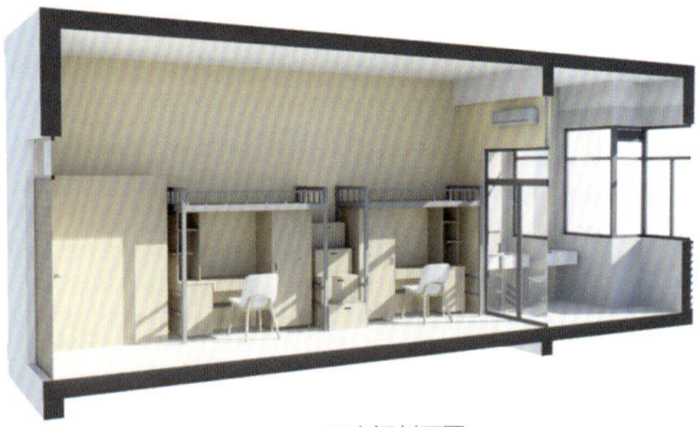

四人间剖面图

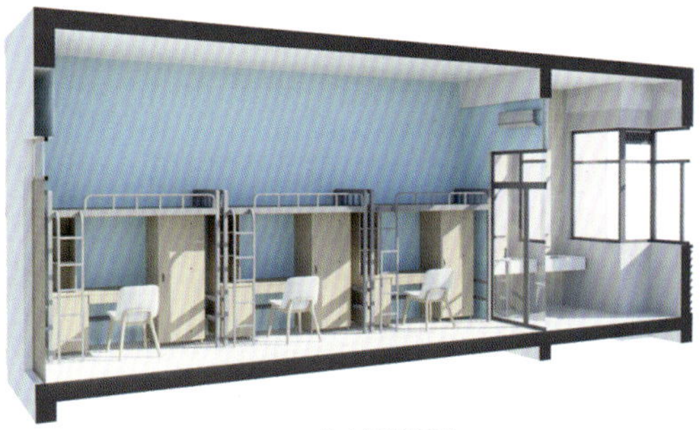

六人间剖面图

西安交通大学科技创新港科创基地学生宿舍

项目简介

中国西部科技创新港位于西咸新区沣西新城渭河南岸，为教育部和陕西省共建的国家级项目，由西安交通大学与西咸新区联合建设。

学生宿舍分布于港内3处区域，分别命名为朗园、惠园及和园。其中朗园和惠园分别新建12栋宿舍楼，和园新建10栋宿舍楼，共计34栋学生宿舍楼。每栋11层，三人间、四人间分布于一楼，一楼以上均为五人间，且各区域包含一个食堂。

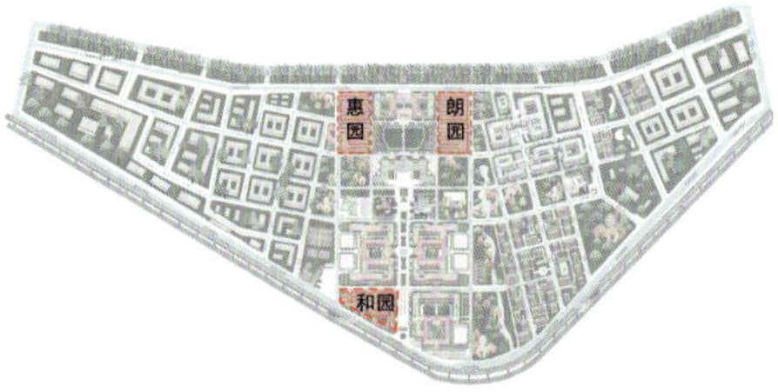

宿舍区总体分布图

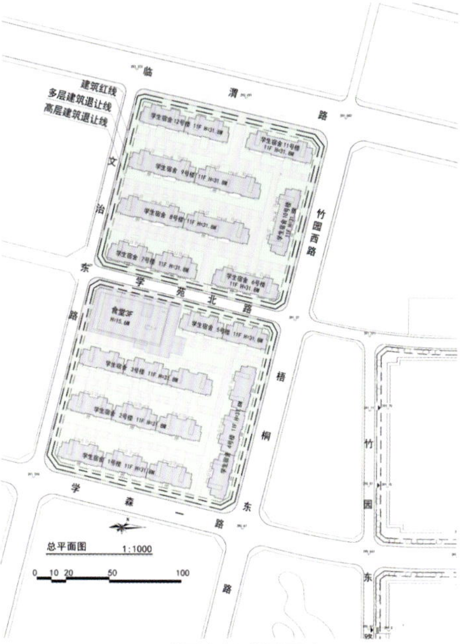

朗园宿舍区总平面图

项目概况

建设地点：陕西省西安市

建设时间：2016年2月—2019年10月

建筑面积：108 000 ㎡

建筑层数：11层

设计单位：东南大学建筑设计研究院有限公司

结构形式：钢筋混凝土剪力墙结构

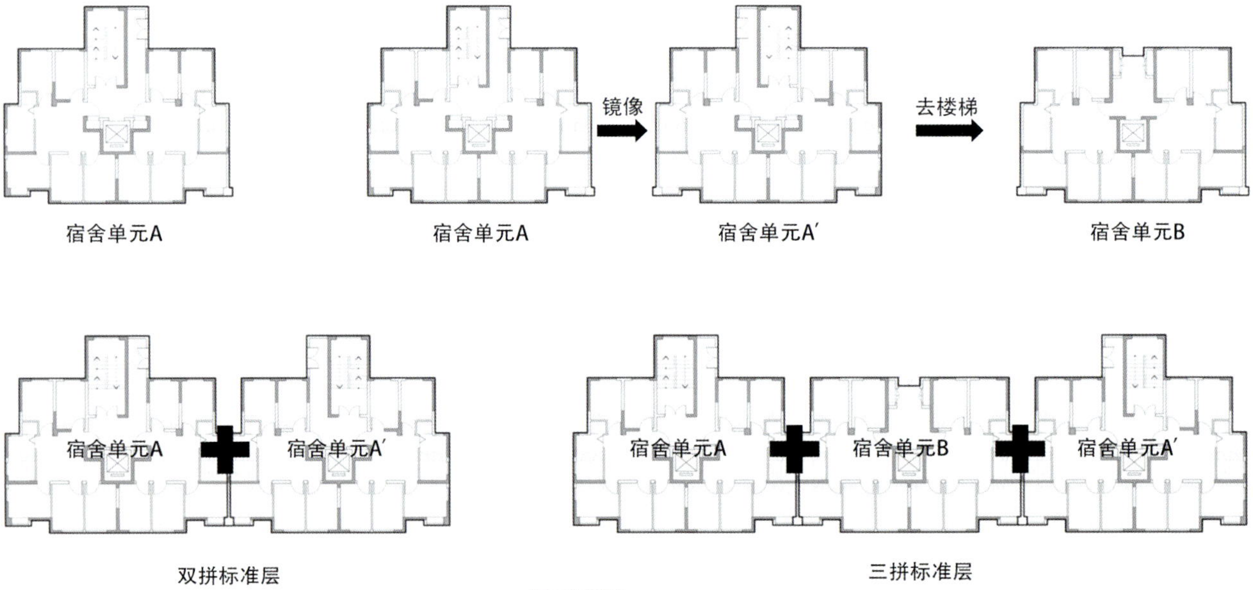

平面分析图

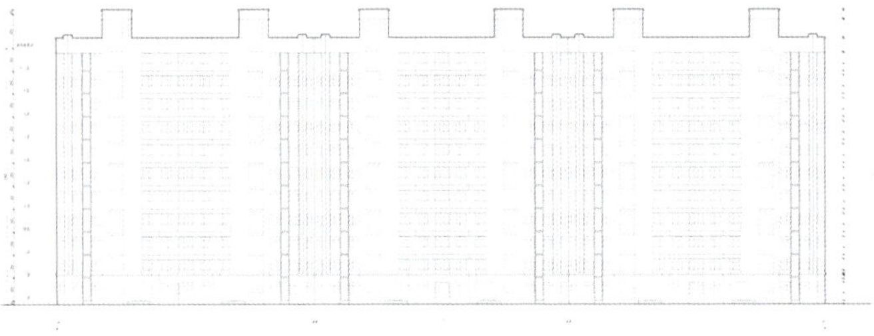

宿舍楼北立面图

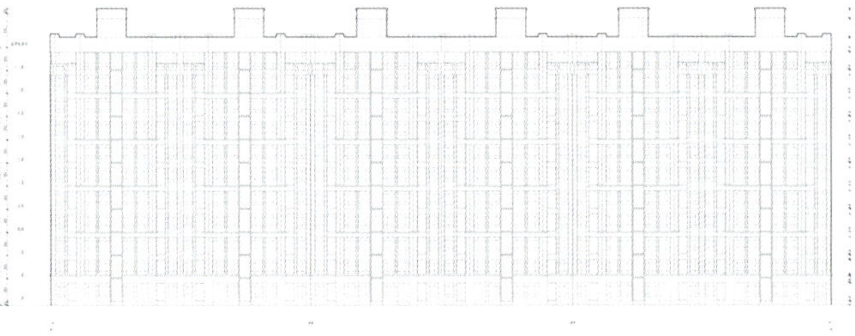

宿舍楼南立面图

朗园区宿舍采用类住宅单元式空间模式，室内空间构成以共享公共厅为中心，围绕中心布置5个休息单元，每个休息单元面积约7 m^2。各宿舍共用一个卫生间。

每个宿舍单元每层两户，户型为五室一厅一卫（单人单间、共享客厅）的设计。房间内拥有功能书桌、独立衣柜、超软床铺等基本设施。宿舍空间组织模式的变化应对了新时期学生对于空间私密性的要求，同时又创造出有利于交往的公共空间，是对传统宿舍空间组织模式以及公共交往空间组织方式的一次变革。

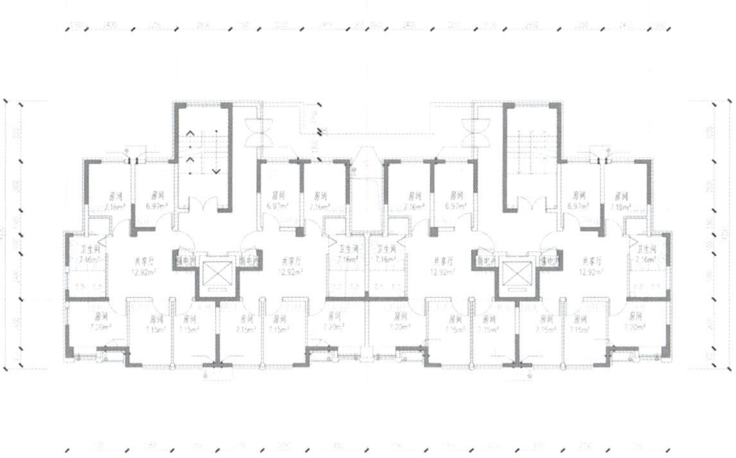

宿舍单元双拼标准层平面图

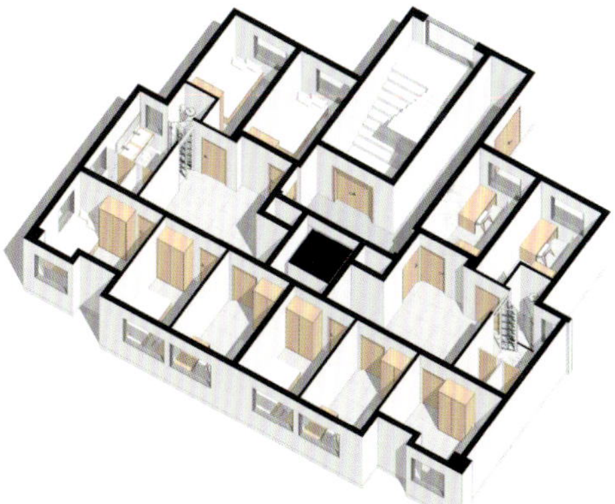

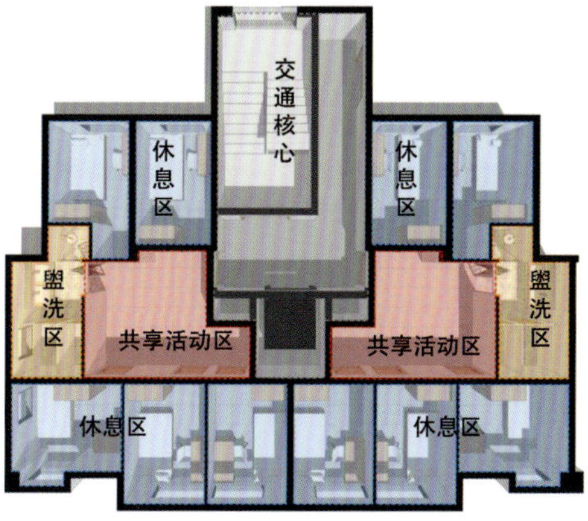

标准单元配置图

西安交通大学创新港学生宿舍A区

项目简介

学生宿舍A区位于校园西南角，占地约3.88 hm^2。该宿舍区包含9栋高层宿舍、1栋多层宿舍及1栋食堂。宿舍区用地呈梯形，为兼顾沿南侧城市道路及东北侧校园中轴两个主要界面的展示效果，设计将多层宿舍及食堂呈带状展开，形成连续界面，使得宿舍区形成一定的围合感。多层宿舍的立面风格与校区中轴线对侧的教学楼相呼应，食堂2层则与城市道路对侧的轻轨站通过

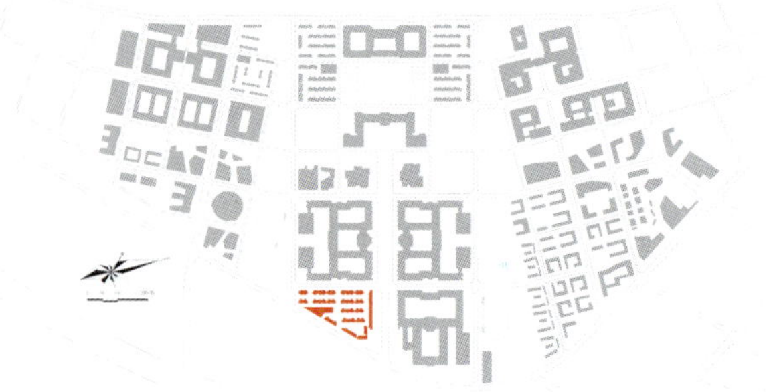

区位图

项目概况

建设地点： 陕西省西安市

建设时间： 2017年2月—2019年4月

建筑面积： 118 838 m^2（地上107 169 m^2，地下11 669 m^2）

建筑层数： 8、11层

设计单位： 杭州中联筑境建筑设计有限公司

结构形式： 钢筋混凝土剪力墙结构

天桥相连通，食堂一层与地铁站无缝衔接，形成便捷的乘车动线。高层宿舍顺应场地关系采用长短不一的多种楼型。本设计采用单元式的平面模式，两个套间中间设置1部电梯，每个标准套间的面积为66~70 ㎡，可容纳5人住宿。

为提升学生住宿的幸福感，每个学生均有带外窗的独立卧室。单间卧室净面积为7~8 ㎡，可容纳1 m×2 m的单人床、1 m宽的衣柜和1.2 m宽的书桌，并配有分体式空调。每个套间内设有共享交流厅，在保障个人隐私的同时提供公共活动空间，鼓励学生交流交往。套间内设有公共卫浴，包含2个台盆、2个蹲厕和1个淋浴间。

在空间高度方面，本设计利用仅有的2.85 m层高，设置地暖，将设备管线尽量埋入结构楼板中或穿梁，保证了室内空间的整洁以及梁下2.2 m以上的净高要求。学生宿舍设有地下一层空间，两侧设有多处采光井，将自然光线引入室内。地下一层设置了洗衣房、后勤服务用房、临时会客厅和学生超市等功能，为学生提供完善的生活配套设施。

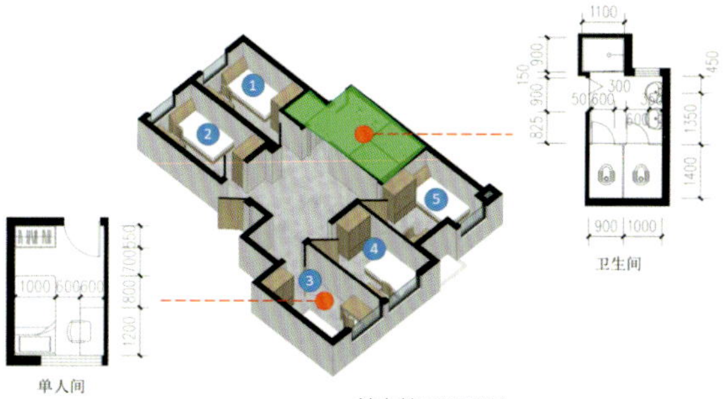

基本单元配置图

在技术运用方面，本设计采用无干扰地热供热技术，利用中深层地热能，为建筑提供清洁热源和生活热水，并采用市政中水用于冲厕和绿化灌溉。宿舍用电计量采用多用户智能电表，可实现预付费用电，具有定时断送电、过载保护和限流功能，还可准确识别恶性负载并及时进行控制，同时夜间可实现小功率限值功能。

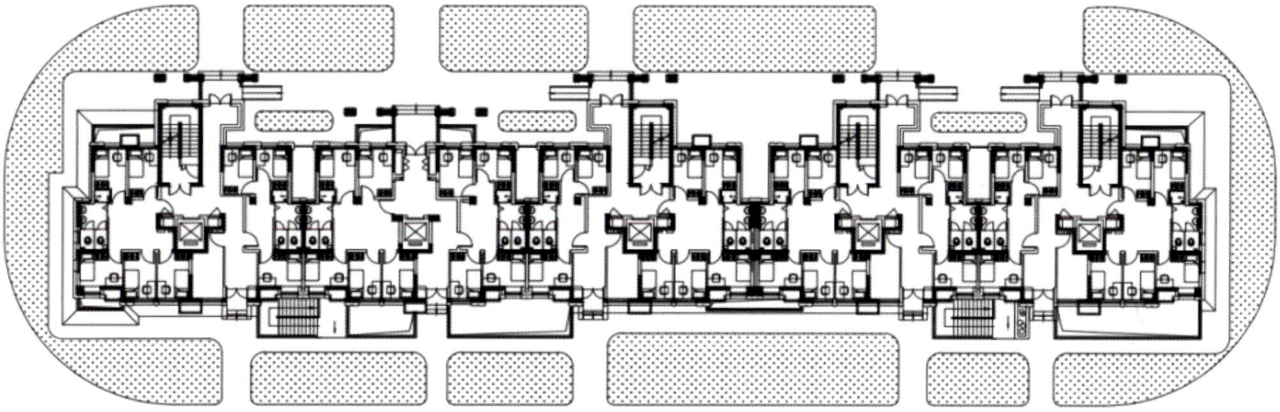
首层平面图

西北工业大学太仓校区学生宿舍

项目简介

西北工业大学太仓校区学生宿舍位于校园东侧，占地3.3 hm^2，建筑面积6 hm^2。南侧与文体综合楼相连，西侧接食堂及活动中心，通过连廊形成半径100 m的校园生活圈。

宿舍设计考虑校园整体服务需求。宿舍不再被定性为单纯的寝室，而是将校园活动、学习功能与居住功能互融，以宿舍为平台打造丰富的学生生活空间，消弭学习空间与生活空间的隔阂，在传统教学生活模式的基础上进一步探索适应现代高校的书院制生活模式。

校园教学综合体位于宿舍区西侧，以食堂及活动中心作为教学空间与生活空间的过渡。文体综合楼（体育馆及报告厅）则通过宿舍一层学生生活街与宿舍生活空间连接。一层生活街包含社

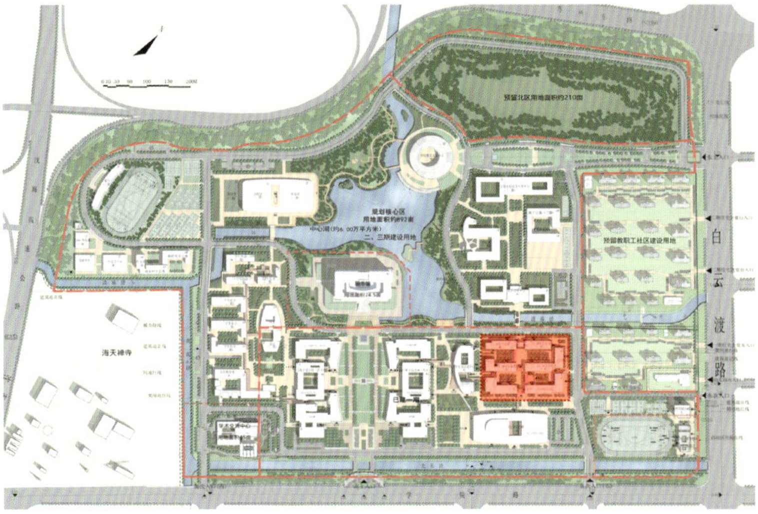

位置示意图

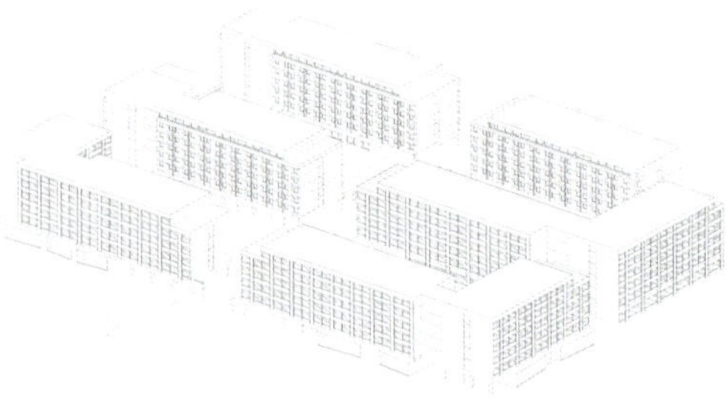

白模图

项目概况

建设地点： 苏州市太仓市

建设时间： 2020年5月—2021年10月

建筑面积： 60 541 m^2

建筑层数： 7层

设计单位： 东南大学建筑设计研究院有限公司

结构形式： 钢筋混凝土框架结构

团活动中心、健身中心、超市、会客区等功能，作为校园公共区和宿舍私密空间的中间过渡，在满足生活需求功能的基础上，进一步鼓励学生小范围社交。

建筑造型也进一步强调生活街的公共性，用橘色金属板与教学活动建筑立面材质呼应，并进行折线进退与架空，让学生生活街的室内氛围轻松活泼，内外交通、视线廊道通畅，生活功能的服务也不局限于住宿学生本身，而是对周边校园区域进行整体辐射。

宿舍楼彼此围合形成4片花园，廊道、园林穿插，形成富有江南特色的高校校园环境。连廊体系对外串联宿舍区与食堂及活动中心、文体综合楼，进一步强化宿舍生活与教学、活动功能的连接，2层的

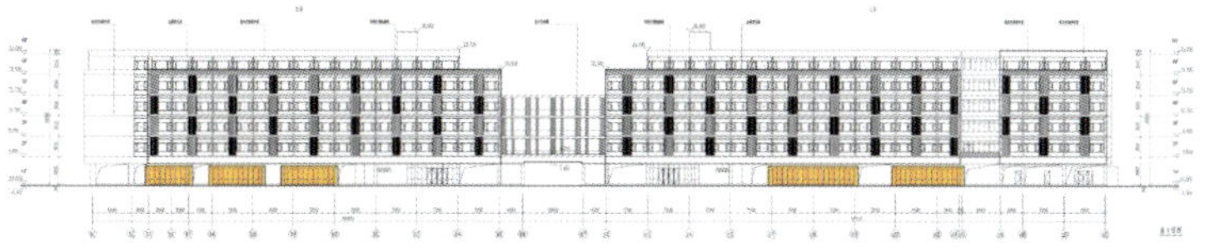

宿舍生活街立面图

宿舍生活街平面图

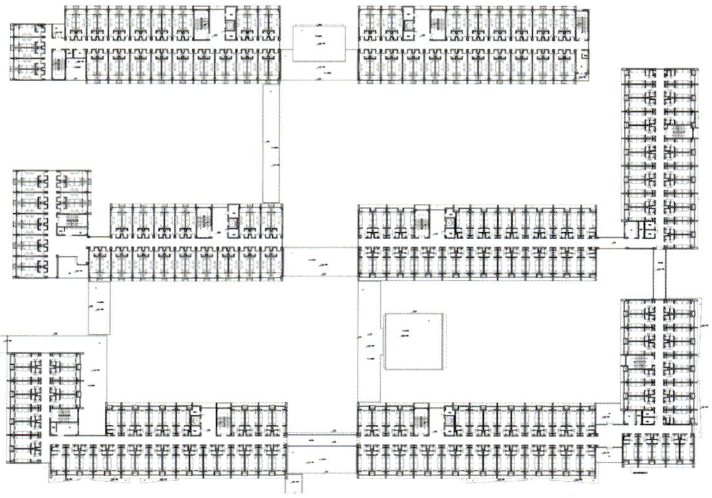

标准层平面图

立体步行系统和1层的风雨连廊屋顶在便利步行交通之余，更提供了不同视野和观览校园景色的体验。学生的生活品质是以人为本的现代高校宿舍设计的重要出发点。除了公共空间的功能补充，居住空间的安全性、舒适性和隐私性也尤为重要。

在现代经济发展的大环境下，学生对于宿舍空间的品质诉求也在提高，如要求学习空间、储藏空间增加，卫浴空间的隐私性，晾晒空间的独立性等。设计团队将建筑空间、室内软装、设备专业等一体化考虑，在有限的面积里，结合3 m的层高条件，有效利用垂直空间增加储藏与学习面积，通过床上吊柜、床下抽屉、书桌书架及吊柜等设计策略，在不影响床位、书桌尺寸的前提下增加储物空间至生均1 m^3以上，极大缓解了现代学生需求高与宿舍储物空间小的矛盾。

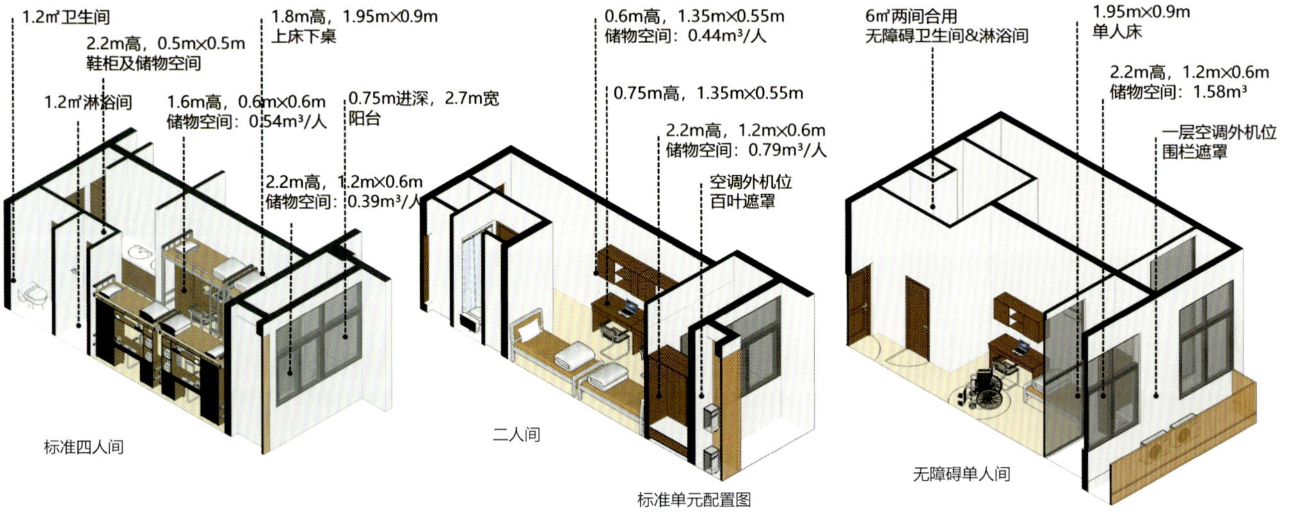

标准四人间　二人间　无障碍单人间

标准单元配置图

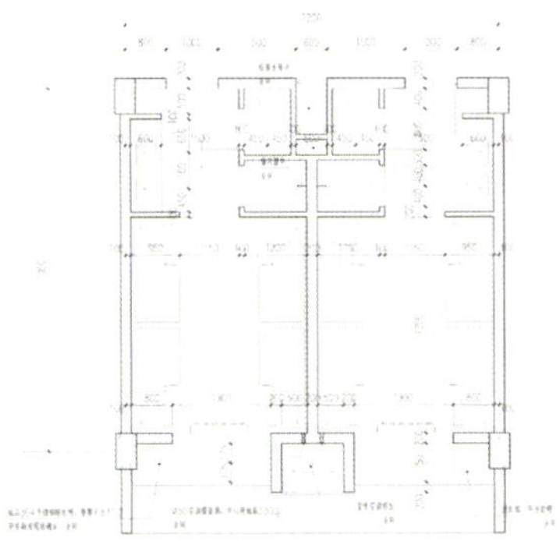

四人间平面图

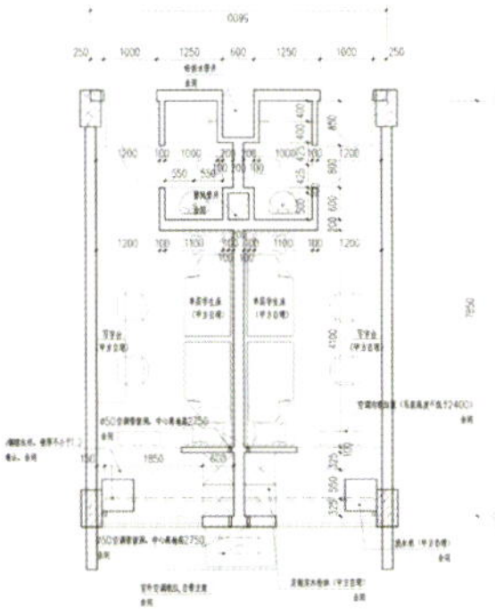

二人间平面图

每层设开水间及吧台桌

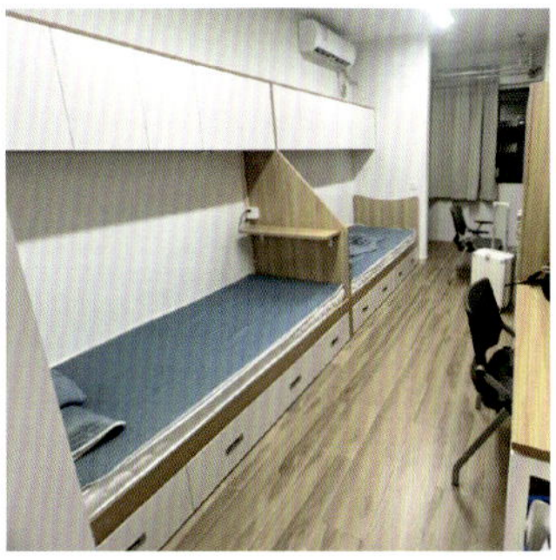

2人间床上床下储物空间

上床下桌床边配栏板和收纳袋

写字台上方书架及内嵌台灯

阳台密码锁储物柜

长安大学渭水校区21号学生公寓

项目简介

长安大学渭水校区21号学生公寓位于校园西侧尽端，北侧紧邻临教职工工作用房，东侧为宿舍区，南侧为道路加速加载大厅实验室，西侧为城市绿化带。项目占地14 047 m²，限高47.7 m。

项目从“以人为本，环境育人，建筑育人”的愿景出发，考虑场地周边限制条件较多、建筑密度较大且公共空间匮乏，希望在有限空间内采用功能复合的设计手法，通过下沉庭院、屋顶绿化、共享中庭打造面向校园开放的“学生共享服务区”，塑造非正式学习和社交空间，激活学生公寓及周边教学楼的校园活动，营造高品质的公共生活场所。

基于对校园内学生生活学习轨迹的调查，在满足各大功能要求基础上，设计团队结合校园现状，契合地块内空间感受，通过重新定义和分配公共空间形成一个现代化的学生生活社区。

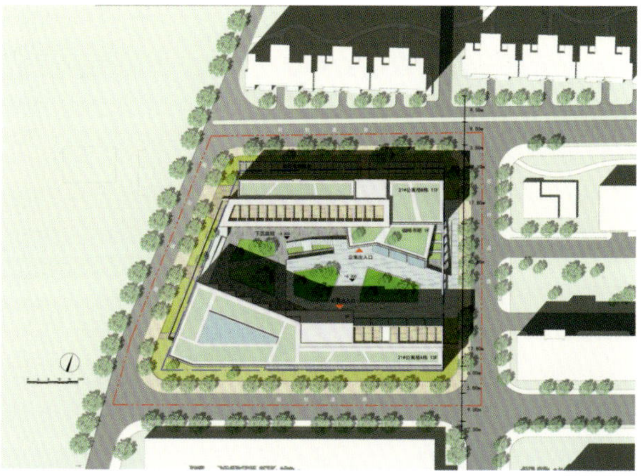

总平面图

项目概况

建设地点： 陕西省西安市

建设时间： 2021年4月—2023年3月

建筑面积： 52 803 m²（含示范性园区）（地上47 090 m²，地下5 713 m²）

建筑层数： 13层

设计单位： 清华大学建筑设计研究院有限公司（方案阶段），西安长安大学工程设计研究院有限公司（施工图阶段）

结构形式： 剪力墙结构

学生宿舍居室全部位于高区，建筑1层局部和地下1层为学生共享服务区，共享区对本楼、周边宿舍和实验楼的师生同时开放。建筑分区清晰合理，使用功能集约高效，共享空间开放舒适。建筑采用多首层入口，避免人员流动交叉的同时，提高了共享空间使用的便捷性。

设计充分尊重校园整体规划肌理，保障宿舍间数和南北朝向布局，通过打通东西景观带，使东侧公共景观绿化得以向外延伸，提升环境的连续性与流动性；借助多层次的景观绿化、多维度的立体空间和灵活的功能布局，在场地内布置了多尺度的交流场所，提供不同规模和类型的互动空间，为学生的日常生活提供丰富多元的选择，打造出集社交互动、文化体验和休闲娱乐于一体的交互性共享空间。

通过下沉庭院的设置，设计将室外活动空间与居室用房纵向错开布置，在丰富学生交流场所的同时，有效控制了活动空间对居室用房的噪声和光线干扰，既支持社交活动，又保障了居住空间的宁静与隐私，为学生提供一个多样化、宜人的环境，为师生打造一个非正式学习、交流、休憩的多功能平台，为校园塑造一处舒适宜人的多元化公共场所。

设计团队希望通过增加学生功能用房的多样性，丰富学生多元化的活动，提升校园活力；通过公共服务组团、学生客厅组团、后勤服务组团、宿

剖透视图

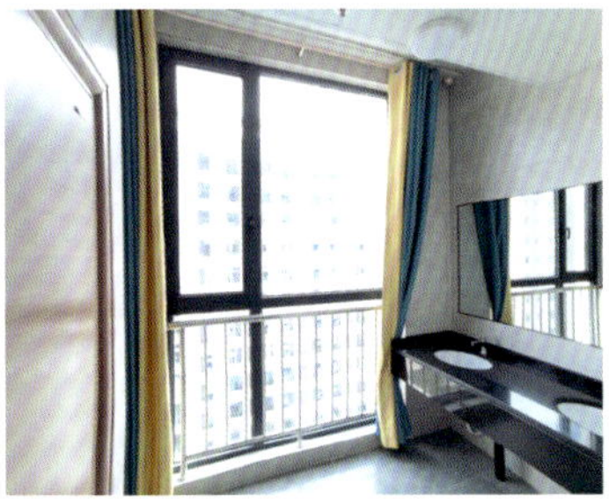

舍生活组团四大功能组团的设置，对学生公寓的功能进行补足，组成面向校园开放的“学生共享服务区”。

“公共服务组团”位于负1层，为不同尺度的活动用房，与下沉庭院相结合，向学生提供了一个舒适开放的聚集空间，满足学生多样化的活动需求。

“学生客厅组团”位于首层和负1层，呈多首层入口布置，构建了一个面向校园师生开放的多维交往空间，增加非正式学习和交往场所。

“后勤服务组团”一部分位于负1层宿舍下方作为公共活动室使用；另一部分位于场地负1层中心区域，由地下步行街隔开，独立于其他公共用房，在空间上呈“岛”状设置。地下步行街两侧是采光天井以及下沉室外庭院，设计结合天光，模糊空间界面，营造轻盈、透明的空间感受。

“宿舍生活组团”包括公共辅助服务用房和学生宿舍生活用房。宿舍内设置多功能中庭，为学生提供一个灵活、多层次的共享空间。

地下1层平面图

首层平面图

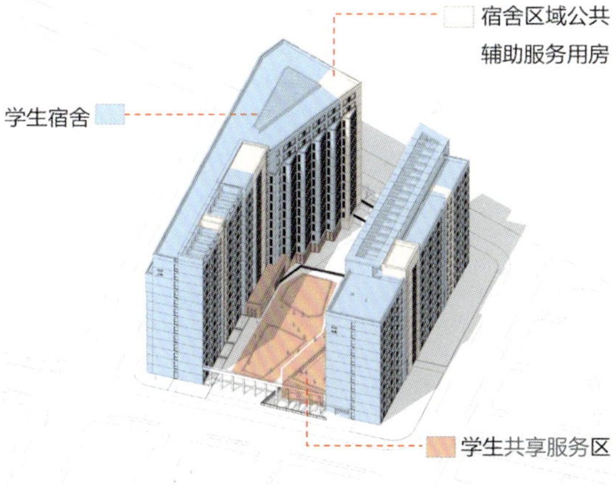

功能布局示意图

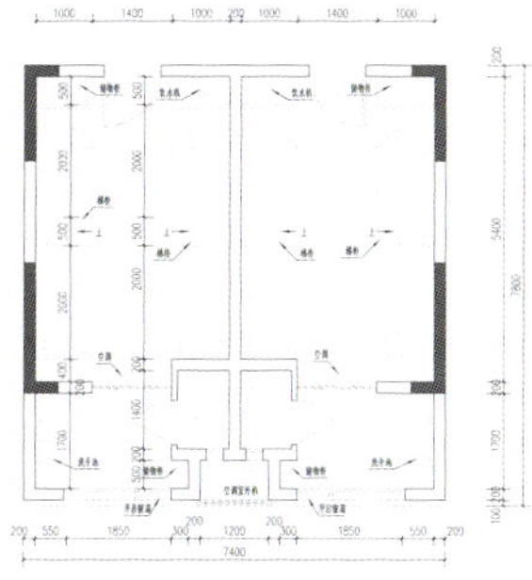

宿舍单体平面图

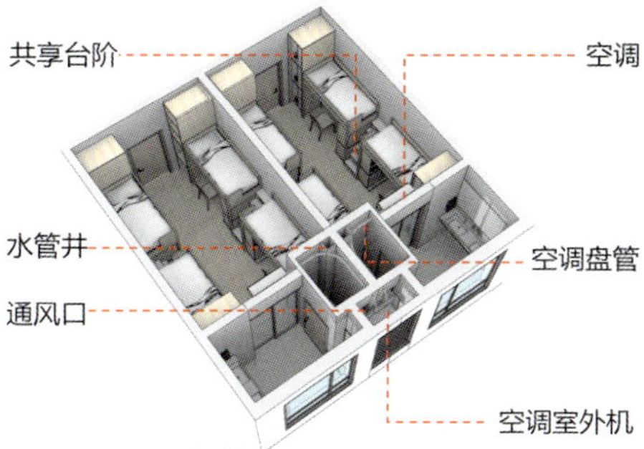

标准单元配置图

北方民族大学校园扩建工程8号学生公寓

项目简介

本项目位于校园南入口东侧，建筑形象设计尊重校园现有风貌特征，建筑体形方正规整，以架空柱廊与主入口西侧建筑共同围合出校园南入口广场；通过宿舍体量组合，形成一定的层次感。同时考虑作为校园沿街及南入口广场界面，建筑立面设计简洁、统一，通过大片的虚实对比处理，形成明确有力的建筑形象，建筑轻盈而不失庄重，质朴又兼具活泼，既体现学校建筑的学术文化品位，又赋予校园以时代特征和更强的可识别性和标志性。

建筑围合而成的内院成为学生日常交流、交往的重要空间。绿地、乔木的种植，桌椅等景观小品的布置，将开放空间设计与绿化景观设计相结合，形成积极的室外空间环境。

校园总平面图

南立面图

项目概况

建设地点： 宁夏回族自治区银川市

建设时间： 2021年9月—2022年10月

建筑面积： 28 200 ㎡

建筑层数： 6层

设计单位： 清华大学建筑设计研究院有限公司

结构形式： 钢筋混凝土抗震墙结构

坡屋面的设置丰富了校园天际线形象，坡屋面内外连通，南侧坡屋面与太阳能集热板结合，北侧屋面则采用钢丝网，大幅度降低屋面太阳辐射，有效地改善了夏季顶层室内热环境。

建筑立面利用结构板局部出挑与立面颜色对比结合的方式界定了不同的构成单元，真石漆饰面分缝尺寸借鉴常用石材规格，呈现硬朗大气的质感。相邻楼层外窗错动布置，在标准化宿舍单元的基础上表达了一定的趣味性。

各层为学生提供交往的公共会客厅，会客厅位置与建筑立面单元分界处呼应。会客厅与楼梯间、盥洗间邻近布置，将平面划分为若干个居住单元。

标准层平面图

One-stop 一站式
学生社区服务中心
student community

澳门大学（横琴校区）第三区书院

项目简介

澳门大学（横琴校区）第三区书院位于校区西南侧,东侧与法学院相望，北面与第二区书院一河之隔,西靠界河。书院为半围合形廊式布局。书院内部通过连廊将庭园、骑楼、廊台、交往平台等元素整合，使传统与现代、地域性与国际性得到和谐统一。书院采用典雅庄重的造型，利用建筑体块的高低错落关系，构成稳重、典雅的建筑群体，与自然环境和谐、相融。立面以外墙砖为主体，少量石材干挂，强调整体感，既显古典又具有现代气息。

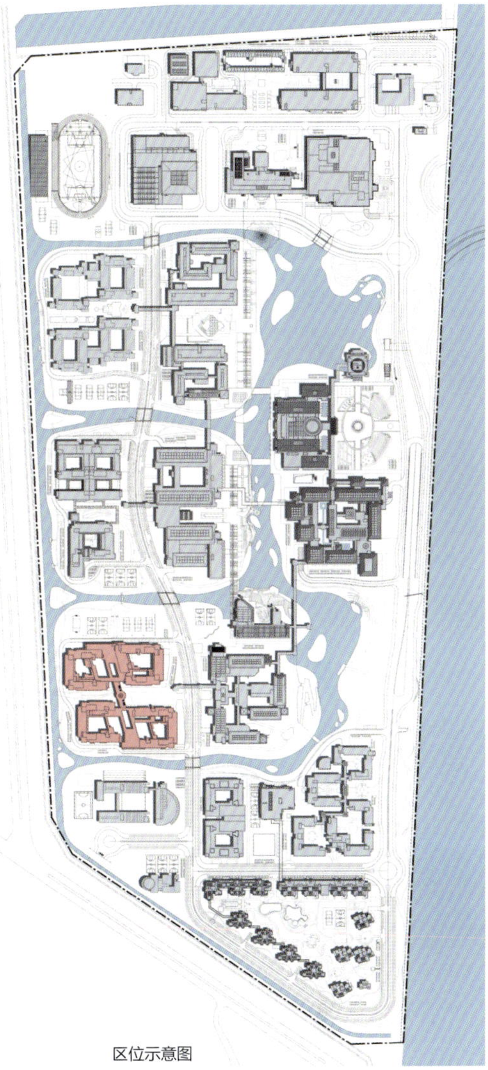

区位示意图

项目概况

建设地点： 广东省珠海市

竣工时间： 2013年10月

建筑面积： 67 327 m^2

建筑层数： 6~8层

设计单位： 华南理工大学建筑设计研究院有限公司、广州珠江外资建筑设计院有限公司

结构形式： 钢筋混凝土框架结构

第三区书院为多层建筑，总建筑面积为67 327.9 m^2，其中宿舍楼建筑面积为61 875.1 m^2，架空面积和室外有盖走廊面积为5 452.8 m^2。

第三区书院作为培养学生的综合性场所，除居住功能外，亦配置了具有校园文化特征的高品质文体、学习和便利店等生活配套功能。书院功能布局上下分区，运动健身区及餐饮、管理、办公等生活配套功能集中在书院首层，其面积占首层功能空间总面积的84%。首层图书室、多功能室等学习功能空间占比则约为16%。2层及以上以居住功能为主，每个标准层亦配备一定面积的电脑室、学习室等学习功能空间，在保证居住功能私密性的同时，兼顾配套功能使用的高效性与便捷性。

第三区书院的空间组织围绕共享庭院展开，结合亚热带的气候特点，将建筑底层局部架空，引入穿堂风，营造出围而不闭的共享庭院，使得书院首层与校园空间融合为一体。

第三区书院标准居住单元包含两个二人间和一个共享卫生间。标准居住单元面宽8 600 mm，进深5 750 mm。二人间居室面积15.4 ㎡，卫生间

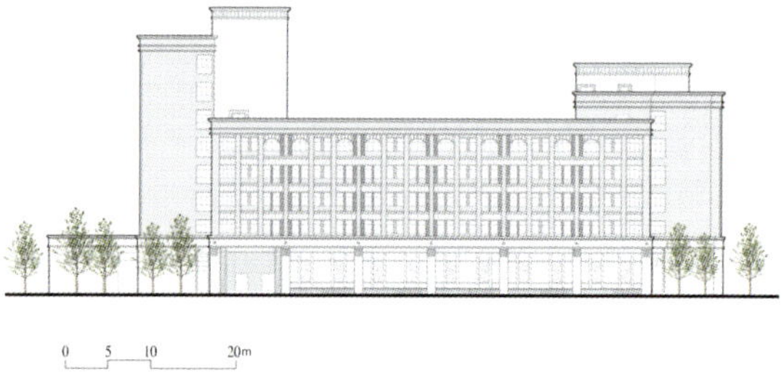

书院八-西立面图

1 厨房备餐区
2 就餐区
3 多功能区
4 户外用餐平台区
5 辅助用房区
6 竖向交通区
7 副院长、教授、管理人员宿舍
8 值班教职人员套房
9 图书馆
10 便利店
11 办公区
12 运动健身区

地面层平面图

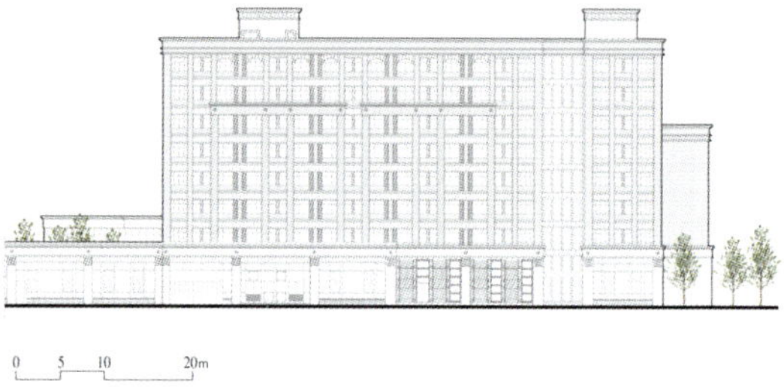

书院八-北立面图

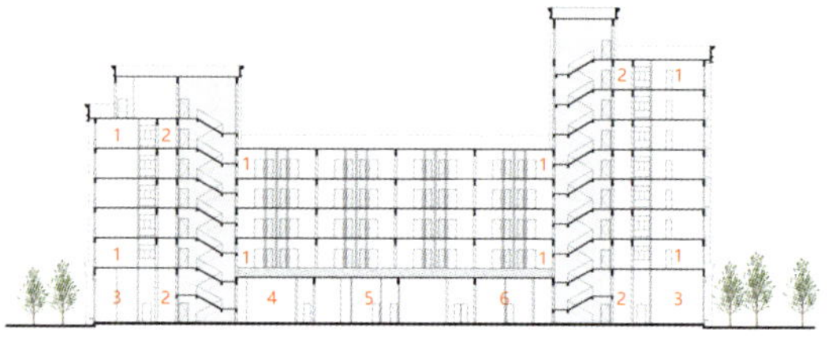

1 双人间
2 弱电间
3 辅助用房
4 图书馆
5 教授及管理人员宿舍
6 副院长宿舍

书院八-剖面图

1 双人间
2 残障学生宿舍
3 讨论室
4 学习、电脑室
5 公共晾衣区
6 茶水区
7 竖向交通区
8 强弱电间

一层平面图

面积8.4 ㎡。设计秉承空间利用集约化、收纳高效化以及功能复合化原则，不仅通过共享卫生间提高空间利用率，也充分考虑空间使用上对于灵活性以及高效性的要求。设计在保证空间灵活性的基础上，能够较为清晰地划分出休息区、学习交流区、共享卫浴区以及交通过渡区，为学生提供精细化、人性化的学憩起居空间。

此外，第三区书院亦设置了包含客厅的单元：两个二人间各自配置独立卫生间，并通过共享客厅、共享饭厅连接，营造书院内居住单元的共享、交流区域，在为学生提供高品质生活环境的同时，提升学生对于书院文化的认同感、归属感。

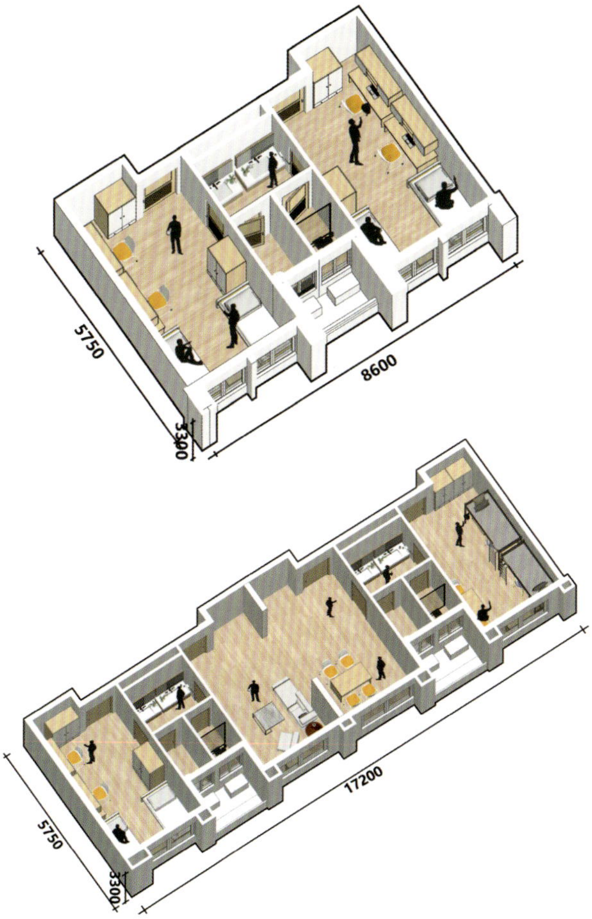

第三区书院居住单元轴测图

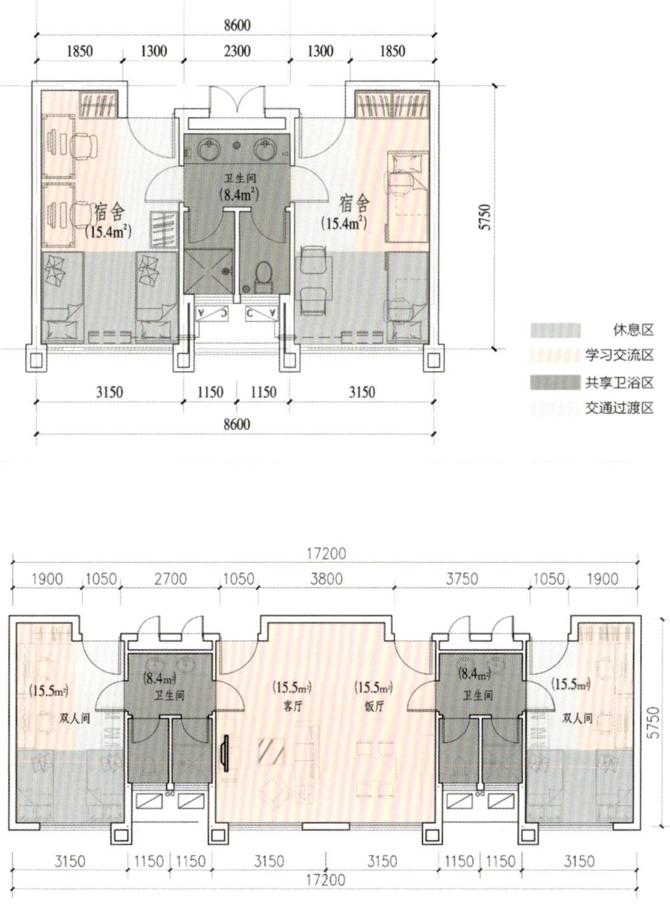

第三区书院居住单元平面图

香港科技大学（广州）一期学生宿舍

项目简介

项目位于广州市南沙区庆盛枢纽片区西北角，总占地面积111.3 hm^2。一期占地约47.7 hm^2，总建筑面积约63 hm^2。校园设计延续香港清水湾校园主体风格，以“智慧绿色校园”为理念，打造世界一流现代化校园，可满足4 000多名研究生和400多名教职员工的学习生活需求。

学生生活区位于校园东南侧，通过不同的建筑形态围合出绿意盎然的庭院。一个庭院到另一个庭院之间以舒适凉亭过渡。建筑物1层的挑空层提供活动灰空间。

区位图

项目概况

建设地点： 广东省广州市
建设时间： 2020年7月—2022年7月
建筑面积： 633 265 m^2，其中学生生活区、教师生活用房建筑面积69 280 m^2
建筑层数： 18层
设计单位： 华南理工大学建筑设计研究院有限公司
合作设计： KPF建筑师事务所（总体规划、方案设计）
结构形式： 钢筋混凝土框架剪力墙结构

设计理念

项目希望创造开放性居住环境，增进学生生活区与城市之间的广泛联系及互动，注重促成不同学院及生活区的各学科、各系学生之间的接触和交往。生活区的规划结合校园的总体规划及自身的发展需要，设置功能完善的生活服务设施，创造舒适的生活环境。生活区的空间组织满足学生不同层次的交往需求。大学生生活区中的交往活动包括餐饮交往、购物交往、信息交往(布告、展览)、文娱交往、体育交往及休息交往等，因而交往空间为多功能、多层次的。

立面设计

建筑的立面简洁规整，选用了玻璃、铝材、抹灰、GFRC（玻璃纤维增强水泥）、砖等材料，利用不同材料的厚度、质感对比突显建筑个性。颜色以灰白色为主色调，辅以棕铜色系进行点缀。横向和竖向浅灰色几何线条有序排列形成立面骨架，浅棕色外墙砖、横向百叶与外窗以丰富的细节来描绘建筑外观的韵律感，赋予教师宿舍有序且丰富的韵律感，从而进一步增强宿舍区内生活气息与文化气息的融合。首层架空以及玻璃隔断将街区与中心庭院视线打通，结合连廊空间的过渡衔接，用空间托起了建筑的整体，使较大体量的建筑具有轻盈感和通透感。

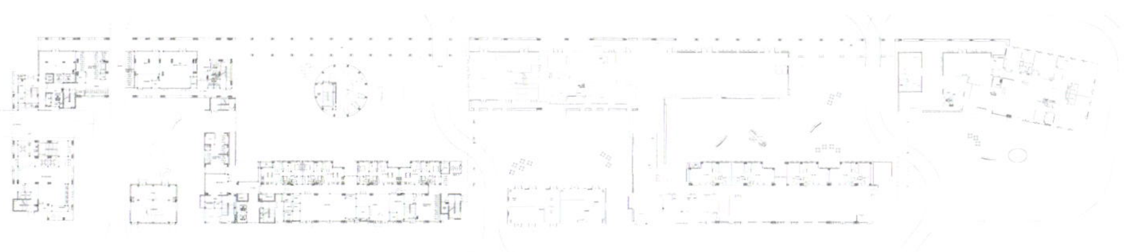

首层平面图

2层平面图

技术要点

项目在建设过程中大力推进BIM应用、优化技术，形成校园类项目的BIM技术应用实施指南。校园“大脑”不仅实现全面数据收集，为科研提供依据，更通过数据平台实现数据共享和可视化，不断提升校园智能化管理水平。

海南陵水黎安国际教育创新试验区学生生活一区

项目简介

学生生活一区项目，地块内空间由学生宿舍主体建筑、小食堂、活动交流广场和后勤用房等组成，共11个单体，包含宿舍10个单体、学生食堂1个单体，最高为12层（包括架空层），地下1层。两座建筑形成合院，每座建筑由5栋单体与共享连廊连接构成，共设有宿舍共1 601间，其中四人间宿舍1 001间、双人间宿舍400间、单人间宿舍200间，床位总计5 004张。

区位图

项目概况

建设地点：海南省陵水市

建设时间：2021年8月—2022年11月

建筑面积：81 715 m²

（地上76 363 m²，地下5 352 m²）

建筑层数：12层

设计单位：同济大学建筑设计研究院（集团）有限公司

结构形式：钢筋混凝土框架结构

如何在较为密集的环境中既实现对珍贵土地资源的高效利用，又创造出较为舒适、通透、灵动的人居环境是本项目要解决的重要命题。学生生活一区项目以“以人为本，乐活共享”为主要目标，秉持“绿在建筑中，建筑在绿中”的环境设计原则，同时进行自然采光通风，首层架空，以垂直绿化、屋顶绿化等多种新技术的应用使建筑更加节能环保。

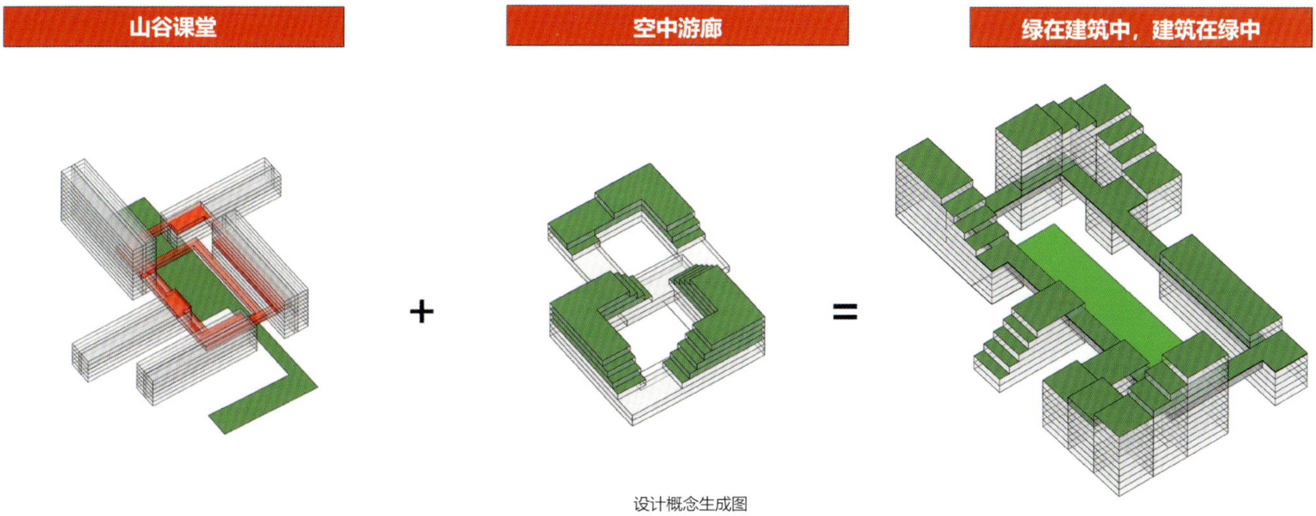

设计概念生成图

山谷课堂

建筑体量错落拔高，减少密集度，层层退台利用屋顶空间，局部留空洞进行通风，结合绿化平台形成灵动的山谷意象，与周边自然山水完美契合。高层平台可观山岭，可瞰大海，可观星辰，亦是三五好友展扩心胸、高谈阔论之地，一展面向未来的国际化教育与生活方式。

山谷课堂概念意象

空中游廊

中国传统岭南园林中“廊”的意象被引入设计，生活区组团形成一条空中游廊，形成课外交流交往空间。空中游廊作为公共空间，承载休息、交往、健身、书吧等多种复合共享功能，打造素质教育第三课堂。

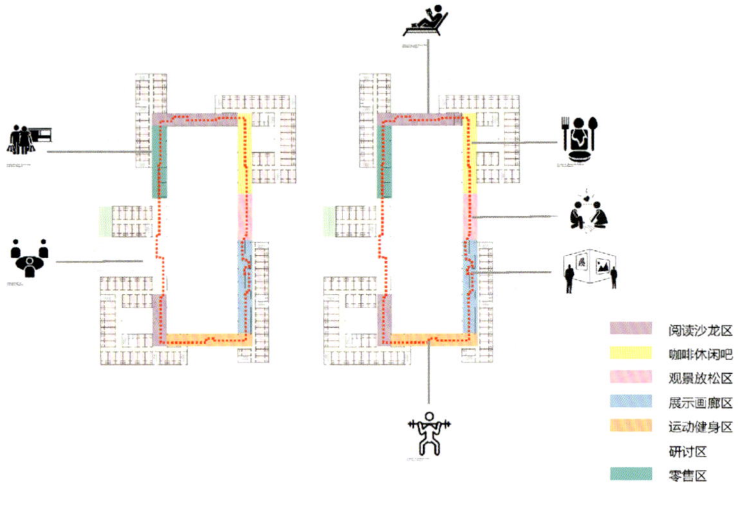

共享长廊功能分区

学生街

学生街是学生生活区永恒不变的活力源泉。本方案利用地形的变化，沿山海通道方向打造一条半地下商业街。首层几乎全部架空的架空层契合南方沿海热带高温高湿气候对环境的要求，拓展出具有无限可能的功能空间和交往空间。

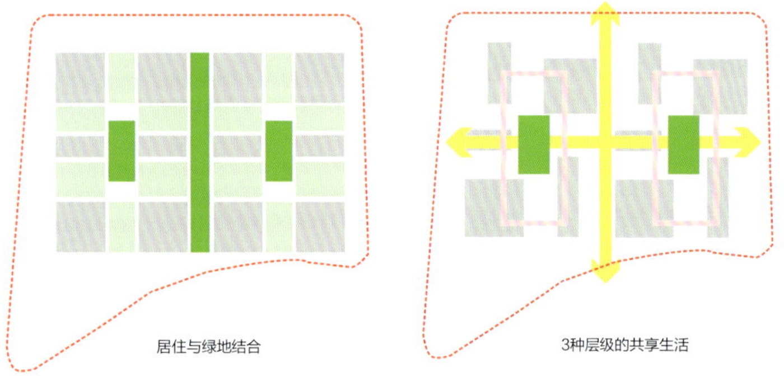

共享生活

设计秉承“院”的核心空间特点。学生宿舍以院落围合的形式形成集中的居住环境与凝聚氛围，融合国际生活场所特点。学于自然，生活于自然，设计关注城市外部环境的容纳和自然环境的结合，适应夏季高温多雨、秋季多台风暴雨的海南气候，对退台的方向和形态进行演绎组合，形成灵动的山水意象。

学生宿舍楼按男女生分区，首层各设置2间无障碍宿舍，内设无障碍厕所，其大小、入口门扇、便器的高度、扶手以及按钮均按照相关规范进行设计。

本项目为政府投资项目，除建设项目的构筑物、配套附属设施外均采用装配式建造方式。

宿舍室内效果图

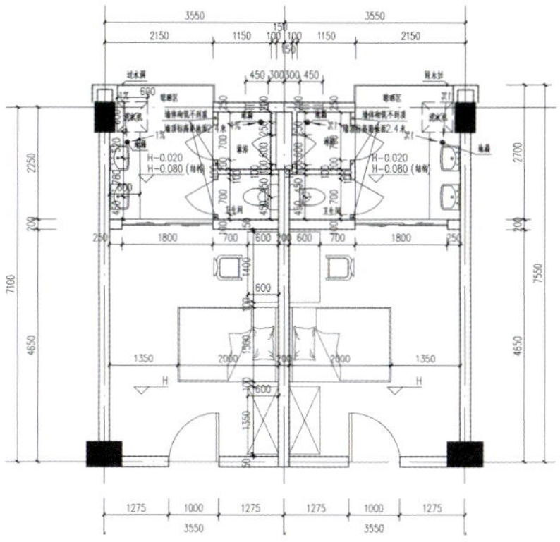

单人间房型

无障碍人流分析图

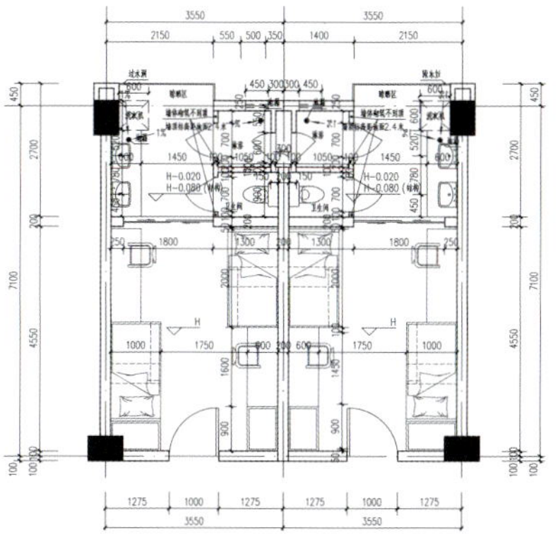

双人间房型

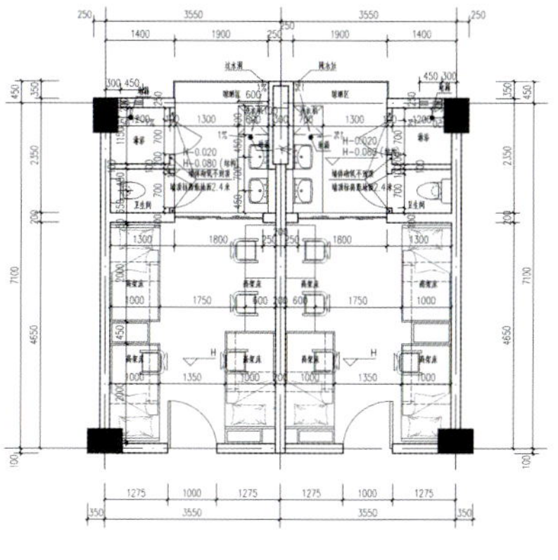

四人间房型

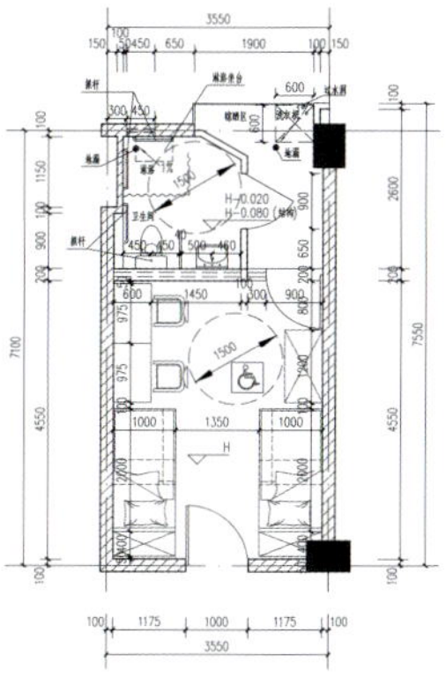

无障碍双人间房型

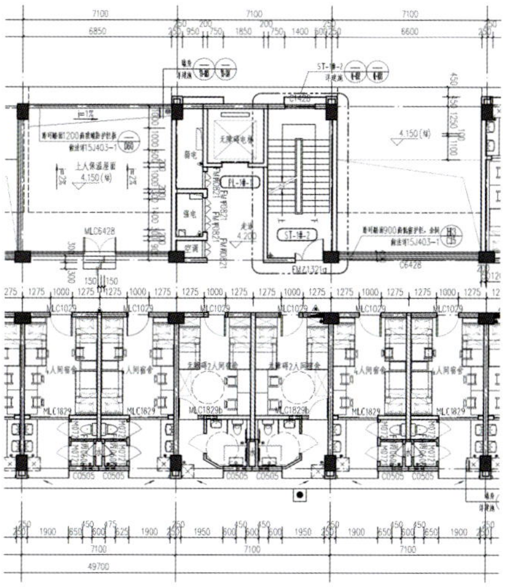

无障碍电梯与无障碍宿舍

扎兰屯职业技术学院学生宿舍

项目简介

项目具有如下特点。整体性和空间共享。校园规划将校区视为一个整体，在校园总体环境和谐发展与有机统一的原则指导下，对建筑、空间、景观等要素进行推敲，使校园在总体布局上既体现出方便实用的特点，又表现出陶冶情操的审美功能，使其具备全方位的环境育人功能。本项目在保证教学、科研工作合理布局的基础上，适当突出共享空间使其促进学生相互沟通和交流。规划以人的活动为设计的本原，强调人与环境的融合，以行为心理学等相关学科为依据，合理设计空间系统，创造怡人的交往空间。

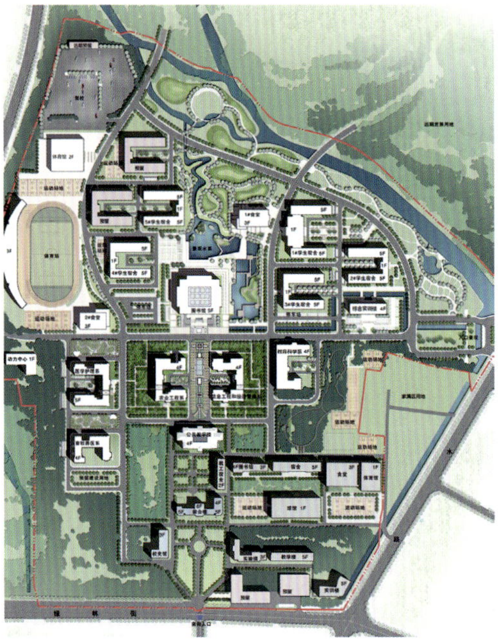

总平面图

项目概况

项目名称： 内蒙古自治区扎兰屯市

建设时间： 2018年7月—2021年8月

建筑面积： 53 950m^2（宿舍6栋）

建筑层数： 5层

设计单位： 哈尔滨工业大学建筑设计研究院有限公司

结构形式： 框架结构

建设文化型校园。规划设计充分考虑文化交流和传播的功能要求，在物质环境处理上强调对文化的隐喻和诠释，力求使传道者和求知者在此环境中受到文化的熏陶，激发他们的探索欲望。根据学科特点，项目设计出风格多样的建筑群，建设出艺术与校园文化融合统一的校园;通过绿地、水体、步行道的连接，形成校园的公共交流空间组织体系，创造人与自然和谐共存的环境。

新校区生活区由6栋单体组成，每栋单体层数为5层，单体建筑面积为10 786 m^2。每栋设置167间四人间和20间三人间以及1间无障碍宿舍。每栋宿舍可设置188间宿舍，床位数合计729张。

功能组织方面，建筑形成半围合式布局，一楼设置公共入口和服务用房。宿舍功能主要布置在南侧，内设独立卫生间、热水器及喷淋设备。北向布置卫生间、楼梯间等辅助用房。

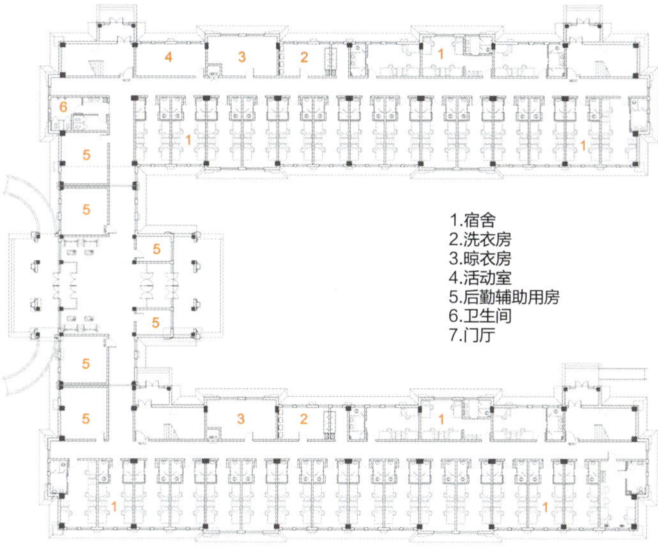

1层平面图

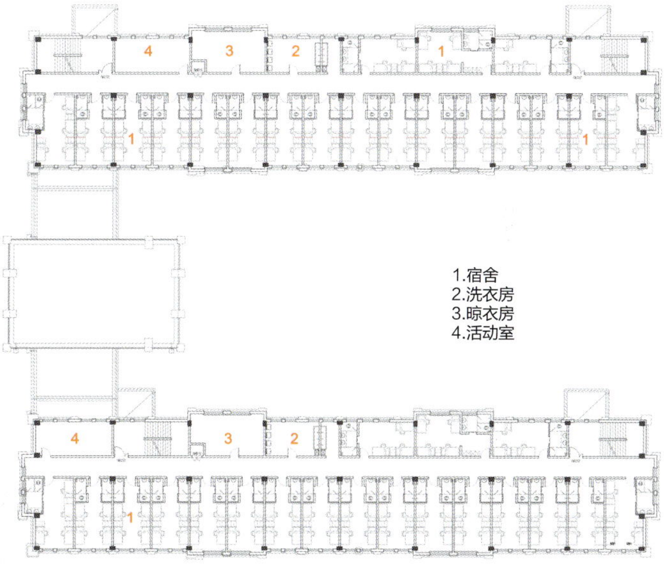

标准层平面图

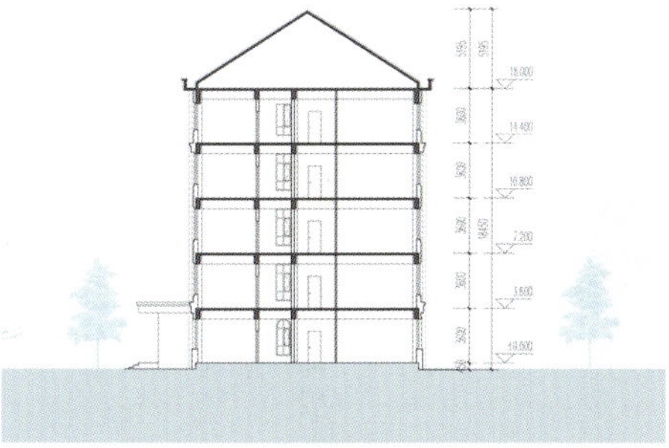
剖面图

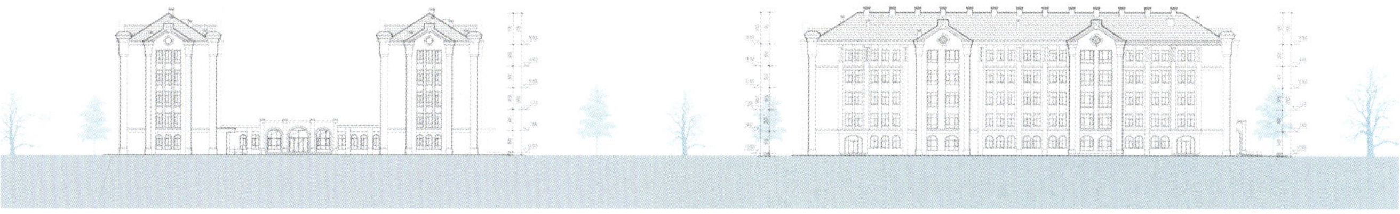
立面图

黄麓师范学校学生宿舍

项目简介

项目用地位于西黄山南麓，扩建范围整体呈北高南低的趋势，落差较大。周边山清水秀，一派原始的田园风光。基于人文历史和自然环境这两种显著的资源优势，本次改扩建设计也形成了自身独特的亮点。

学生宿舍及超市是黄麓师范学校改扩建工程的首期工程，承载着住宿、提供生活用品等各项功能。设计充分考虑了周边重要建筑的方位及人流量，结合校园道路、大门、广场的位置设置学生宿舍及超市出入口，最大限度地满足校园师生的便捷性需求。学生宿舍在南面、西面设置学生主要出入口，东侧也根据需求设置入口，方便学生使用，校园超市位于学生宿舍的西南角。面向图书馆的南侧做出足够的退让，共同组

项目概况

建设地点：安徽省合肥市巢湖黄麓镇

建设时间：2017年10月—2019年6月

建筑面积：24 500 ㎡（地上24 050㎡，地下450 ㎡）

建筑层数：6层

设计单位：华南理工大学建筑设计研究院有限公司

结构形式：框架剪力墙结构

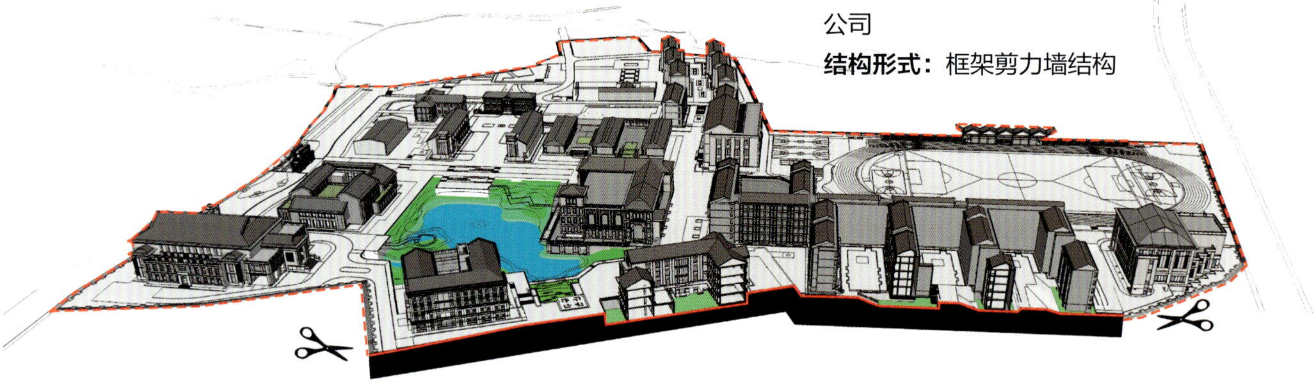

剖透视图

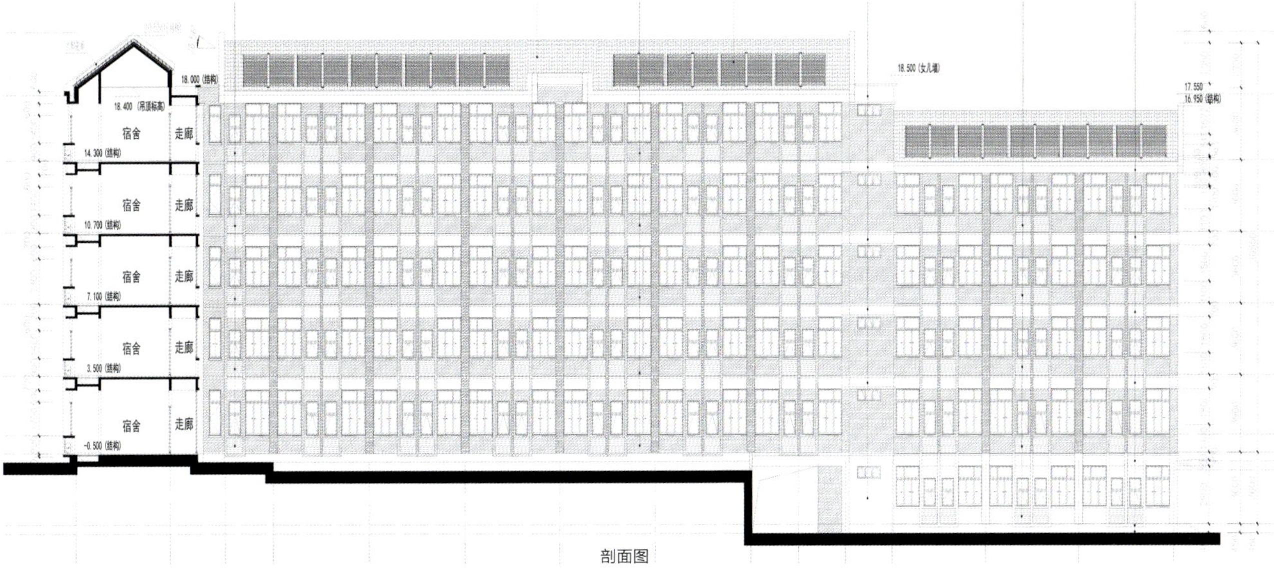
18.000（结构）
18.400（吊顶标高）
宿舍
走廊
14.300（结构）
宿舍
走廊
10.700（结构）
宿舍
走廊
7.100（结构）
宿舍
走廊
3.500（结构）
宿舍
走廊
-0.500（结构）
18.500（女儿墙）
17.550
16.950（结构）

剖面图

成校园生活活动广场。校园超市入口设计架空走道，活跃丰富了辅助用楼的沿街立面形象，打破了一般校园超市呆板平淡的印象，与生活区充满活力气息的氛围融为一体。

方案基于不同地势高差，形成台地，灵活布置，错落有致，利用交通流线串联起室内空间、半室外灰空间及室外空间，增加学生的交流联系，为学生提供丰富生动的空间体验。

1-23立面图

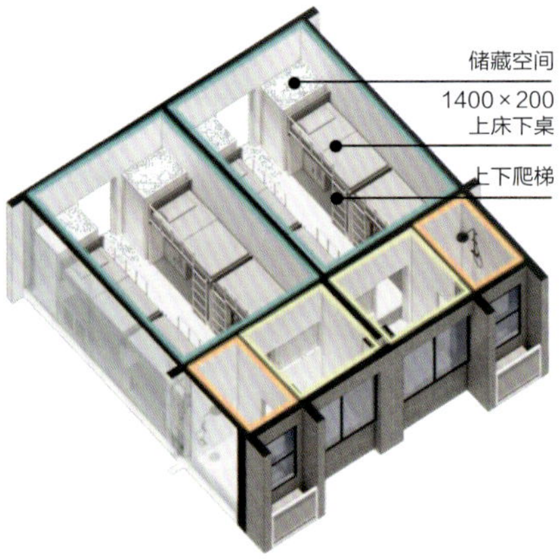

四人间宿舍

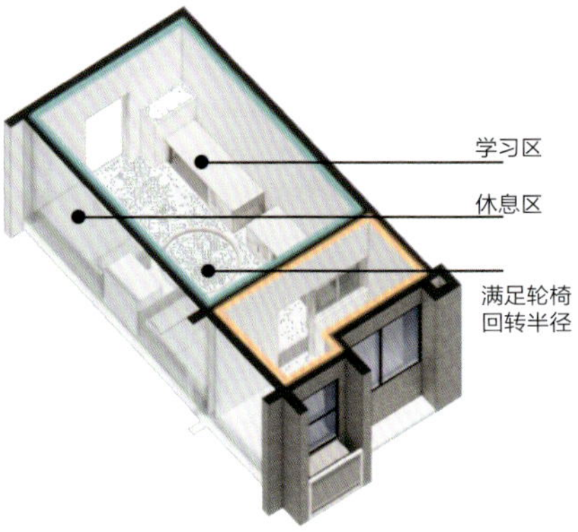

无障碍宿舍

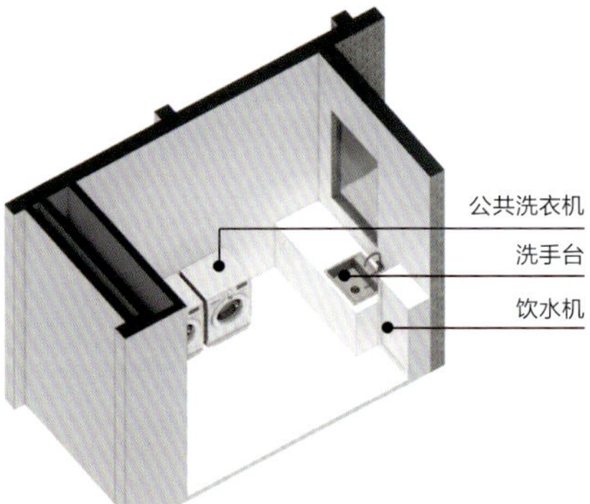

洗衣房01

休息区
淋浴间
阳台

无障碍宿舍

四人间宿舍

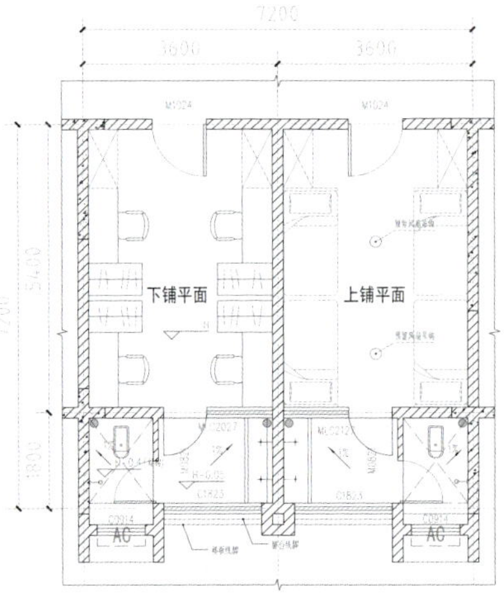

宿舍四人间大样图

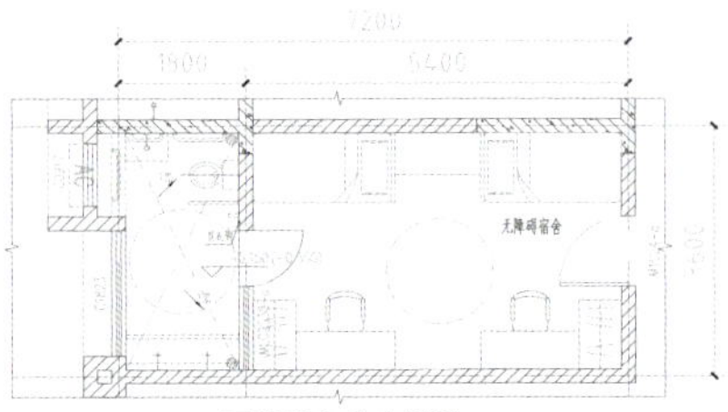

无障碍宿舍大样图

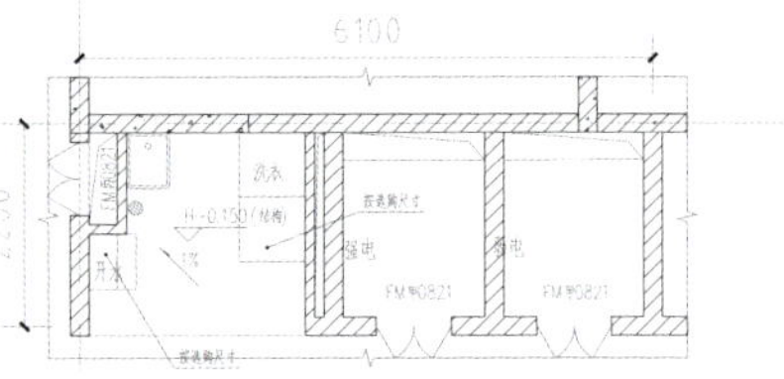

洗衣房02大样图

皖江学院新校区一期学生宿舍

项目简介

项目规划顺应原始地形肌理，传承中国古代传统书院的布局形制，打破完全对称，形成“一心、双轴，两水，三带，三环、五区”的规划结构。

一心：公共服务核心（图书综合楼、会堂、食堂、师生服务中心）。

双轴：南北礼仪主轴线、东西功能次轴线。

两水：至善河、致远河。

三带：休闲运动带、文化交流带、产教融合带。

三环：校园车行主环路、教学车行次环路、生态步行环路。

五区：院系教学区、宿舍生活区、运动休闲区、公共功能区、学术交流区。

基地采用中国古代传统院落布局形制，讲究中轴对称、方正有序、分布均匀，围合形成多个院落交往空间，倡导人与自然对话，打造人文特色校园。

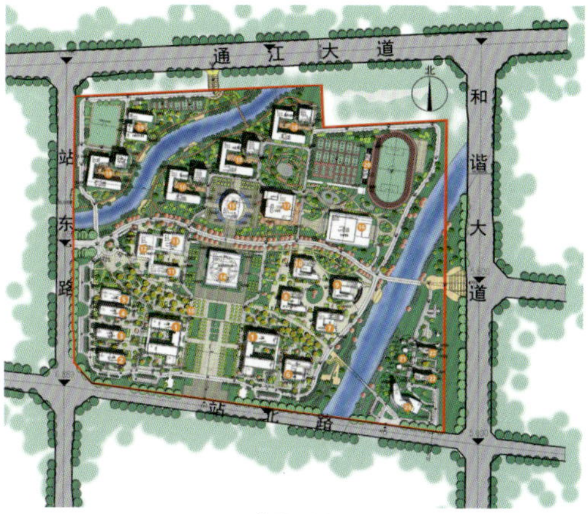

总平面图

项目概况

建设地点： 安徽省芜湖市

建设时间： 2021年4月—2023年

建筑面积： 118 937 m²

（地上114 951 m²，地下3 986 m²）

建筑层数： 5、12层

设计单位： 同济大学建筑设计研究院（集团）有限公司

结构形式： 钢筋混凝土框架结构

设计概念

西侧水系斜穿基地，为宿舍生活区的布置提供良好的景观视线。五大宿舍生活组团沿环保水岸依次展开，点板结合，步移景异，莘莘学子枕水而居。景观步道沿水岸展开，形成有机生长的共享交往绿带。在宿舍楼一层，学生服务中心以及学生食堂共同形成水岸生活街，提供多样的生活共享服务空间。建筑布局注重单体建筑相互间的有机结合。造型风格以充满文化气息的现代校园建筑意蕴为核心，注入雄浑大气之风骨，强调新古典建筑风格与构图，从而形成秩序严谨而又充满活力的空间环境序列。

建筑设计

宿舍区环抱至善河形成东西两大组团，与体育运动区通过环水步道相连，构成生活、运动、交流一体化的水岸生活街。生活街底层置入快递收发、自助超市、公共厨房、餐厅，咖啡厅等多样功能，创造现代人性化的生活体验。点板宿舍楼座之间设景观廊道，宛如一条条皖江丝带穿插相连，即可俯瞰水景，又能凭栏远眺，共享交融。

形体生成与平面布局

16#、18#、19#、20#4组学生宿舍沿水系东侧依次排开，组团中心门厅设置值班室、活动室等服务空间。公共门厅、活动室、快递收发点、围合院落等多层次的活动场所在公共与相对私密的结合中激发学生更多交流的可能性，打造多元空间，共同营造活跃的师生交流氛围。

17#研究生宿舍独立设置于水系西侧，与学生宿舍隔水相望，清净宜居，方便独立管理的同时又与学生宿舍共享水岸生活街，打造活力盎然的休闲生活带。

4组学生宿舍均由6层裙房与12层小高层组成，研究生宿舍为5层，层高均为3.6 m，学生宿舍局部地下设置负1层，层高3.6 m。立面主要采用米色系和白色系仿石涂料，简洁大气，与周边环境协调融合。

景观设计

校区景观绿化体系以被纽带环绕的中央景观为核心，贯穿整个基地，形成点、线、面相结合的校园公共绿化脉络，进而延伸渗透至学校各个部分的建筑组群、庭院内部。各建筑群嵌入这一绿化脉络之中，强调人工化的环境与自然生态环境的紧密结合，强化绿化水系对于校园的生态意义，同时在整体的、大尺度的、连续的生态绿化空间中营造宜人

尺度的局部绿化环境，使其更好地发挥作用。

景观环境设计从空间美学出发，更注重师生活动的需求和校园气氛的塑造，通过一系列广场和空间节点的景观强化校园的文化特色，并形成在统一的绿色基调中丰富精致的人文环境，为师生的日常生活提供丰富多样的场所，促进校园场所精神的形成。

校园绿地尽量采用集中式布置，利用植物造景更好地发挥生态效益；选择本地树种，依照不同的植物群落关系配置四季丰富多彩的植物。它们疏密有致，曲折开阖，造就宜人环境，形成鲜明的植物景观特色。

能源利用

设计充分利用现有地形、植被和水系，创造具有天人合一的绿色生态环境。宿舍等对热工性能要求高的建筑，采用外墙外保温、屋面保温和楼梯间隔墙保温，以及高效节能窗、双层通风玻璃幕墙、低辐射玻璃等节能措施；运用先进成熟的节能建筑技术和自然光线降低能耗；建设数字化智能校园，实现资源共享，打造生态低碳、智慧节约的校园。

无障碍设计

规划尽可能考虑无障碍内容和设施，营造一个充满爱与关怀、切实保障师生员工安全、方便、舒适的现代教学生活环境；为残疾学生及教职员工中行动不便者创造正常生活和参与社会活动的便利条件，消除人为环境中不利于行动不便者的各种障碍，使全体师生员工都有建树的机会，并共享社会发展成果。

宿舍生活建筑及主要室外场地都设立了无障碍通道，多层建筑楼梯和台阶设计考虑肢残者行动方便易行。

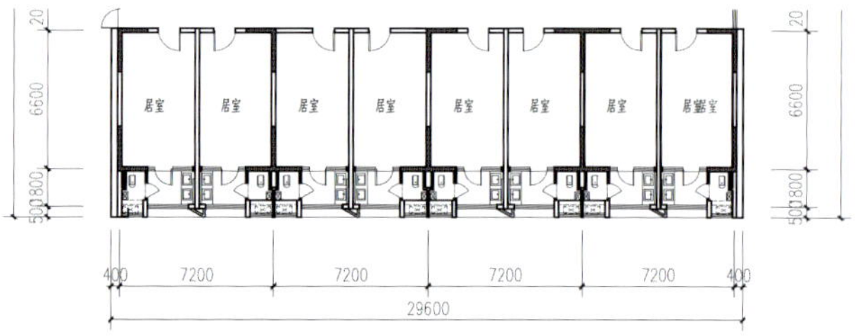

本科生宿舍标准单元平面图

关键性指标

根据安徽当地的气候条件及学生的生活习惯，学生宿舍以6.6 mX3.6 m柱网住宿单元为主（部分为3.6 mX6.4 m），每间满足6名学生的生活需求；研究生宿舍以5.5 mX3.6 m柱网住宿单元为主，每间满足2~4名学生的生活需求；合理布置相对独立的床位、衣柜、书桌；卫生间干湿分离，方便学生同时使用；阳台设置晾衣洗衣设施，方便生活。宿舍层高设置为3.6 m，后期还可根据学校人数的增加调整，灵活自由，便捷有效。

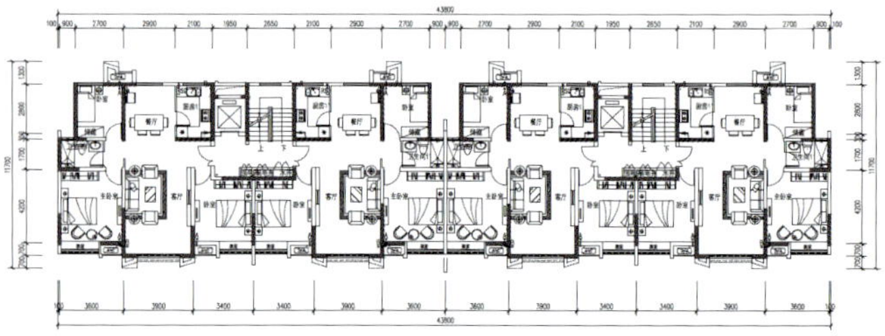

教师公寓标准单元平面图

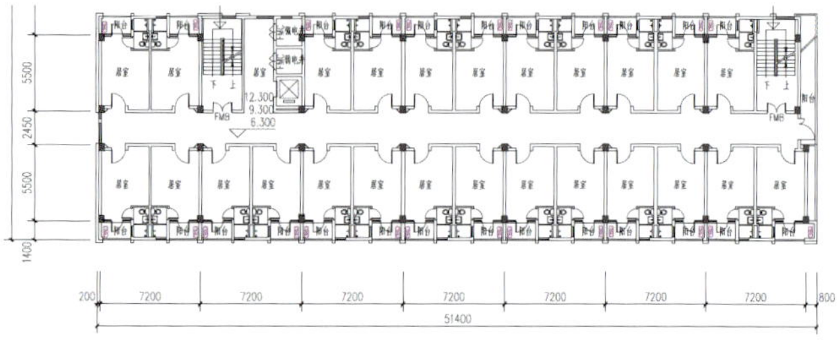

研究生宿舍标准单元平面图

兴安职业技术学院学生宿舍

项目简介

一期生活区由4栋宿舍单体组成，总建筑面积约5.17 hm^2。每栋宿舍楼均采用红砖石材相结合的外观设计，立面对称，细节上的线脚装饰与山花装饰彰显新古典主义风格的庄重与正式。这种设计不仅仅是为了美观，大面积的窗户设计和底层的拱形廊道兼顾了室内的采光和通风需求，也体现了对学生居住舒适度的重视。

兴安职业技术学院的宿舍建筑不仅仅是住宿功能的实现，它的建筑风格与设计也传递出学院的教育理念和精神面貌。这些建筑以经典的美学和实用的功能为学生提供了一个既能感受到历史与文化积淀，又不失现代生活便捷的居住环境，充分体现了学院为学生创造良好学习和生活条件的承诺和努力。

项目概况

建设地点： 内蒙古自治区兴安盟乌兰浩特市

建设时间： 2017年8月—2022年7月

建筑面积： 51 769 m^2

建筑层数： 6层

设计单位： 哈尔滨工业大学建筑设计研究院有限公司

结构形式： 框架结构

宿舍楼为6层建筑，每栋单体面积为12 900 m^2，单体内设有六人间共328间，可以满足学生的住宿需求，同时还考虑社会的包容性，特别设有5间无障碍宿舍，以便于身体有障碍的学生也能方便生活。每个宿舍的层高达到3.6 m，这样的层高在提供更为宽敞的居住空间的同时，也让房间内部拥有更好的空气流通效果，确保了居住环境的舒适性和健康性。

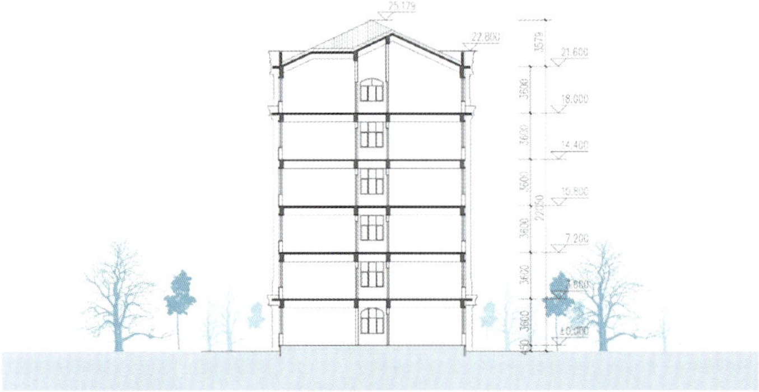

剖面图

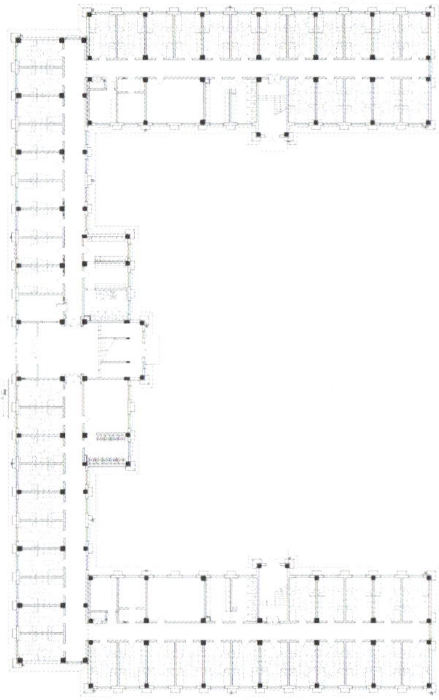

1层平面图

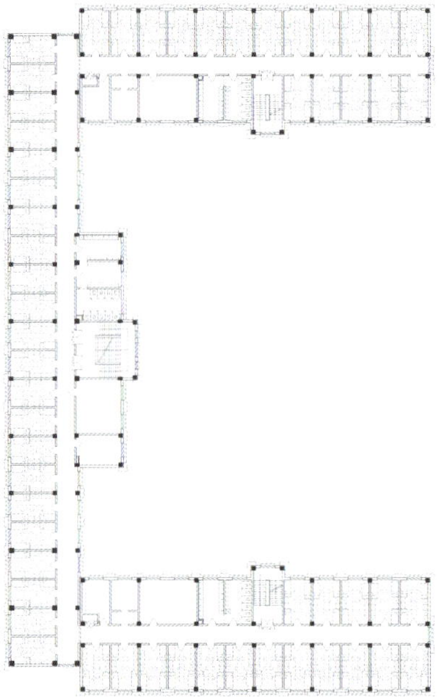

2层平面图

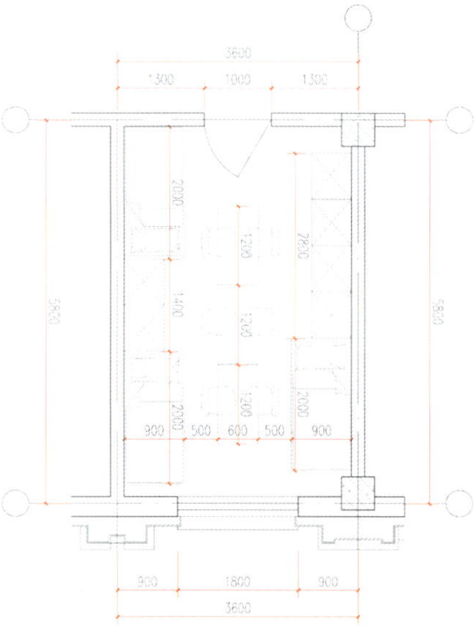

宿舍单元大样图

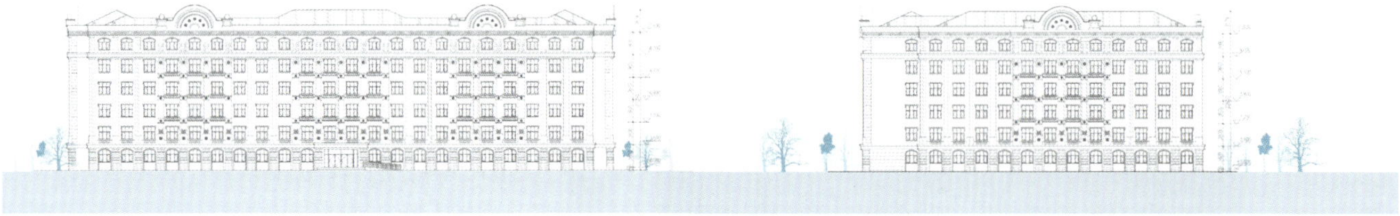

立面图

重庆幼儿师范高等专科学校小湾校区一期学生宿舍

项目简介

重庆幼儿师范高等专科学校小湾校区一期学生宿舍位于校园南侧，由9栋宿舍楼组成。架空垂直于等高线的布置方式既避免了视线内晾晒的尴尬，又充分利用朝向为宿舍提供充足阳光。整体布局因地制宜，尽可能更多地利用高差达到不同的空间形态，最大化保留场地内的景观元素，将其作为一个生态展示场地，让自然与建筑空间互相渗透、互相融合，形成曲线流动的山地景观。项目采取“重保护，轻介入”的用地手法，充分利用自然地形和环境条件，提高场地的利用率，以最小的基底与坡地接触，减少生态的破坏，节约土地；通过山地地形调节建筑的高度，建筑在7 m到22 m之间交错延伸，形成层层叠叠、错落有致、因山而成、隐舍于林的怡然环境。

总平面图

项目概况

建设地点： 重庆市万州区

建设时间： 2021年12月—2023年6月

建筑面积： 31 500 ㎡

建筑层数： 6层

设计单位（方案）： 重庆市设计院有限公司

结构形式： 钢筋混凝土框架结构

公共区域

项目充分利用场地分台等手法，采用台、架、跨、错、挑等一系列山地建筑建造方式，利用地形高差做吊层处理。各个空间之间采取简洁的连廊连接，增加灰空间，不仅满足更多的功能需求，同时丰富了建筑立面的层次。

场地采用退台处理方式，每个台地标高与基地本身标高基本相符，同时结合不同建筑的层高设置，最大限度地还原场地的地势地貌，按地势分为若干个台地，打造出简洁适用的各项功能空间。学生可通过自由绵延的室外步梯穿行在公园里。梯步栏杆采用彩色油漆装饰，犹如少女的围脖，点缀在公园里，形成丰富又活泼的韵律。

建筑布局强调建筑体量的搭配组合，最大化留设公共休闲区域，根据地形设置多个标准羽毛球、乒乓球场，为学子们提供运动健身的场所；同时利用架空连廊设置一站式服务社区、学生创新创业示范区、快递驿站等学生生活社区。

宿舍每个楼栋设置独立宽敞的进户大厅，让每个学子踏入大厅都能感受到归家的温馨，同时也设置宽敞的公共区域，为学子们提供读书、研讨、会友的场所。

内部空间

宿舍内部设置独立电梯、专用洗衣房以及柜式直饮水机、仪态镜等舒适家具，大大提升居住品质。

宽敞的宿舍内部配备简洁的家具和冷暖空调，单人使用面积约12 ㎡；阳台配套独立洗漱台、干湿分离的卫生间及淋浴间，有24小时热水供应。

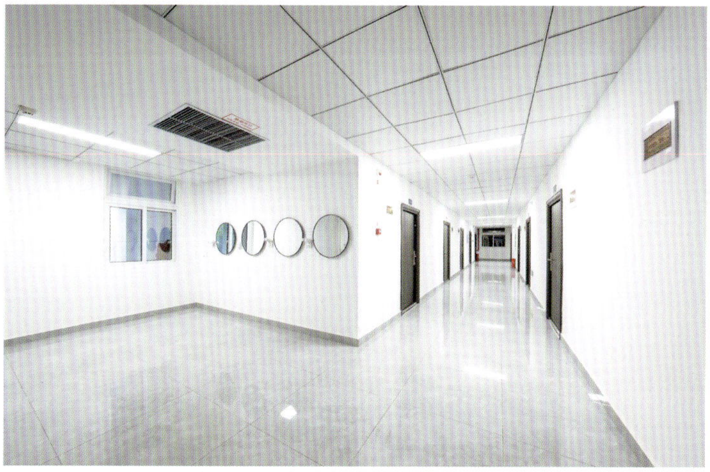

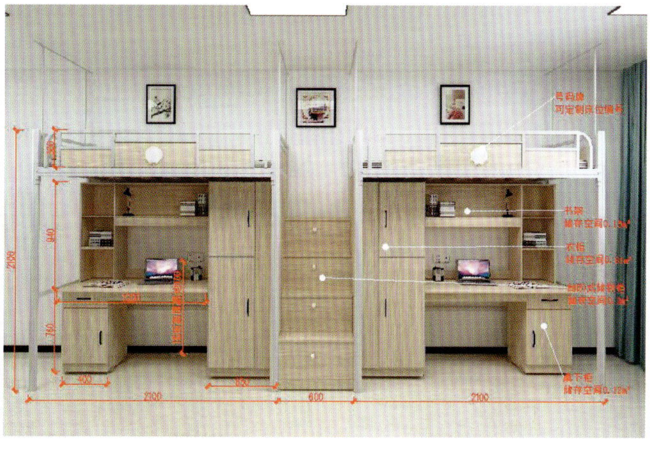

深圳国际交流学院新校区学生宿舍

项目简介

该项目是对高密度亚热带城市居住的一种回应。尤其在快速发展的深圳，如何将地域、宜居、包容、多元和活力融入一栋宿舍楼中，在创造舒适居住条件的同时，兼顾为区域发展提供一种普适性的校园宿舍策略是需要考虑的问题。

建筑师选择牺牲部分居住面积为学生提供更丰富的公共活动空间。建筑的形体组织通过垂直错落的公共活动平台，为校园提供优质的景观视野和休闲社交场所，南北通透的平面布局形成自然通风，在降低建筑能耗的同时，回应了亚热带潮湿的气候特点。同时，项目引入垂直绿化系统作为遮阳系统，恢复人与自然环境之间的亲密性；将建筑、场地和人作为整体，通过三者之间的对话不断推动设计理念的生成与发展，最终得以形成独特的空间构想。

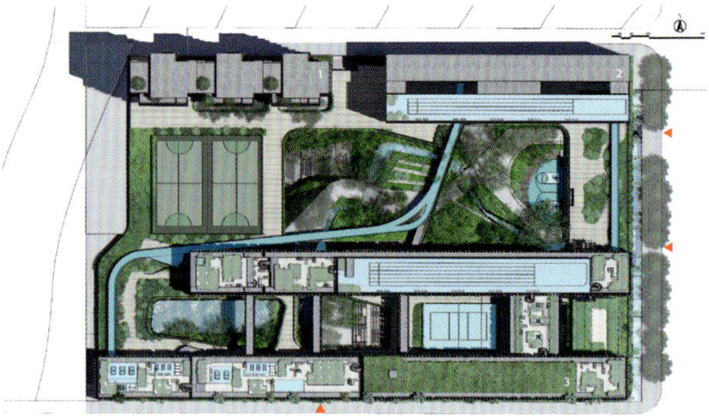

总平面图

项目概况

建设地点：广东省深圳市

建设时间：2019年1月—2021年5月

建筑面积：17 800 m²

建筑层数：14层

设计单位：清华大学建筑学院李晓东工作室

合作设计：深圳市同济人建筑设计有限公司

结构形式：钢筋混凝土框架结构

在紧张的用地条件下，深圳国际交流学院的设计利用场地的高差通过垂直、水平两个方向组织空间，实现不同尺度的空间调和，同时最大化地利用基地现有条件实现建筑使用功能的拓展，满足学校对教学、生活、户外活动等不同空间功能的需求；进而，通过两个维度的空间线索，交错生成多种空间组合，创造更加丰富的校园空间形态。平台层与地面层形成的双层地表将校园北侧的生活区包括外教宿舍、学生宿舍、食堂等生活空间与教学区连接在一起，实现学习与生活的整合；同时水平和垂直的步道系统与运动流线组成一条贯穿于校园内部不同维度的活力回环。

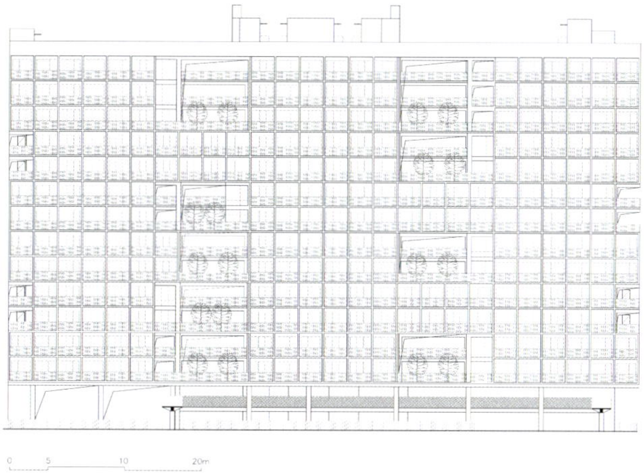

南立面图

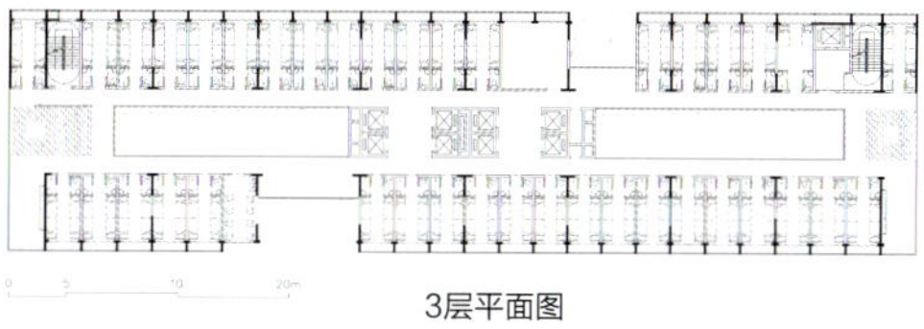

3层平面图

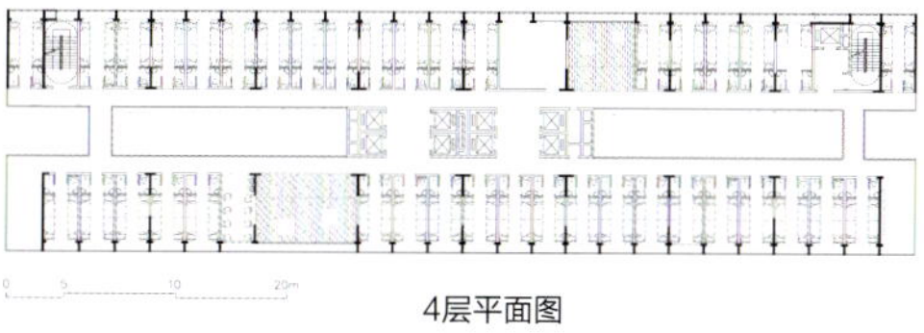

4层平面图

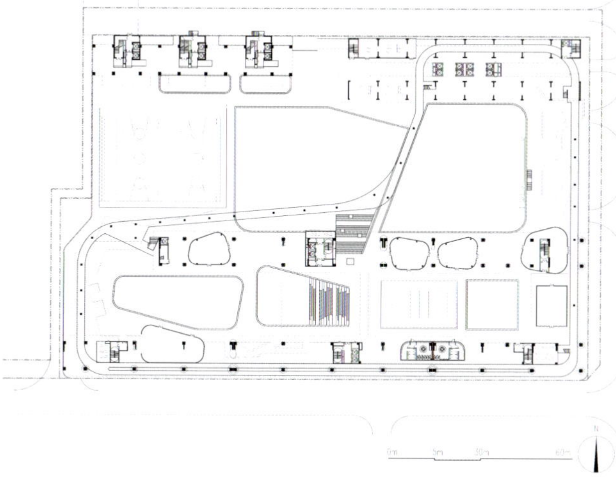

1层平面图

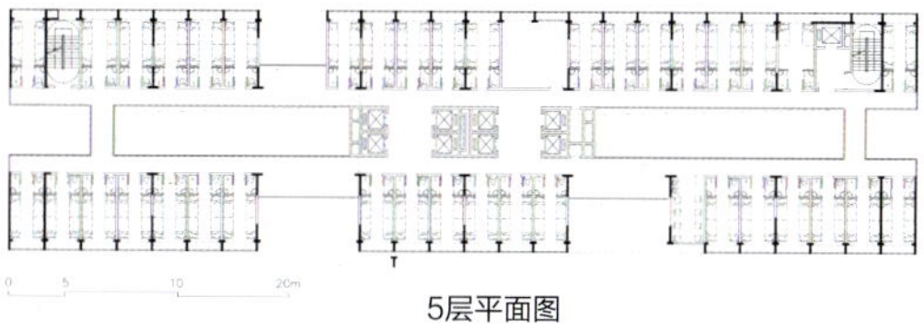

5层平面图

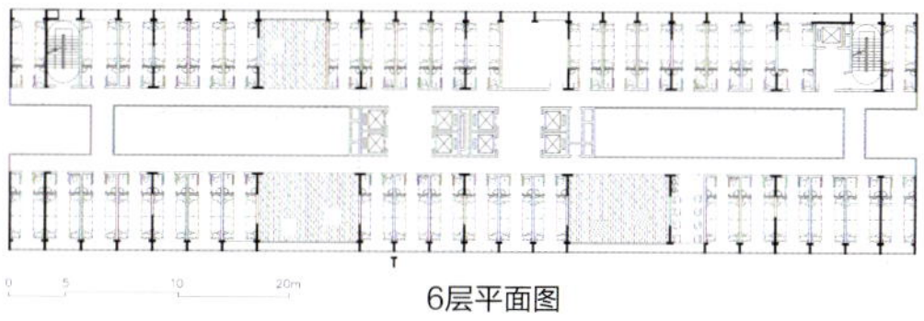

6层平面图

将宿舍标准单元面宽为3.15 m、进深6.1 m，每一间宿舍单元配有0.8 m进深的外阳台，在紧张的用地条件下，最大化利用土地资源。宿舍标准单元为四人间，单元面积为19.53 m²，卫生间与淋浴间总面积为7.2 m²。

为了有效组织通风，在建筑各层的不同位置设置户外通风孔洞和活动平台，这使得建筑各层的使用面积略有不同。其中最大楼层面积为1 424 m²，最小楼层面积为1 261 m²，平均楼层床均面积为10 m²。除宿舍单元之外，在不同楼层穿插布置40 m²会议室、20 m²盥洗室，每层配备2~4个公共活动平台和一间20m²的管理教师宿舍。

在公共空间区，将建筑真实的混凝土材质外露，减少二次装修带来的空气污染。宿舍内部采用简单的白色乳胶漆饰面，依照宿舍单元空间，定制上床下桌的组合家具单元。公共空间种植垂直绿化区和灌木，软化空间边界，提升宿舍公共区域的空间品质。

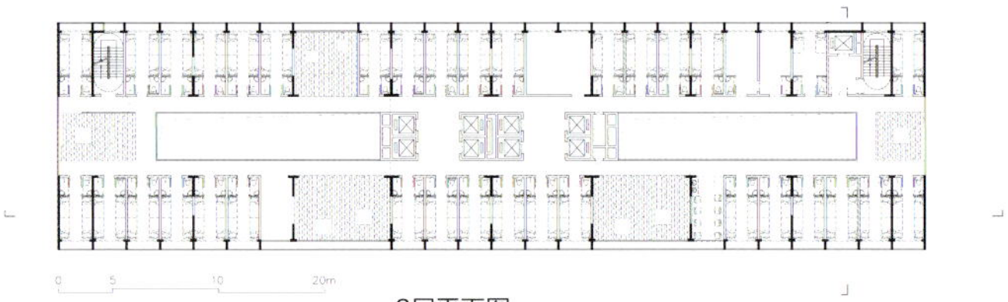

2层平面图

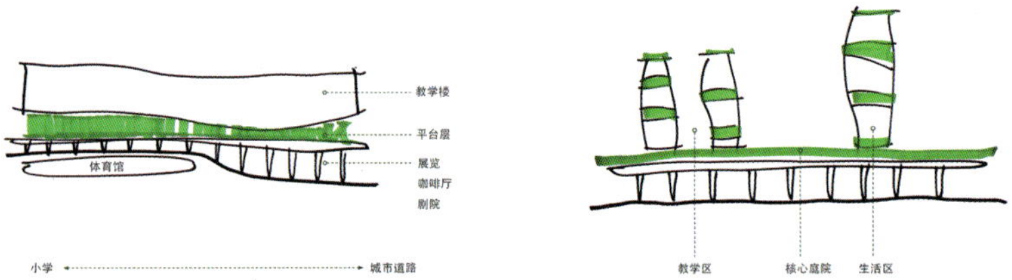

分析草图

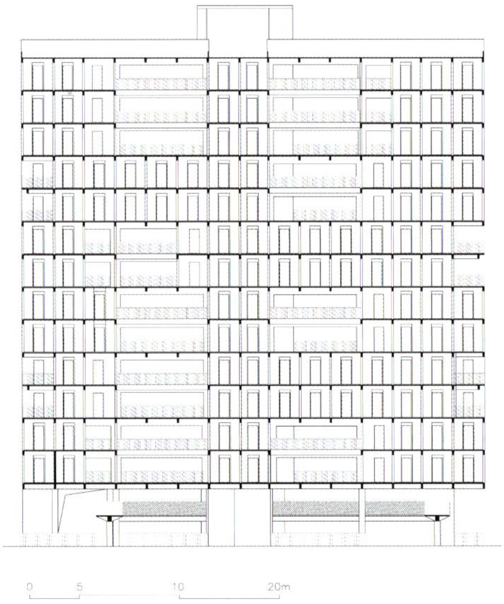

剖面图

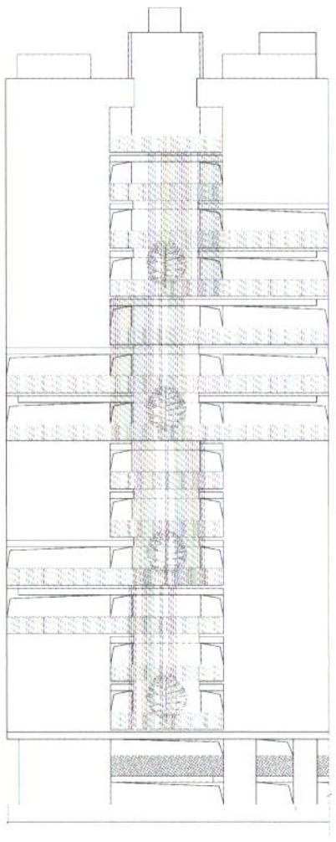

东立面图